物联网在中国

物联网与智慧消费经济

李贻良 编著

電子工業出版社
Publishing House of Electronics Industry
北京 · BEIJING

内 容 简 介

为了应对当前消费经济的转型升级，把握未来消费的发展趋势，本书从梳理和剖析消费环境的变化、消费升级、消费分层入手，以科学经济学为基础，以互联网、物联网和智联网技术对消费领域的影响及其引发的新消费变革为切入点，对消费经济发展脉络、消费经济理论演进、消费经济模式创新进行了系统梳理，创造性地提出"智慧消费"的理论概念和"智慧消费经济模式"，详细解读了智慧消费的八大模式，智慧消费时代的产品策略、供应链策略、智慧零售策略等。

本书从一个全新的消费经济视角解析当下纷繁复杂的消费领域，潜入其中看智慧消费的生态体系、趋势和变化。以大量翔实的数据为依据，结合创新案例的深入解读，从不同视角、不同思维、不同模式进行探究，全面剖析与智慧消费经济相关的网络、金融、物流、科技、制度等基础面及商业模式应用并提出具有针对性的解决方案，是政府经济部门、消费经济研究人员、各类电商网商、实体消费从业者和广大消费者不可多得的学习参考书。

图书在版编目（CIP）数据

物联网与智慧消费经济 / 李贻良编著. —北京：电子工业出版社，2022.5
（物联网在中国）
ISBN 978-7-121-42998-9

Ⅰ. ①物… Ⅱ. ①李… Ⅲ. ①物联网②消费经济学 Ⅳ. ①TP393.4②TP18③F014.5

中国版本图书馆 CIP 数据核字（2022）第 031550 号

责任编辑：朱雨萌　　文字编辑：康　霞
印　　刷：天津画中画印刷有限公司
装　　订：天津画中画印刷有限公司
出版发行：电子工业出版社
　　　　　北京市海淀区万寿路 173 信箱　　邮编 100036
开　　本：720×1 000　1/16　印张：17.75　字数：341 千字
版　　次：2022 年 5 月第 1 版
印　　次：2022 年 5 月第 1 次印刷
定　　价：105.00 元

凡所购买电子工业出版社图书有缺损问题，请向购买书店调换。若书店售缺，请与本社发行部联系，联系及邮购电话：（010）88254888，88258888。

质量投诉请发邮件至 zlts@phei.com.cn，盗版侵权举报请发邮件至 dbqq@phei.com.cn。

本书咨询联系方式：zhuyumeng@phei.com.cn。

《物联网在中国》(二期)
编委会

前言

一个智慧消费时代的大门已经打开

消费是最终需求!

消费既是经济发展的目的，也是拉动经济增长的原动力。

消费是一切经济活动的最终目的和唯一对象[①]*。*

随着改革开放的不断深入，以及市场经济持续稳定的发展，拉动经济增长的“三驾马车”（投资、出口、消费）在结构上发生新的变化，投资和出口对 GDP 的贡献率正在逐渐下降，消费对 GDP 的贡献率正在逐步提高。国家统计局统计数据显示，自 2014 年起，消费连续 6 年成为经济增长的第一拉动力，其中，2018 年消费对 GDP 增长的贡献率达 76.2%，2021 年虽然受到新冠肺炎疫情和百年未有之大变局等诸多因素的影响，最终消费支出对经济增长的贡献率仍然达到 65.4%，这充分说明消费作为我国经济增长的主动力，地位已经非常牢固。

需求紧缩、供给冲击、预期减弱，是 2022 年全国经济面临的三大挑战。需求减弱，显然重点是消费者的需求减弱，这个需求减弱，既有外在环境的因素，也有自身的因素。应对挑战，既需要以数字经济为代表的科技力量，更需要人类的智慧。

同样，消费作为拉动经济增长的主要动力，在新的时代也需要智慧消费。

随着消费成为拉动经济增长的第一动能，互联网、物联网和智联网技术对消费领域的影响及其引发的新消费变革，以及消费者需求不断升级的推动，消费经济正进入全新的智慧消费时代。

---

① 凯恩斯《就业、利息和货币通论》。

“智慧消费”产生于消费持续升级和智能网络时代背景下，是一个创造性的新概念。它指的是以消费者为核心，以满足消费者不断提升的需求为目的，重构人、货、场的关系，通过消费者的需求逆向推动商品生产和服务。在智慧消费时代，消费理念个性化、消费渠道多样化、消费方式智能化。消费结构由生存型转向发展型与享受型，消费内容从有形物质转向无形服务，消费方式从线下转向线上与线下融合。智慧消费时代的供给结构、消费渠道、物流配送、售后服务等多个方面，都在发生新的变革。

在“智慧消费经济”的背景下，以及消费升级的趋势下，零售业态也随之迎来前所未有的改变。在云计算、物联网、大数据、人工智能、区块链、现代通信等新技术的驱动下，通过商品生产、物流、支付等零售要素的数字化，采购、销售、服务等零售运营智能化的创新智能零售模式开始走入人们的视野。它以消费者为核心，以互联网、物联网、人工智能等各种信息技术为依托，运用大数据分析、精准推荐、人脸识别、社群、数字信息、电商等多种手段，为消费者营造方便舒适的体验，自动识别消费者的需求并恰当地予以满足，同消费者建立深度联系，重构消费者与商家关系，并推动消费业态、消费方式、消费渠道的升级。

“智慧消费经济模式”是以互联网、物联网和数字经济的发展为基础，以“创新、协调、绿色、开放、共享”的五大发展理念为引领，以绿色消费、幸福消费、满意消费为导向，以绝对与相对收入理论、持久收入理论、新消费投资经济学、消费商经济模式、消费者对商品生产和服务的逆向推动作用、消费智慧生态系统为研究重点，以共享经济新思维下的消费者价值分享系统和“天地路金智”五网融合及“八链集成①”的智能新零售为着力点，以人工智能为代表的科技驱动和人类智慧互相支撑的“双智+”，建立“纵向的云店交互式 O2O、横向消费端拉动与供给侧改革相结合的 C2S、深度融合人类智慧和人工智能的 A&AI”的独特三维体系。推动完善让消费者想消费、愿消费、能消费、敢消费、共享产业链价值目标的系统工程，即进一步深化供给侧改革和健全消费引导机制，有机协调供给侧的推动作用和需求侧的拉动作用，促进“想消费”；进一步完善消费配套服务机制，加快新型智能消费基础设施和服务保障能力建设，促进“愿消费”；稳就业促消费，致力于继续深化收入分配制度改革，建立居民收入增长和经济发展同步、劳动报酬增长和全要素生产率同步提高的机制，提高劳动报酬及其在初次分配中的比

① 八链：生产链、物流链、资金链、信息链、消费链、服务链、创新链、价值链。

重，确保低收入群体收入增长，完善再分配制度，增加城乡居民收入，缩小居民收入差距，加大保障和改善民生力度，促进“能消费”；不断优化消费市场监管和治理机制，营造安全放心的消费环境，促进“敢消费”。智慧消费经济模式是致力于促进实物消费不断提挡升级，推进服务消费持续提质扩容，打造新时代经济增长新动能、推动国家经济更好、更快发展，满足人民日益增长的美好生活需要的利国、利民、利企业的智慧生态新系统模式。

当前，智慧消费时代已经来临，智能零售模式也已悄然兴起。在这样一个商业消费高度发达的时代，同时又是一个消费方式、零售模式快速迭代的时代，无论是企业还是个体消费者，都面临着新的改变。为此，我们必须持续不断地学习，了解我们所处的时代，了解新经济环境的特点，在充满无限可能的消费领域寻找和把握新的机会与挑战。

为了应对当前消费经济的转型升级，把握未来场景化、个性化、智能化的消费发展趋势，本书从梳理和剖析消费环境的变化入手，通过互联网与物联网对消费领域的影响为切入点，从基本理论、创新模式和案例等层面进行深入解读，以此架构智慧消费领域的整体视野和格局。同时，针对智慧消费经济体系下新生的智能零售模式进行系统梳理与分析，围绕产品、消费体验、供应链等内容展开对零售生态良性进化的逻辑思考，既丰富了消费经济学的理论，又使得经营者可以借鉴形成自己的创新经营模式，取得更好的发展。当然，由于作者水平有限，书中谬误在所难免，敬请读者指正。

最后，希望本书能够提供一个更智慧、更智能的视角去解析当下繁纷复杂的消费经济，潜入其中了解智慧消费经济的发展趋势与变化。也希望本书能够为致力于消费经济领域的管理、研究及相关从业人员架起沟通的桥梁，从而带来不同角度、不同思维、不同模式的研究探索，为智慧消费经济的创新发展，为经济的持续健康发展贡献力量。

目录

第1章

消费分层、物联网技术引发的新消费变革

消费领域正在发生众多新的变化，人群分化加剧，众多小圈层出现；消费观念大变，理性回归，价格的判定标准正在被重新定义；物联网技术走向成熟，各种智能终端产品走进千家万户，消费的智慧化势不可当。

一个非常典型的现象是，消费分层出现，形成了两端，即消费升级与消费降级并存，这不仅出现在各个地方，即使在同一个人的身上，也可能同时表现出升级与降级的情况，消费差距还是存在的。

同时，中高收入群体继续扩大，逐步成为社会的中坚力量，同时也是消费的中流砥柱。2019 年 1 月，国家统计局局长宁吉喆在国新办新闻发布会上介绍，中国拥有全球规模最大、最具成长性的中等收入群体，2017 年中等收入群体已经超过 4 亿人。

高收入群体稳定增长，据胡润研究院发布的《2020 胡润财富报告》，中国拥有 600 万元资产的“富裕家庭”数量首次突破 500 万户，比 2019 年增加 1.4%；拥有千万元资产的“高净值家庭”达到 202 万户，比 2019 年增长 2%；拥有亿元资产的“超高净值家庭”达到 13 万户，比 2019 年增长 2.4%。

不同收入阶层的人群，形成了鲜明的消费结构。先富起来的人，往往是富人阶层或高净值群体，购买力更加强大，支配着丰富的消费资源，拥有大量消费机会，如海外购物、跨国旅行、购买奢侈名牌等；更多的中产人士处于消费中间段，对档次、品牌与品质有一定的要求，同时追求高性价比。

还有一部分人在竞争中掉队，经济条件有限，购买力不足，面对丰富的物质，却只能挑选比较便宜的。相对于富裕阶层节节攀升的消费水准，这个群体确实有所退步。不过，他们支撑了五环外消费的强劲增长，并且随着收入的持续改善，

同样爆发出消费升级的迫切愿望，每年总有一部分人实现收入的增长，进而推动消费升级。

五环外消费，是以北京五环环城公路为比喻的说法，喻示着中国一二线及中心省会城市之外更广阔的市场空间。

在这场变局中，出现了一些新消费特征、新消费人群，以及新消费品牌。在新技术的影响下，新消费人群追求着自己喜欢的生活，最终推动社会的经济发展与文明进步。

1.1 追溯消费史

一部人类的发展史，其实就是一部消费史。

消费发展到现在，或者说现代消费的出现，经历了漫长的进化与升级过程，经历了萌芽、发展和繁荣的艰辛历程，经济增长、技术进步和消费思潮共同推动了每次消费变革，而每次消费变革反过来为生产和技术的发展提供指引。

在商业世界里，人们更关注以零售消费为核心的商业创新，在消费变革的浪潮中，上演了一次又一次波澜壮阔的消费转型与升级，诞生了一个又一个引领时代潮流的品牌。

1.1.1 商业消费的萌芽与发展期

17 世纪末，内战之后的英国成为现代消费的起源地，这一时期的消费既有韦伯指出的加尔文主义和新教主义所鼓吹的“财富积累”、反对奢侈品消费和浪费，又有少数贵族统治阶级宣扬的“通过消费来享乐”。

18 世纪末，亚当·斯密的《国富论》描述的社会已经超越重商主义，既重视国外市场，又关注国内消费市场，专业化和分工提高了劳动效率，进而推动大众市场的形成，人们逐渐成为类似于现代的消费者，为生活而工作，从而获得更多商品。

家庭成为消费的中心，当时的欧洲商业变革主要表现为百货商店雏形的出现，而传统的专业商店也开始在结构和布局上进行调整，从而迎合这一消费模式的变革。

1.1.2 商业消费的繁荣期：零售业第一次浪潮

现代零售业的第一次浪潮大概出现在 19 世纪后期，一直持续到 20 世纪中叶。这段时间里，现实主义兴起，欧洲的工业技术日渐繁荣，城市化进程显著。

当时的工人阶层，在食品和住房等方面的购买力和消费需求都在增强。与此同时，缩短工作时间的运动让“周末”得以出现，休闲活动逐渐增加，并得以普及，消费行为中也出现了享乐主义的思想，大概在 20 世纪初达到一个高潮。

这时，现代意义上的百货商店在巴黎诞生。在之后的近百年里，由于缺乏竞争，并且需求不断增长，市场的主导权始终在卖方。直到新的竞争主体出现。

到 20 世纪初期，承袭源自英国的“艺术与工艺”运动，一些企业或从业者借助设计提高产品多样性，激发消费需求和增加商品附加值。虽然两次世界大战对消费造成一定程度的影响，但是出于战争需要，科技创新、制造技术和工艺水平的提高，却为下一个阶段的消费繁荣悄然打下了基础。

这段时间的零售特征包括生产驱动、消费需求相对单一、产品技术与设计方面的创新缓慢进行、营销系统不完善。直到第二次消费革命出现，随着消费观念变化、消费思潮的兴盛，以及新技术、新产品的推动，形势发生了更大的变化。

1.1.3　商业消费的繁荣期：零售业第二次浪潮

1970 年，在新技术的推动下，新产品层出不穷，设计理念也开始了新的发展，新颖性、多样性、炫耀性等功能开始出现，创造出了多种多样的现代消费产品和消费模式。

以日本为例，在 1975 年前后，大多数人认为自己是中产阶级，整个社会大量生产、大量消费，代表性的消费品包括电视、冰箱与洗衣机。代表性的零售业态是百货和 GMS，GMS 就是“连锁+超市+折扣店”，可以满足人们标准服务消费需求和一站式采购消费需求。

在这段时间，日本消费规模快速扩大。到 1980 年前后，日本陷入泡沫经济时期，经历奢侈品狂欢、房地产泡沫等，这个时期出生率降低，已经出现老龄化的端倪，阶层分化出现，消费从量变到质变，潮牌产生，以个人喜好出发购买商品，关注高性价比，注重精神和文化消费。

这时 GMS 依然是市场主力，但品类杀手（Category Killer）开始崛起，尤其是在服装、家居、家电这些品类上，一些新兴的零售商颇受欢迎。极致低价和极致性价比业态，如百元店和 SPA 业态（企业全程参与商品设计、生产、物流、销售等产业环节的一体化商业模式）开始出现，便利店强势崛起。

经济泡沫破裂后，日本人开始撕掉标签、隐藏标签；注重高性价比，不再为商品的高溢价和高流通成本买单，优衣库快速壮大；宠物经济市场兴起；养老地产和老年劳动力再回流的现象普遍；开始步入单身社会，单身人口占比 35%，单身消费成为热点；便利店业态发展非常快；极致低价业态迅速崛起，大创、Seria 等日本百元店收入增长迅猛。

而美国的消费史又有其独特之处。1920 年前后，柯立芝繁荣（第一次世界大战后，英、法、德经济处于停滞或恢复状态，而美国通过技术革新、企业生产管理合理化等措施，使生产和资本的集中度空前提升，经济飞速发展，由于这一时期正好处于总统柯立芝任期之内，所以被称为“柯立芝繁荣”）带来经济增长，消费信贷的出现推动了汽车消费和耐用品消费。以汽车为例，客车、卡车登记数量连年攀升，1922—1926 年均保持双位数增长。援引中信建投证券股份有限公司的报告，1922—1923 年美国工人人均工资、薪金与其他款项收入总和从 931 美元大幅度提升至 1014 美元，到 1929 年达到 1095 美元，以此支撑消费增长[①]。

第一次世界大战之前，汽车广告重点突出汽车的实用性、可靠性。至 20 世纪 20 年代，汽车广告中则融合了时尚、地位、自由等概念，刺激了消费者对汽车的需求和热望。

第二次世界大战初期，美国并未参战，甚至通过军火贸易获利，个人消费水平也并未被拖累。战后经济复苏，中产阶级不断扩大，婴儿潮促进多种消费品的需求增长。各类消费品的消费量均不断提高，除耐用消费品（年均复合增长率达 8.1%）外，服务消费也显著提高（年均复合增长率达 8.5%），成为第二次世界大战后消费结构变化的新特征。此后，美国从耐用品消费向服务消费转型，从 1970 年起，美国的服务消费占比超过 50%，与之对应的人均 GDP 超过 5000 美元。

第二次世界大战以后，美国消费信贷的扩张主要体现在三个方面：汽车消费、生活消费、新技术产品消费。以汽车消费为例，由于郊区化运动如火如荼，人们需要汽车作为代步工具，加之受益于军事技术民用化，汽车变得更加舒适、安全。随着生育高峰的到来，美国家庭的日常消费品开支显著增加，水电费、电话费、学费、医疗费等快速增长。新科技催生了很多新产品，如家庭视听、计算机网络等，这又带动了新一轮消费扩张。

20 世纪末，由于经济全球化的带动，发达国家的产品、品牌和消费方式开始向全球输出，并且在很多国家获得了成功。它们又与本地文化结合，孵化出众

① 数据引自文章：从美国消费史看中国消费市场的三大变迁。

多新的消费业态。

这一时期，中国的消费结构也开始出现变化。1992 年，北京第一家麦当劳开业。北京秀水街成为许多外国个体经营者的批发市场，他们将在中国采购的大批货物运回本国贩卖。西方奢侈品也开始瞄准中国市场，2007 年，LV 在南京开了首家专卖店，引发抢购，中国消费者爆发出了令世界惊叹的奢侈品购买力。穿着入时，出入高档餐厅，拥有一部手机，是当时城市品质生活的一种象征。

日本的家电、美国的化妆品等，众多国外品牌进入国内，并大获成功。比如雅芳，以直销的方式进入中国；仓储式超市“广客隆”在广州开业，这种业态在北京、上海及其他省会城市蔓延。1997 年，联华超市推出 600 多种消费品，网点数位列全国第一，销售额超过 8 亿元人民币。

1999 年，阿里巴巴、携程网、当当网成立，之后淘宝网出现，京东和唯品会创立，网购崛起，消费结构呈现多元化。

这一阶段是零售业第二次浪潮，一方面，受到需求拉动的影响，整个零售业都在扩张，当前全球零售业百强企业大部分是在这一时期创建和发展起来的；另一方面，零售商业的创新开启了营销驱动和创造需求的新时代。

1.1.4　商业消费的繁荣期：零售业第三次浪潮

2000 年之后，现代消费进入体验和网络化的阶段。

这一时期，消费思潮和流行时尚秉承了对生活方式的追求，在购买力、技术和追求个性化、多样化理念的支持下，甚至成为一场全民运动，而互联网通过虚拟社区、搜索等工具进一步强化了这种跨越年龄、性别和阶层的自我表达。

在日本，零售业开始企业并购和业态融合，便利店业态开始积极探索全渠道，进行线上和线下的融合；在人口减少、老龄化、外国游客增加、国民收入停滞等影响下，日本药妆店企业开始崛起，成为目前日本增速最快的零售业态。

在美国，在社会阶级加速分化的背景下，高收入阶层开始盛行“雅皮士”（Yuppies）所引领的品牌消费浪潮。“雅皮士”是指城市职业人群中的中产阶级年轻人，他们受过良好教育，收入较高而又工作勤奋，该群体对高档、奢靡消费的追求引领了一个时代的品牌消费。

他们是第二次世界大战后婴儿潮中诞生的一代人，多为医生、律师、科技研发人员和公司管理人员等。在购物过程中，他们重视品牌，如在汽车品牌的选择上，奔驰成为首选，以此炫耀收入能力和身份地位。同时他们拥抱科技文明，会配备手机、笔记本电脑等科技产品，引领科技消费潮流。

在精神上，“雅皮士”则偏传统与保守，有着较强的利他主义精神，经常在业余时间参加社区服务活动或慈善活动，所以也往往拥有良好的人际关系。在休闲消费上，他们通过健身房、旅游休闲度假等方式来缓解工作压力。

还有一部分蓝领上层，没有高学历，但作为高级技术工人，其平均年收入也将近4.5万美元，仅稍低于“雅皮士”，也喜欢高档衣物、豪华房屋和汽车，生活比较放纵。

另一种消费变化是，美国“千禧一代”的消费观偏向理性，有助于理性消费的崛起。轻奢品牌受到追捧，其多数定价为300～500美元，更符合大众消费水平。多种消费能力群体的产生，给零售商业模式创新提供了土壤。沃尔玛针对不同消费能力的市场开展有针对性的策略，形成了“高端+低端”双轮驱动的商业模式。针对低净值消费者，沃尔玛开设了山姆会员店和沃尔玛购物广场，薄利多销，扩大市场占有率，形成规模经济；针对中高端消费者，沃尔玛开设了综合百货商店。沃尔玛提出“天天廉价”的口号，成为美国消费的一个标签。

“千禧一代”更注意健康、环保等新理念，而这个特征也反映在他们的消费模式上，如购买新鲜、有机、自然的食品；对品牌的执着较弱，更看重自我价值，不想盲从商家的搭配，反而希望塑造个性化的形象。

在这个阶段，中国消费市场的变化风起云涌，百货、商超、便利店等多种业态入场，在市场上占据稳固位置。手机网民数量在2013年突破5亿，网民总规模达6.18亿；4G商用于2014年开始，用户规模从2015年的3.3亿增长到2017年的10亿。

到2017年，中国人均GDP超过8000美元，消费者对品质和服务的关注度持续提升。尤其是线上消费大爆发，这是美、日等国家没有经历过的。以线上零售额占零售总额的比例来看，2009年为2%，到2017年，该占比已高达19.6%；2018年，则高达23.6%。

2015年的调研显示，58%的中国消费者表示会通过数字化渠道购买产品，高于47%的全球平均比例；91%的中国消费者认为，线上购物更实惠，高于85%的全球平均比例。

这一阶段的零售商业经历了第三次浪潮的冲击，即面临生产全球化、商品多样化，以及购物方式信息化、智能化、网络化等冲击。这一时期属于绝对的买方市场，零售商业创新必须考虑服务的重要性，提升消费体验，谨慎选择电商模式并控制好价值链才有可能获得成功。

总体来讲，商业消费经过了三个阶段的变革性历程，即生产驱动需求的大工业时代、营销和创造需求的大众时代及个性化的消费时代。如今，大数据、移动互联网、云计算、人工智能与生物工程等构成的消费新时代已经开启，由此孕育出新的商业消费模式、新的零售模式，以及新的产业模式，进而演绎出新时代的商业生态。

市场需求本身就是资源，并且是全球性的稀缺资源。中国的消费经济演进到今天，市场规模位居世界前列，对全球经济增长的贡献多年位居世界首位，正日益成为全球最主要的消费市场，发展潜力巨大。

从社会消费品零售总额来看，2007 年，中国社会消费品零售总额为 8.921 万亿元，比 2006 年增长 16.8%。2017 年，中国社会消费品零售总额已经增长到 36.6262 万亿元，比 2016 年增长 10.2%。十年时间，增长超过 27 万亿元。到 2018 年，这个数字已经冲上了 38 万亿元，增速依然有 9%。2019 年增长到 41.2 万亿元，首次突破 40 万亿元。2020 年受新冠肺炎疫情影响，零售总额依然实现了 39.1981 万亿元，下降 3.9%。

2012 年以来，中国进口额一直在 1.5 万亿～2 万亿美元。2013 年进口额为 1.95 万亿美元，2014 年进口额为 1.96 万亿美元，2015 年进口额为 1.68 万亿美元，2016 年进口额为 1.6 万亿美元，2017 年进口额为 1.7 万亿美元，2018 年进口额超过了 2 万亿美元，占全球进口额的 9.9%。2019 年进口额为 14.31 万亿元，同比增长 1.6%，创下历史新高。

有机构预测，在未来 15 年内，中国的进口商品将超过 30 万亿美元，中国的进口服务将超过 10 万亿美元。

随着“中国制造”的崛起，中国的进口规模持续扩大，不仅是铁矿石、原油、大豆等原材料的核心进口商，而且是集成电路、液晶显示器等零配件的第一进口大国；在全球贸易中，进口产品中消费品的进口比例迅速上升，反映了中国强劲的消费能力。

中国的进口对世界产生了广泛的影响。例如，中国进口商品的地区的数量高于美国，中国是 41 个国家和地区的最大进口国，而美国只有 36 个。其中，中国对亚洲、非洲、大洋洲、南美洲、东欧的进口份额超过了美国。

随着中国及全球经济结构进一步向消费倾斜，中国将进口更多的消费品。中国也是全球奢侈品消费的主力军，许多欧美奢侈品牌严重依赖中国消费者的购买力。根据贝恩咨询公司提供的数据，2018 年中国购买者的奢侈品消费总额已占全球市场份额的 33%，也就是说，中国人在 2018 年买走了全球差不多 1/3

的奢侈品。

随着中国高端商品需求的增长，服务消费市场的扩大，以及国内外消费一体化，在经济全球化背景下，来自中国市场的消费，不仅会带动中国的经济生产、吸引外资，促进产业增长和繁荣，还会给世界做出更大的贡献。

1.2 中国消费经济 40 年回顾及变迁

1978 年，中国走上改革开放之路，中国经济发展进入新阶段。随着社会生产力的极大释放、物质的极大丰富，人们生活水平逐渐提高。在国新办举行的 2018 年一季度国民经济运行情况发布会上，国家统计局国民经济综合统计司司长、新闻发言人邢志宏表示：目前中国已经进入上中等收入国家的行列，2017 年人均 GDP 接近 9000 美元。截至 2019 年，中国人均 GDP 突破 1 万美元大关。在《经济参考报》2020 年的文章《新起点“启航”　中国向高收入国家迈进》中明确提出，中国已稳居中等收入国家行列，正在新的起点“启航”，向着高收入国家稳步迈进。。

据国家统计局发布的《沧桑巨变七十载　民族复兴铸辉煌——新中国成立 70 周年经济社会发展成就系列报告之一》，2018 年中国人均国民总收入达到 9732 美元（约合 6.68 万元人民币），高于中等收入国家平均水平[①]。

参照世界银行标准，人均国民总收入（GNI）为 12476 美元及以上属于高收入国家，GNI 为 4036～12475 美元属于中等偏上收入国家，GNI 为 1026～4035 美元属于中等偏下收入国家，GNI 为 1025 美元以下属于低收入国家。

向现代化挺进的过程中，国内消费需求也在不断改变，从最初的温饱型，到之后的小康型，再到如今的富裕型个性化消费。我们清楚地感受到，在经济建设的大潮中，中国消费者的构成一直在发生变化，消费需求也一直在提档升级，无论是消费偏好、消费内容，还是可承受的消费成本等，都有了很大变化。

事实上，任何消费需求的变迁都与当时的社会供给结构、收入水平及消费文化密不可分。据此，从改革开放算起，我们可将我国居民消费分为以下四个时代。

1.2.1 消费 1.0 时代：1978 年至 20 世纪 80 年代末

1978 年，党的十一届三中全会确立了社会主义经济建设的战略目标，计划经济向市场经济转变的时代正式开启。经过制度改革，社会生产力得以持续释

① 统计局：中国已迈入中等收入国家。

放，经济供给能力迅速提高，进而创造了丰富的供给。

在这个时候，消费者的票证时代由此终结，开始了面向市场、自由选择的消费时代。

初期流行“三转一响”，也就是手表、自行车、缝纫机、收音机。上海牌手表、凤凰牌自行车、蝴蝶牌缝纫机等国产品牌风靡一时。后来，“三转一响”变成“四大件”：电视机、电冰箱、洗衣机和录音机。渐渐地品类更丰富了，有昆仑牌电视机、小天鹅牌洗衣机、燕舞牌收录机、海鸥牌相机、三角牌熨斗等。

20 世纪 80 年代正是外资品牌陆续进入中国市场的时期，价格比较贵，大多数家庭负担不起。那时如果能买一台“洋货”，如东芝、日立的电器品牌，是一件令人羡慕的事。

那时可口可乐还被当成奢侈品来销售。1979 年，在中粮公司的安排下，由香港五丰行协助，一列装载 3000 箱可口可乐的火车从香港出发前往广州和北京，定价 4 元，仅供涉外饭店和旅游商店销售。后来，摩托罗拉、惠普、通用等欧美品牌陆续进入中国。

家用电器的使用与推广是这一时期人们消费的重要特征。全国各地开始大量引进新兴家电生产线，电视机、洗衣机、电冰箱等电器开始走入寻常百姓家。

家用电器的使用和推广是将工业化、信息化发展成就延伸至居民消费生活的表现。可以说，以家用电器生产和供应为代表的这一时期，中国经济步入了以满足市场消费需求为重要导向的新增长期，也由此加速了经济结构向“轻型化”的转型。

那时部分城市出现了一些集中的市场，涌进了大量卖服装的个体户，衣服是从南方进的流行款式，还可以讨价还价，服务态度比供销社好多了。

商品逐渐丰富起来，消费者有了更多自主选择权。部分经济活跃的城市逐渐出现了专卖店、更高档的商城，甚至还出现了会员卡。

1.2.2　消费 2.0 时代：20 世纪 80 年代末至 21 世纪初

1985 年，新一轮经济体制改革的大幕拉开，金融、外贸、商业等领域引入市场机制，中国经济步入快车道。此时改革开放已有一段时间，国民收入有了明显的增长，购买力持续增强。

虽然在这一阶段，经历 1997 年的亚洲金融危机，但中国城乡居民的恩格斯系数（食品支出总额占个人消费支出总额的比重）稳步下降，尤其是城镇居民的消费水平，更是进入小康水平的阶段，并向富裕升级。

在不少人家里，置办的东西增加了，种类更丰富，中国人的品牌意识也开始觉醒。不少城市职工家庭实现了从电冰箱、洗衣机、收录机和电视机的“三单一黑”转变为“三双一彩”，即单门冰箱变为双门冰箱、单缸洗衣机变为双缸洗衣机、单卡收录机变为双卡收录机、黑白电视机变为彩色电视机。

在广大农村，农民的购买力也有提升，自行车、缝纫机、收音机、手表、计算机等高档消费品进入普通农民家庭。

一个标志性的事件是，1998 年 5 月在北京新世纪饭店世纪厅里，600 多位来宾屏住呼吸，注视着大厅里的屏幕。没多久，屏幕里出现了第 100 万台联想计算机走下生产线的画面，现场掌声如潮。

100 万，对于当时刚接入国际互联网 4 年的中国来说，是一个让人震惊的数字。短短几年间，联想计算机的年产销量从 2000 台攀升至 50 万台以上。在联想的带动下，国产品牌计算机的市场占有率超过了 60%。

联想的快速崛起，以及它的热卖，是 20 世纪 90 年代中国消费形态进入新阶段、国产品处于集体加速的一个缩影。

另外，一个引人瞩目的数据是，城市居民家庭电视机、电冰箱、洗衣机等大件耐用消费品的拥有率均超过 70%，已经接近中等发达国家水平，其中名牌拥有率大大提高。许多名牌服装，也是在这一时期飞入寻常百姓家的。中国城市居民家庭的空调拥有率在 1997 年首次超过 50%，达到 57.16%。

1.2.3　消费 3.0 时代：21 世纪初到 2010 年左右

在全球经济发展放缓的背景下，中国经济同样面临较大的增长压力。然而，经过一系列宏观调控措施，中国经济实现了“软着陆”。在一系列启动内需政策的刺激下，居民消费呈现加快增长的态势。

1998 年，中国进入了住房分配货币化阶段，住房改革进入深水区。从这个时候开始，购买商品房成为城镇居民消费的关键构成。

这一时期汽车消费也日益兴起，汽车销售呈现爆发式增长。中国城镇居民逐步从小康型向富裕型消费水平转变，比农村居民的转换步伐更快，发展型、享受型消费比重明显上升。相当一部分城镇居民生活全面进入小康水平，少数城镇居民进入富裕消费阶层。

消费层次上升明显，消费热点多样化，住房、汽车、教育、旅游、娱乐、体育、休闲、通信及数码电子等消费持续升温。

2000 年以后，改革开放的进程不断深入，中国已加入世界贸易组织。此时，中国已成为全球制造的中心之一，单就制造能力而言，已经位于全球前列，但有意思的是，在这段时期，国内消费者一直视国外品牌为高端优质的代名词。

经历 20 多年的快速发展，中国人的购买力快速增长，人们有钱购买价格更高的进口品牌。购买进口品牌的一个关键原因是进口品牌带来的市场认知相对高端，让部分消费者觉得有档次、有面子。以数码相机为例，以佳能、索尼和尼康等为首的品牌，一度占据中国市场 70%以上的份额。

在生产成本、工艺处于同一水准的情况下，外资品牌的售价要远高于国产品牌。

还有一个现象是，国内大量游客涌到国外。国金证券公司的研究报告称，中国的出境游自 2000 年以来增长迅速，人均 GDP 逐年增长是其中的根本因素。在 2007 年全国旅游工作会议上，国家旅游局局长邵琪伟在会上表示，2006 年全年中国有 3400 万人次出境旅游，我国继续保持亚洲第一大出境旅游市场的地位。

国内消费者喜欢在海外购买奢侈品，2000 年时中国人的奢侈品消费只占全球市场份额的 1%；而 2018 年，中国人的奢侈品消费占到全球市场份额的 33%。

经过系统的梳理之后不难发现，自改革开放建立市场经济以来，中国经济社会的消费一直在发生着改变，每次消费经济的变化都是在上次基础上的革新，在完成新的转变的同时消费者的需求与特征也在发生巨大转变。

1.2.4　消费 4.0 时代：2010 年至今

有一个大背景是：居民的可支配收入继续稳步增长，中高收入群体规模持续扩大，国家统计局局长宁吉喆在介绍 2018 年国民经济运行情况时表示，我国中等收入群体人口已经超过 4 亿。另据招商银行和贝恩公司联合发布的《2019 中国私人财富报告》，2018 年中国可投资资产在 1000 万元以上的高净值人群数量达到 197 万，消费能力非常强。任何商品只要找准客户，都可能实现爆发式增长。

2018 年全国居民人均可支配收入 28228 元（2017 年人均可支配收入为 25974 元）。其中，城镇居民人均可支配收入 39251 元，同比增长 7.8%；农村居民人均可支配收入 14617 元，同比增长 8.8%。2018 年全国居民人均可支配收入平均数与中位数如图 1-1 所示。

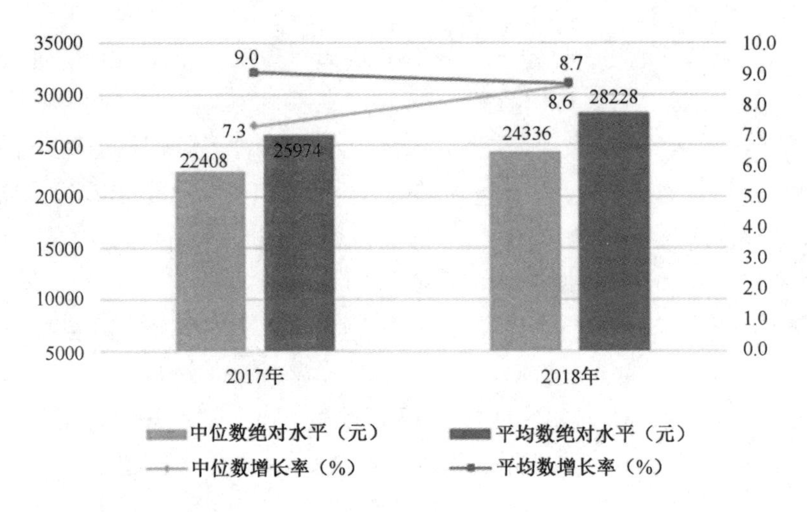

来源：国家统计局网站

图 1-1　2018 年全国居民人均可支配收入平均数与中位数

2018 年全国居民人均消费支出为 19853 元（2017 年人均消费支出为 18322 元），比 2017 年名义增长 8.4%。其中，城镇居民人均消费支出 26112 元，同比增长 6.8%；农村居民人均消费支出 12124 元，同比增长 10.7%。2018 年居民人均消费支出情况如图 1-2 所示。

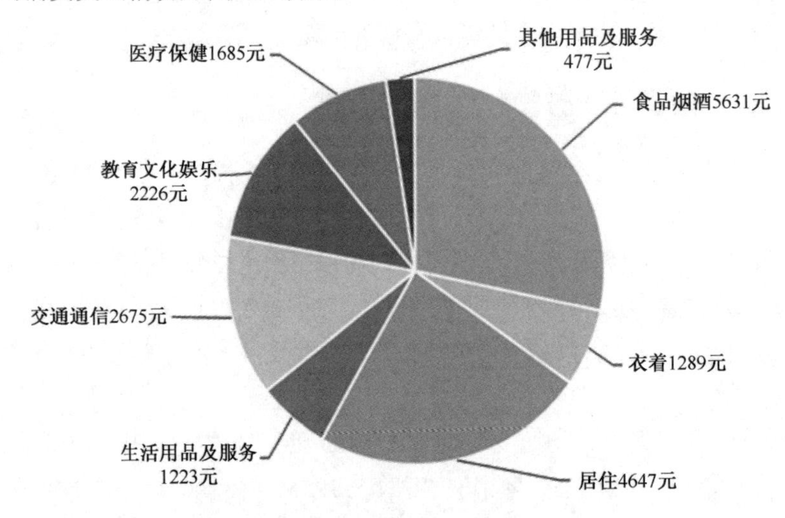

来源：国家统计局网站

图 1-2　2018 年居民人均消费支出情况

宜人财富发布的《大众富裕人群资产配置策略指引》显示，中国个人可投资资产在10万美元（约63万元人民币）至100万美元（约630万元人民币）的人群数量已经有3000万。

而胡润研究院《2019胡润财富报告》显示，截至2018年8月，中国中产家庭数量已达3320万户，其中新中产数量1000万户以上。《2020胡润财富报告》出炉后，上述富裕家庭的数量又有增长，前文已有提及。

互联网快速普及，网速提升，计算机与智能手机普及，线上消费发生了翻天覆地的变化。出现了“双十一”“618”等各种消费节日，制造了新的消费热点；洋品牌与国产品牌形成胶着态势，并且国产品牌逐渐在一些品类上占了优势。

据中国互联网络信息中心（CNNIC）第47次《中国互联网络发展状况统计报告》显示，截至2020年12月，我国网民规模达9.89亿，较2020年3月增长8540万，互联网普及率达70.4%，较2020年3月提升5.9%。2020年网上零售额达11.76万亿元，较2019年增长10.9%。网络购物用户规模达7.82亿，占网民整体的79.1%。网络支付用户规模达8.54亿，占网民整体的86.4%。网络视频用户规模达9.27亿，占网民整体的93.7%。

一些新的变化是，在物联网技术的推动下，智慧消费成为趋势，体现在依托大数据分析，识别客户需求，并能有针对性地满足；依靠信息化工具与柔性生产，实现个性化定制消费；物联网技术进步，实现全屋智能、汽车物联网等，可以做到无人驾驶、语音操控、远程操控等。

我们可以从一些报告里看出最近9年多消费变化的脉络与走向。

2018年，阿里研究院发布《中国消费品牌发展报告》，在阿里巴巴零售平台消费品16个大类中，中国品牌市场综合占有率在2017年超过71%。其中，中国品牌在大家电、家具、家居日用、建筑装潢4个大类中占据80%以上的市场份额；在食品、箱包配饰、医药保健等9个大类中占据60%以上的市场份额；而在运动户外、3C数码、美妆个护3个类别中，中国品牌的市场份额仅为47%。

2020年，阿里研究院发布的《2020中国消费品牌发展报告》显示，2019年中国品牌线上市场占有率达到72%，品类创新对市场规模扩大的总体贡献度达到44.8%，较2018年增长了15.2%，如图1-3所示。以快消品行业为例，近两年中国品牌抢占了超过4/5细分品类的外资品牌市场份额，在乳制品、数码产品等品类中，近1/3的消费者在高端产品上会选择中国品牌。中国消费者的消费模式持续发生转变，消费结构与发达国家日益相像。一线、新一线和二线城市年轻女性客群偏爱国潮文化特色商品，日用品和食品餐饮老字号最适合用直播方式。

中国品牌线上市场占有率达到72%

阿里巴巴零售平台消费品共计16个大类，2019年中国品牌线上市场占有率达到72%。受到消费者健康和生活方式方面的消费需求影响，相关产业快速转型出新，医药健康、美妆个护、食品行业线上中国品牌市场活跃，市场规模同比增幅领跑总体，增幅分别为38.5%、36.7%和31.5%。

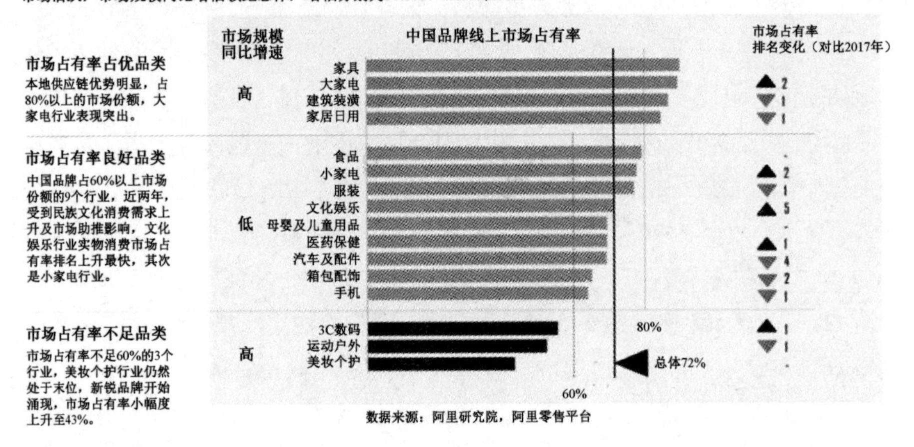

来源：阿里研究院

图 1-3　2019 年中国品牌线上市场占有率

在消费意向方面，中国贸促会研究院的《2017/2018 年中国消费市场发展报告》显示，早在 2017 年，43.2%的 90 后认为“轻奢品牌”更时尚。此外，近 94.6%的受访者对个性化定制感兴趣。个性化消费对商品和服务的科技含量提出了新的要求，为消费者带来更好的消费体验和身心享受，创新型产品消费增长迅猛，如图 1-4 和图 1-5 所示。

在品牌的倾向性选择方面，据英敏特数据，有 58%的中国城市精英人群愿意为有道德的品牌支付溢价。

2019 年 4 月，麦肯锡中国发布了基于银联奢侈品交易数据作为参考的《2019 年中国奢侈品消费报告》，报告显示，2018 年中国人在境内外的奢侈品消费额高达 7700 亿元，占全球奢侈品消费额的 1/3，平均每户购买奢侈品的家庭会花 8 万元在这件事上；到 2025 年，奢侈品消费总额有望增加到 1.2 万亿元。2012—2018 年，全球奢侈品市场超过一半的增幅来自中国，如图 1-6 所示。

80 后、90 后
时尚消费的态度发生了哪些变化？

43.1%
80后认为
“海外独立设计师品牌”
最彰显时尚感

43.2%
90后认为
“轻奢品牌”
更时尚

图 1-4　80 后、90 后时尚消费态度发生了哪些变化

对定制感兴趣的消费者高达94.6%

个性化定制的热门品类：

1. 服装 55%
2. 珠宝首饰 49.8%
3. 包袋 36.8%
4. 鞋履 35.1%
5. 香水 18.1%
6. 腕表 17%
7. 美妆 6.7%

……

图 1-5　对定制感兴趣的消费者高达 94.6%

以 80 后、90 后为代表的年青一代，分别占到奢侈品买家总量的 43%和 28%，分别贡献中国奢侈品总消费额的 56%和 23%。80 后奢侈品消费者每年花费 4.1 万元，90 后则每年花费 2.5 万元。

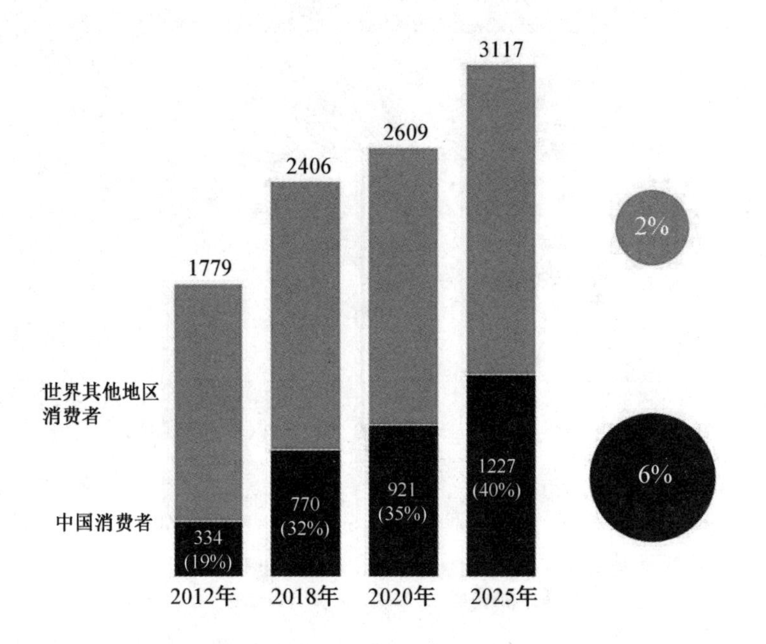

图 1-6　全球个人奢侈品消费市场变化趋势

1.3　新时代呼唤新消费经济

近年来，中国经济增长驱动开始着力于“新旧动能”的转换，增长模式逐渐迎来改变。其中，消费在经济增长中扮演越来越重要的角色，所做的贡献也在逐渐增加。

在以消费为主导的经济环境下，物联网、云计算、大数据等新一代信息技术与各个领域结合，进一步改变了人们的消费方式和消费习惯。

随着人们消费方式的改变，以及互联网、物联网技术给传统零售业供应链系统带来的革新，新的消费时代孕育出新的商业消费模式。在更为多元化、扁平化及去中心化的新消费模式与新消费时代下，新的消费经济也呼之欲出。

新消费时代的开启，不仅为人们带来生活品质的提升，而且改变了人们已经习惯的消费渠道。总的来看，在不断变化的环境下，新消费经济主要呈现出以下几种特点。

1. 特点 1：新需求

数据显示，2017 年全国居民人均可支配收入为 25974 元。其中，城镇居民人均可支配收入为 36396 元，同比增长 8.3%，扣除价格因素，实际增长 6.5%；农村居民人均可支配收入为 13432 元，同比增长 8.6%，扣除价格因素，实际增长 7.3%。

再看 2018 年，全国居民人均可支配收入为 28228 元，扣除价格因素，实际增长 6.5%。其中，城镇居民人均可支配收入为 39251 元，同比增长 7.8%，扣除价格因素，实际增长 5.6%；农村居民人均可支配收入为 14617 元，同比增长 8.8%，扣除价格因素，实际增长 6.6%。

2019 年上半年，全国居民人均可支配收入为 15294 元，扣除价格因素，实际增长 6.5%。其中，城镇居民人均可支配收入为 21342 元，同比增长 8.0%，扣除价格因素，实际增长 5.7%；农村居民人均可支配收入为 7778 元，同比增长 8.9%，扣除价格因素，实际增长 6.6%，如图 1-7 所示。

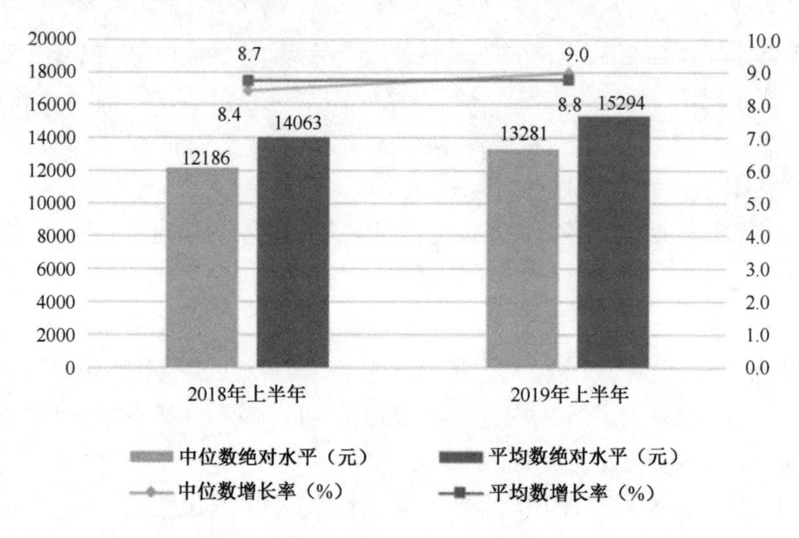

来源：国家统计局网站

图 1-7　2019 年上半年全国居民人均可支配收入平均数与中位数

这些数字表明，中国居民的购买力一直在提升，已经出现了非常庞大的高消费人群，他们在物质需求得到满足的基础上，不断提出新的需求，追求更美好的生活。

因此，文化、娱乐、教育、健康等服务性消费需求正在快速增长；以智能技术应用、个性化定制、大数据、物联网等为特征的智慧消费，成为人们追逐的消费方向。

文化的复兴、国人自信心的提振等因素，推动了国产品牌的繁荣。不仅国产品牌实现了反超，在多个品类里占得前几强的位置，而且中国文化元素与产品的融合在市场上也备受欢迎。

2. 特点 2：新供给

新技术、新材料、新产品、新业态、新商业模式、新管理模式的出现，形成了新商业价值，创造了新需求，产生了新的市场供给。

相对于农业时代而言，工业技术是新供给；进入工业时代后期，以消耗地球资源、污染环境为财富源泉的传统工业，则成了传统供给；而不依赖自然资源、以人类创造性思维为财富源泉的知识产业、信息产业、文化产业、金融产业及其他服务业等成了新供给。

物联网技术在电力、航空、鞋服、智能制造、智慧城市、无线通信、智能家居、零售等领域的渗透，正带来革命性消费产品，如传感器设备，包括温度传感器、声光传感器、燃气传感器等，可以监测真实环境的数据，并收集起来上报。还有如智能门锁、无人售货机、微波感应柜、智能路灯、智能灯杆、无人驾驶汽车、VR/AR 设备等，则成了新供给。

人工智能物联网体系架构本身比较庞大，其包括智能化设备及解决方案、操作系统 OS 层、基础设施层，并最终通过集成服务进行交付。智能化设备可以完成视图、音频、压力、温度等的数据收集，并执行抓取、分拣、搬运等行为。操作系统 OS 层相当于大脑，对设备层进行连接与控制，提供智能分析与数据处理能力。基础设施层主要提供服务器、存储、AI 训练和部署能力等 IT 基础设施。这些技术同样是新供给的一部分。

以云计算这种新的 IT 供给为例，其在物联网技术时代扮演了重要角色，提供计算资源、网络资源、存储资源等支持，据中国信息通信研究院的数据，2016 年中国云计算整体市场规模达 514.9 亿元，整体增速达 35.9%，大幅度高于全球平均水平。2019 年，云计算市场规模增长到 1334 亿元。预计 2020—2023 年云计算市场规模平均增速为 29.51%，到 2023 年，国内云计算市场规模将达到 3754.2 亿元。

2019 年 12 月，国务院发展研究中心国际技术经济研究所发布《中国云计算产业发展白皮书》，预计到 2023 年，中国云计算产业规模将超过 3000 亿元。研究机构 Gartner 公司公布的市场数据显示，2019 年全球云计算 IaaS 市场持续快速增长，同比增长 37.3%，总体市场规模达 445 亿美元。亚马逊、微软、阿里云排在前三位。

随着人工智能、物联网等技术的突飞猛进，智能家居正在迅速放量，成为新供给的重要构成。艾媒咨询公司公布的市场数据显示，2016—2020 年，中国智能家居市场规模持续扩大，其中，2020 年，整体规模同比增长 11.4%至 1705 亿元。另据 IDC 的报告，2020 年，中国智能家居设备市场出货量已高达 2 亿台，预计 2021 年出货量近 2.6 亿台，同比增长 26.7%。

3. 特点 3：新渠道

新的消费需求与新的消费模式，以及物联网技术的影响，让我们看到消费渠道的改变。“线上+线下”的新零售模式已成为众多企业经营的标配。

一方面，线下零售的价值很难被替代，实体店铺购物所带来的场景化体验和社交功能，比线上零售更具优势，而很多公司的线上零售也会存在配送与交付问题。

另一方面，从网购用户规模的逐年上涨，以及网络零售占比的持续提升，不难发现中国电商潜力正在持续释放，在某些行业里，线上与线下所占份额已相差不大。

在移动互联网与物联网的推动下，新的渠道运营思路也正在产生，例如，移动端的应用与渠道变得前所未有的重要，大量线上渠道工作都转移到手机上，包括运营公众号、App、小程序等；再如，搭建物联网集成平台，整合产业链上的多家企业入驻，面向消费者提供一站式服务，在这个生态圈里，平台是销售渠道，每家入驻企业也是销售渠道。此外，通过与平台上的智能设备互连互通，收集有价值的家庭消费数据，进而制定有针对性的销售渠道策略。

以阿里巴巴为例，据天猫精灵的数据显示，截至 2020 年 5 月底，天猫精灵可连接的设备超过 2.72 亿台，连接的品类超过 80 个，连接的平台超过 800 个，连接的设备型号超过 5000 个，连接的品牌超过了 1100 个，目标就是全屋场景智能，包括客厅、卧室、厨房、卫浴等多个场景能够互联互通，接入的阿里平台与其他设备互通之后，相当于拥有了一种销售渠道。

另外，阿里云在 2020 年 6 月宣布智能生活物联网平台开启一站式全球服务，为中国制造企业货通全球提供保障。其中，“一次接入，全球触达”的能力支持所有的设备在售卖前无须区分销售国家，只需要使用全球统一的激活码，设备联网后即可自动接入最近的数据中心，并可提升消费者的使用体验。

4. 特点 4：新模式

随着物联网技术的繁荣，以及新消费群体的成长、新消费观念的传播，一些新的消费模式也正在出现，如 5G+VR 的模式，在 VR 店铺里，商品陈列就跟实体店里一样，用户拖曳屏幕就可以在 VR 商店里浏览商品信息、查看商品信息，还能在线向导购咨询。

物联网产业链本身已经催生了不少新模式，如芯片提供商、传感器供应商、无线模组厂商、网络运营商（含 SIM 卡商）、平台服务商、系统及软件开发商、智能硬件厂商、系统集成及应用服务提供商。

一些物联网终端产品的出现正催生新的商业模式，孵化出众多新公司，如从事可穿戴设备（智能手表、智能眼镜、可穿戴相机等）、智能家电（智能电视、智能洗衣机、智能空调等）、智能家居（智能灯、扫地机器人、智能晾衣机等）、医疗保健（血压监测仪、多参数监视器、可穿戴注射器等）、车联网（自动驾驶、激光雷达）等生产与制造的企业。

在新消费理念的影响下，品质化、个性化成为消费趋势，进而催生出大量小而美的品牌，针对某个细分群体，提供精细化的产品，如 C2B（消费者到企业）模式成为一种主流。

共享经济的繁荣则是新消费模式的一大亮点，包括网约车、顺风车、共享办公空间、共享住宿等。国家信息中心分享经济研究中心发布的《中国共享经济发展报告（2020）》显示，2019 年共享经济市场交易额为 32828 亿元，比 2018 年增长 11.6%；直接融资额约 714 亿元，比 2018 年下降 52.1%。共享经济参与者人数约 8 亿，共享经济各领域的创新持续活跃。

1.4 消费升级、降级同时出现

近年来，随着投资、出口拉动的经济增长进入减速期，消费正在逐步成为支持中国经济发展最为重要的推动引擎。2017 年《政府工作报告》也指出："消费正在经济增长中发挥主要拉动作用。"

据国家统计局公开的数据显示，消费作为经济增长主动力的作用进一步巩固，2019 年最终消费支出对国内生产总值增长的贡献率为 57.8%，高于资本形成总额 26.6 个百分点。与此同时，随着经济的发展与居民收入水平的提高，以及物质的进一步丰富，新一轮消费升级正在如火如荼地进行着。

1.4.1　消费升级四大信号

消费升级信号一：居民收入增速同步甚至高于 GDP 增速

居民消费升级和消费支出不断增长的一个前提条件就是，居民可支配收入达到较高的水平，并且不低于整体经济增速。

从近年的变化趋势来看，城镇居民人均可支配收入增速同步于人均 GDP 增速，部分时候已经超过人均 GDP 增速。即使结合农村居民的情况，全国居民人均可支配收入的实际增速，近年来也有部分时候超过人均 GDP 增速，以 2016 年为例，全国居民人均可支配收入的实际增速为 6.3%，而人均 GDP 实际增速为 6.1%，前者超过了后者 0.2 个百分点。

2018 年，全国居民人均可支配收入 28228 元，比 2017 年同比名义增长 8.7%，剔除价格因素，同比实际增长达到 6.5%，而人均 GDP 的同比增速是 6.1%，两相比较，人均可支配收入同比增速超过了人均 GDP 同比增速 0.4 个百分点。

再看 2019 年，全国居民人均可支配收入 30733 元，比 2018 年同比名义增长 8.9%，扣除价格因素，同比实际增长 5.8%，而人均 GDP 的同比增速约 5.7%，两者基本同步。

接着是 2020 年，全国居民人均可支配收入 32189 元，比 2019 年名义增长 4.7%，扣除价格因素，同比实际增长 2.1%，而 2020 年的人均 GDP 同比增速约 2%，意味着人均可支配收入的同比增速再次超过人均 GDP 的同比增速。

紧跟整体经济增长形势，持续上涨的收入、持续增加的消费支出，表明了国人有能力拿出更多的钱来消费，进而支撑消费升级的实现。

消费升级信号二：服务性消费增加趋势日渐增强

当前，中国居民消费处于商品消费向服务性消费转变的上升期，居民用于服务性消费的支出大幅度增加，而商品消费增长相对缓慢。

2014—2016 年，城镇居民用于医疗、教育、娱乐、旅游、交通等服务性消费的支出占比由 35.7%上升到 41%，上升了 5.3 个百分点，用于居住的支出占比也上升了 1 个百分点，而用于商品消费（食品和服装）的支出占比由 43.2%下降到 36.8%，下降 4.4 个百分点。

至 2018 年，中国居民消费观念进一步从“占有商品”到“享受服务”转变，医疗、餐饮、家政、旅游等服务供给水平持续提升，带动中国服务性消费支出快速增长。全国居民人均服务性消费支出 8781 元，占居民消费支出的比重为 44.2%，比 2017 年提升 1.6 个百分点。其中，人均饮食服务支出增长 21.7%，家庭服务支出增长 32.1%，医疗服务支出增长 20.5%，包含旅馆、住宿等在内的其他服务支出增长 14.9%。

2019 年，我国居民人均消费支出 21559 元，其中人均服务性消费支出 9886 元（占居民人均消费支出的比重为 45.9%）。消费升级类商品增速加快，2019 年，限额以上单位化妆品类、文化办公用品类和通信器材类商品零售额比 2018 年分别增长 12.6%、3.3%和 8.5%。在消费升级类商品中，可穿戴智能设备、智能家用电器和音像器材等发展享受型商品零售额快速增长。

此外，随着人民生活水平的提高，中国城镇居民恩格尔系数不断下降，2016 年已降到 30%左右；2017 年下降到 29.3%，这是新中国成立以来城乡居民恩格尔系数首次下降到 30%以下；到 2019 年，全国居民恩格尔系数为 28.2%，连续八年下降。这意味着食物消费所占比例下滑，人们拥有较多的“闲钱”投向旅游、健康、文化娱乐等，居民消费结构改善，生活水平进一步提高，为消费升级奠定基础。

2010—2016 年中国 GDP 保持高速增长，2015 年中国人均 GDP 超过 8000 美元。根据世界银行的衡量标准，人均 GDP 超过 8000 美元后，由于财富的积累和整体经济的发展，可选商品的种类变多，将推动消费迎来新一轮升级。

消费升级信号三：商品消费向品质消费升级

价格已经不再是性价比的重要考量因素，档次、品质、服务等多项内容成为考虑因素，品质消费逐渐成为趋势。

以家电行业为例，居民品质消费趋势表现为，更加注重技术革新所带来的生活智能化，同时注重健康与卫生，如空气净化器、净水设备、按摩椅、扫地机器人、吸尘器等，频频出现爆款。

人们更加注重生活品味与艺术，如一体化的生活家电，还有智能手机的时尚、美感、颜色等。

2019 年国庆期间，苏宁易购数据显示，8K 电视在苏宁全渠道销量环比增长 302%，空气净化器销量环比增长 154.22%。国美渠道，8000 元以上中高端商品销售量同比大幅度提升，激光电视销售量同比增长 358%，洗碗机销售量增长 130%。

2019 年“双十一”期间，自 11 月 1 日零时至 11 日零时，京东平台 70 英寸及以上产品成交额同比增长超过 400%，人工智能电视成交额占比超过 85%；空调品类上，高端立式空调成交额增长 280%，家用中央空调成交额增长 3 倍；小家电品类上，高端手持吸尘器成交额同比增长 150%。国美渠道，65 英寸以上电视销售额同比提升 35%；高端品牌卡萨帝异军突起，同比增长超过 110%；在生活小家电方面，2019 年“双十一”期间，销售额同比增长 35%；厨房小家电增长最快，同比增长高达 70%，精品小家电同比增长 30%，环境小家电同比增长 20%以上，可见用户对厨房小电器的需求正逐渐增加，同时也代表着消费升级后的用户对于生活品质的要求也越来越高。

以食品消费为例，方便面、碳酸饮料的销售十分疲软，从侧面反映出国内消费者对食品饮料的需求正在改变，他们不再满足于低层次需求，而是向营养、健康、新潮等高层次需求进阶。

再者，越来越多的中国消费者选择到日本、澳洲、欧洲等地购买日用品，这也是中国居民消费升级的重要表现。

2019 年，中国进口商品额达到 14.31 万亿元人民币，进口不仅能够提升居民的消费水平和生活质量，而且能够促进同类消费品的生产水平。

宠物经济的崛起同样是品质消费的一个反映。试想，假如人的需求都无法得到满足，又如何能在宠物喂养上增加投入。一般来讲，人的需求向高层次发展，进而会带动宠物经济。

2019 年“双十一”期间，仅苏宁易购的数据显示，宠物饮水机、智能喂食器、智能洗脚器等智能化宠物产品受到青睐。2019 年 11 月 1 日至 11 日，智能化宠物产品销量同比增长 126%；宠物服饰销量同比增长 304%。

2020 年京东“6・18”购物节期间，仅 6 月 1 日当天，京东超市宠物品类前 1 小时销售量是 2019 年的 6 倍，宠物主粮销售量是 2019 年的 10 倍，宠物智能用品销售量是 2019 年的 8 倍。从消费趋势看，宠食健康化、养宠智能化成为更多人的选择，中高端品牌销售也在逐步增加。另据《2020 年中国宠物行业白皮书》的数据，2020 年中国城镇宠物犬猫数量突破 1 亿只大关，消费市场规模也达到 2065 亿元。

通过对消费环境和消费者行为的分析，不难发现中国目前正在进入新一轮的消费升级过程中，消费升级、消费投资已成为经济领域备受关注的重要话题。在这一背景下，消费经济的模式将成为经济发展的新引擎，而新的消费经济也有潜力引发一轮新的消费革命。

在麦肯锡公司公布的一份名为《重塑全球消费格局的中国力量》的报告中指出，中国的消费结构与发达国家日益相像，到 2030 年，中国家庭全年在食物上的支出占比将下降 18%，而“可选品”与“次必需品”的支出将显著增加。未来 15 年，中国将贡献全球消费增量的 30%。

消费升级信号四：物联网等科技进步推动消费革命

对消费升级的理解，不仅仅是消费者愿意花更多钱或购买更高档次、更高品质的商品，同时在于消费心理被科技力量重新塑造，物联网技术催生新的产品，激活新的消费期望。

消费升级在很大程度上是消费者的消费欲望被重置，产业链上的商业机构会基于新的消费欲望创造新的产品与服务。从科技推动消费的路径上看，有几个非常重要的关键点。

（1）智能手机和移动互联网普及，使得消费行为不再受地点和时间的限制；

（2）大数据的应用，让商家更容易完成对消费偏好的捕捉，进而实现精准生产与精准营销；

（3）先进的配送体系，让零售更智慧，可实现更快捷的送达，满足消费者对速度的需求。

年青一代成长为主力消费人群，在他们的消费观念中更注重品牌、品质，更关注服务及个性化，也更习惯线上消费、智能消费和超前消费。

“游戏控”“二次元”等一系列时代标签的出现，表明那些与科技进步共同成长起来的新一代消费者，愿意接受新的消费场景，这也意味着新的消费偏好可能会变化得更快。

这一偏好结合智能手机等新型消费工具，我们可能会看到中国市场随时都在制造新的消费热点，当然也随时会有消费浪潮退去。

在消费行为上，我们看到消费将更多地与内容结合。无论是阿里巴巴、腾讯，还是小米、京东、今日头条（抖音），近年来都已构建了内容平台。未来消费行为可能和内容阅读相融合，人们一边阅读文章、观看视频，一边被内容中的产品所打动，直接下单购买。

目前，我们对世界的感知是通过眼睛看、用手去触摸与控制，或者通过指令施加影响。但在物联网世界里，人类的控制力会再次得到延伸：智能家居和可穿戴设备正在把每个人、每个家庭重新改造；借助物联网技术，人们生活的各种场景也在变化，如智能手表可以监测心率、智能床垫能够改善睡眠、智能马桶直接能检测大小便。这些物联网智能设备与无所不在的连接所带来的改变将超出我们的想象。

1.4.2 消费升级的四种形态

当前，中国居民收入持续增长，已经进入消费水平提升、需求内容增加、形态不断升级的新阶段，具体形成了以下四种形态。

形态一：由实物消费不断向服务消费升级

随着人民生活水平的提高和供给水平的提升，居民消费的一个显著变化就是更加注重服务消费。据国家统计局对 2018 年消费市场的测算，中国消费形态由实物消费加快向服务消费转变。大众餐饮、休闲旅游、文化娱乐、教育培训、健康养生等服务消费成为新热点。

其中，在大众餐饮消费方面，餐饮收入增速高于商品零售，并已逐步形成业态互补、高中低档协调发展、中外餐饮融合促进的发展格局。2017 年，社会消费品零售总额中餐饮收入达到 39644 亿元，是 1978 年的 723 倍，年均增长 18.4%，比社会消费品零售总额年均增速高 3.4 个百分点。2018 年餐饮收入市场规模首次超过 4 万亿元，增速比商品零售额高 0.6 个百分点。2019 年餐饮收入达到 46721 亿元，同比增长 9.4%。

在旅游消费方面同样持续增长，居民出游方式多种多样。在北京举行的 2019 年全国文化旅游局局长会议指出，2018 年，中国的旅游消费量保持持续增长态势，国内游客人数达到 55 亿人次，中国公民出境游客人数达到 1.48 亿人次，旅游收入达到 5.99 万亿元。

从 2012—2018 年的旅游业数据来看，全国旅游收入保持两位数的稳定增长。2014 年，全国旅游收入达到 3.73 万亿元，同比增长 26.4%，实现了一个增长高峰。

据《中华人民共和国文化和旅游部 2019 年文化和旅游发展统计公报》，2019 年全年国内旅游人数 60.06 亿人次，同比增长 8.4%；入境旅游人数 14531 万人次，同比增长 2.9%；出境旅游人数 15463 万人次，同比增长 3.3%；全年旅游总收入 6.63 万亿元，同比增长 11.1%。

在文化娱乐消费方面，2019 年全国共有公共图书馆 3196 个，比 2018 年年末增加 20 个；图书总藏量 11.18 亿册，同比增长 7.3%；全年全国公共图书馆流通量 9.01 亿人次，同比增长 9.9%。全国文化和旅游事业费 1065.02 亿元，比 2018 年增加 136.7 亿元，同比增长 14.7%。居民文化和旅游消费的持续扩大，催生了许多新业态和新消费模式。

此外，还有不少成人用户，为了满足自己的兴趣爱好而走进培训机构。音乐、美术、体育，以及茶艺、厨艺等教育培训机构纷纷推出了成人班。

在健康养生消费方面，据《中国家庭健康大数据报告（2018）》显示，一线城市对健康内容的消费大于二三线城市。男性最关注肺癌，肺癌居男性癌症发病率首位；女性最关注胃癌，这与女性喜欢吃，同时更注重肠胃健康有关。30 岁以上年龄的人更关注“血糖、胆固醇、营养、长寿、癌症”；50 岁左右人群对健康的关注度是 25～35 岁人群的 2 倍。

尤其在 2020 年，人们的健康消费观念逐渐养成，日常防护、使用健康家电、养成健康生活方式、倡导健康饮食等观念深入人心。据国家统计局数据，2020 年前三季度全国居民人均购买医用酒精、口罩等医疗卫生器具支出增长 2.7 倍，人均购买洗涤及卫生用品支出增长 13.7%，人均购买健身器材支出增长 10.6%。

2021 年 3 月，阿里健康根据天猫医药平台数据情况发布了《女性健康消费数据报告》，其中提到，女性健康消费支出逐年增加，平均每年同比递增 20%，2019 年女性健康总体支出比男性高 38%，2020 年双方差距进一步拉大至 63%。

大众餐饮、休闲旅游、文化娱乐、教育培训、健康养生等新兴服务消费正多点开花，充分体现了消费升级的大趋势，显示出中国经济的活力。企业要想占领这些市场，就需要结合自身的资源与能力，并充分利用新技术手段，为消费者打造满意的智慧产品和服务。

形态二：由服务消费向提质增效消费升级

按照国际通行指标恩格尔系数衡量，这几年该数据是下降的，说明居民消费中非实物性支出保持上升。

康奈尔大学心理学家托马斯·吉洛维奇认为，为了得到最大化的快乐，人们常常需要在消费“体验”和消费“物质”的比例上进行权衡。

为了能够帮助人们更好地做出消费决策，托马斯·吉洛维奇通过实证研究告诉人们，相比“物质”，“体验”带来的乐趣更加持久，而且等待“体验”的过程令消费者感到更加“兴奋”，诸如滑雪场通行证、音乐会门票等“体验”，因为这个过程相对较长，所以这类体验带给人的快乐会更多。

在智慧消费时代，人们的消费需求已经不再限于满足基本的生活需要，而是更加注重商品和服务质量，更加注重口碑，尤其看重消费体验及由此带来的精神上的愉悦。

现实中，从不差钱的“买买买”到深度体验，从“温饱型”向“品质型”跨越，无不体现从服务消费向提质增效消费的升级。

提质增效消费之下，企业的竞争必须改变传统的低端价格战思维，用高端品牌战思维聚焦产品本源，注重品牌价值，让品牌为消费者带来最佳体验和精神享受。只有这样，才能使品牌实现溢价，从而获得经济效益和社会效益。

形态三：由普通商品消费向中高档消费升级

中国消费升级的又一种形态是由普通商品消费向中高档消费转变，一个典型的表现是，部分中高端消费品的销售增长速度要快于其他商品的销售增长速度。

2018 年，限额以上单位化妆品、通信设备和家用电器的增长率比限额以上单位商品零售额平均增长率高 3.9 个百分点、1.4 个百分点和 3.2 个百分点；汽车产品中的运动型和新能源汽车的销售比例有所增加，新能源乘用车销量突破 100 万辆，高于 2017 年的增速。

2018 年以来，乘用车销量整体负增长，但 C 级高档车依然保持高速增长。以 2019 年为例，新宝马 5 系销量表现也相当抢眼，前三季度累计销量超过 124700 辆，同比增长 5.7%。同年 9 月，奥迪 Q5L 单月销量达到 15176 辆，同比增长 36.4%。到 2020 年，奥迪 A6L 的累计销量为 176334 辆，同比增长 34.4%；奥迪 Q5L 的累计销量为 149180 辆，同比增长 7.3%；奔驰 E 级全年销量为 155634 辆，同比增长 1.1%；奔驰 GLC 全年销量为 165170 辆，同比增长 18.5%。

还有一个关键的指标是奢侈品消费总额不断增长，贝恩公司发布的 2018 年度《中国奢侈品市场研究》显示，2018 年中国消费者的奢侈品消费总额达到 858 亿欧元，按最新汇率计算，约 6500 亿元，占全球奢侈品市场份额的 33%。

单说中国（除港澳台地区外）奢侈品市场，2011—2016 年保持在 1100 亿元左右的规模；2017 年增长 21.4%，实现 1420 亿元的规模；2018 年增长 19.7%，市场规模上升到 1700 亿元。

中高档消费人群有自己的情感偏好，也有特殊的行为习惯和价值观。比如，对有的人来说，消费"好物"是为了获得"美好生活的馈赠"，是为自己内心真实的感受而活，希望通过高端消费来获取更精致的生活体验。而对另一些人来讲，注重身份和财富地位，购买常人无法企及的奢侈物品，在一个特定的生活圈子里彰显自身财富与身份地位，获得区别于他人的华贵感与独一无二的标签。

中国正处于中高端消费快速提升期，企业如果能够精准锁定高端客户人群，为他们量身定制产品与服务，就有可能获得新的增长点。

形态四：由线下消费向线上线下融合的消费升级

随着移动互联网的普及、网购用户的快速增长，以及线上线下消费习惯的成熟，O2O（线上线下）成为一种非常主流的商业与消费模式。"把以互联网为载体、线上线下互动的新兴消费搞得红红火火"早在 2015 年就已纳入《政府工作报告》，同时将 O2O 模式推向了一个国家层面的新高度。

线上指的是互联网平台，如线上商城、淘宝、京东、微店、App、微信小程序等可以网上订购的平台。线下则是指各种实体店，开在卖场里或街边、商圈、社区等各种场所，线下消费就是指到实体店去购物。

一是在方便性上。线上购物不受时间与地点限制，不过在货物的配送速度方面，部分品类的送货比较慢。随着智慧物流的升级，这种差距正在被抹平。

二是在成本方面。开设线上网店一般要比租赁线下实体店成本低，因为网店的租金等相关费用会低一些，员工数量可能也要少一些，有时候一个人就可以把网店打理好。

在2019年1月1日《电子商务法》生效之前，开网店不需要工商注册，税也免了，很多网店的利润比较高。从2019年1月1日开始，个人开网店应依法办理市场主体登记，并依法履行纳税义务，微商、代购、直播销售等列入电商范畴，接受政府部门的监督管理。

2018年12月，国家市场监管总局发布《关于做好电子商务经营者登记工作的意见》，其中提出，电子商务经营者应当依法办理市场主体登记。电子商务经营者申请登记成为企业、个体工商户或农民专业合作社的，应当依照现行市场主体登记管理相关规定向各地市场监督管理部门申请办理市场主体登记。电子商务经营者申请登记为个体工商户的，允许其将网络经营场所作为经营场所进行登记。

三是在产品信息的丰富度上。通过网店不仅可以展示大量产品信息，包括文字、图片，也可以录制视频，而且能看到购买过商品的老客户们的评价，新客户可以大概知道东西的好坏，而线下实体店在这方面多有不足。

四是体验差别。线下实体店摆了很多实物，可以看到，也能现场试用，当场就能发现产品有没有问题，觉得不错就直接购买，如服装、鞋等。

五是安全性问题。网上支付不需要怀揣巨款或拿着信用卡刷卡就可以安心支付，但网上支付也有风险，因为网上盗号、盗密码的情况偶有发生。

针对这些问题，线上线下相融合的零售与消费模式，正在提供更有效的办法。消费者可以线上了解信息、领取优惠券，然后到线下门店体验消费；也可以在店里体验之后，为了追求实惠的价格，然后到线上参加活动、下单结算。

O2O商业模式的发展不仅改变了传统企业的营销模式，而且改变了消费者的消费方式。在O2O模式下，消费者可以在线上线下自由选择，享受更多优惠、优质的服务，商家则可以吸引更多客户，开展精准营销，实现商业模式创新，拓展多元化盈利模式。

以“双十一”为例，其本来是电商的“购物节”，经过多年打造后，现在成了零售行业的节日。京东开启与线下品牌无界营销新模式，发起无界零售，包括京东便利店、7Fresh、京东 X 无人超市等几十万家门店联动，覆盖消费者的各种需求。

苏宁在全国举办几十场线下活动，并且打出“上网上街上苏宁”的口号，旗下苏宁云店、苏鲜生、红孩子、苏宁小店等各类业态都全面参与“双十一”活动。

小米线上全平台与线下几千家门店协同。这不只是线上与线下渠道技术、商品、用户的融合，更是让电商平台依托线下社区门店、智慧门店在整体数量和地域分布上双管齐下的拓展，可以更快触及大量三线及以下城市、农村的消费者。

借助线上线下融合的做法，为顾客提供无处不在的购物体验，可以让购物不仅限于“买买买”，同时与吃喝玩乐等生活服务融合。

综上所述，中国居民消费升级有四种形态，即由实物消费向服务消费升级、由服务消费向提质增效消费升级、由普通商品消费向中高档品质消费升级、由线下消费向线上线下融合消费升级。

在新思维、新技术、新工具与线上线下融合的道路上，智慧消费将迎来新的发展机遇。在消费驱动之下，供给侧结构性改革将进一步深化，为持续促进消费提供动力，反过来继续推动消费升级。

1.4.3　如何迎接消费升级

从经济学角度讲，消费升级指的是消费结构的升级。简单来讲，就是各类消费支出在消费总支出的结构和层次上的提高，直接反映了消费水平和经济发展的趋势。

从历史来看，中国消费升级经历了两个阶段。

第一阶段：人们生活水平普遍比较低，主要解决温饱问题，物品的消费非常旺盛，同时中国正向工业化阶段过渡，对轻纺工业品的消费数量有所增加。

第二阶段：耐用消费品发生改变，从 20 世纪 60—80 年代的老三件（自行车、手表、缝纫机）到 90 年代的新三件（彩电、电冰箱、洗衣机）。2000 年之后，随着人均 GDP 的迅速提升，汽车、住房等商品消费增加，成为消费增长的主要动力。

当前，随着消费水平的显著提升，以及新兴消费人群的崛起，传统的生存型、物质型消费逐渐让位于发展型、服务性消费。抓住这轮消费升级的机会对我们非常重要，可以从如下几个方面切入。

1. 升级消费结构

从需求层次理论和经济发展的进程来看，消费结构变化呈现阶段性上升规律。人们的消费首先是满足基本的生存需要，随着经济增长和收入水平的提高，开始注重生活品质，追求发展与享受型消费，消费领域也会不断拓宽，涵盖教育、文化、娱乐、信息、旅游、低碳环保及生活服务等多个方面。

自改革开放以来，中国居民的生存型消费占消费总支出的比重不断下降。据统计，全国城镇和农村居民消费恩格尔系数分别由 1978 年的 57.50%、67.7%下降到 2017 年的 28.6%、31.2%。2018 年，全国居民恩格尔系数降至 28.4%，再创新低。到 2019 年，全国居民恩格尔系数为 28.2%，连续八年下降。

发展和享受型消费比重则不断提高，城镇和农村居民交通通信、教育文化娱乐、医疗保健等消费占消费总支出的比重分别由 1981 年的 10.79%、7.80%上升到 2017 年的 37.06%、34.75%，消费结构升级明显。

2000—2017 年，中国城镇居民人均交通通信支出年均增长 38.3%，医疗保健支出年均增长 17.6%，文教娱乐支出年均增长 15.2%，居住支出年均增长 11.8%，服务性消费支出的增长速度明显快于物质性消费支出。

最近几年里，中国居民的消费观念从“占有商品”到“享受服务”转变，医疗、餐饮、家政、旅游等服务供给水平持续提升，带动服务性消费支出快速增长。2018 年，中国居民人均服务性消费支出 8781 元，占居民消费支出的比重为 44.2%。2019 年，中国居民人均服务性消费支出 9886 元，比 2018 年增长 12.6%，占居民人均消费支出的比重为 45.9%。

2. 升级消费场景

曾经，实体店是消费的主流渠道。之后，随着互联网技术的成熟，线上消费开始被人们接受。如今，随着移动端互联网消费模式的崛起，线上线下融合模式开始大行其道。

事实上，从互联网企业到线下传统企业，不少公司都在探索新模式。

随着消费升级，特别是新零售时代的到来，消费者对场景的需求更加多元、要求更高，已经进入“物联网”阶段。

一方面，从产品来讲，在物联网的加持下，智能产品的种类正持续增加，而消费者对智能产品的需求正在爆发，如智能锁、智能家电、智能音箱、智能马桶等，销售情况非常好。目前，智能手环、智能手表等方便携带的可穿戴设备更是成为众多消费者的标配。

另一方面，消费者体验到的场景将是智能的，各种终端设备可以相互连通，借助手机 App、语音等方式，能够操控任何一款产品；整个物联网系统还能记忆用户的需求，并提出建议；一键设计各种场景模式，如在全屋智能的家庭里，一键设置睡眠模式，灯光、窗帘等就会自动关闭。

在场景体验的过程中，顾客会感受到产品的美好，进而吸引顾客下单购买某款单品，或者直接购买全套方案。

3. 建立更具活力的品牌形象

充满活力的品牌，往往更能在当前环境下打动客户。具有 150 年商务基因的奔驰车，设计却越发时尚创新；已经诞生 100 多年的可口可乐，依然保持活力四射的形象。

如果零售企业只想着依靠人口红利、政策红利和资本红利，而不是通过赋予产品和服务更多的生活形态、更丰富的人文关怀内容等而获取竞争优势，终将因粗放式发展而被商业丛林法则所淘汰。

1.5　物联网+新客群+新收入推动：主力品牌布局智慧消费

物质的极大丰富、互联网技术的普及、物联网技术的应用，进一步拓宽了新的消费方式，激活了中国消费者的购买能力，裂变出新的消费市场结构和消费者行为。

阿里巴巴、京东、腾讯、苏宁等大型企业展开多种创新，推动智慧消费的发展；与此同时，众多新兴的力量陆续浮出水面，无人超市、网络支付、网络外卖、无人机快递、智能家居、个性化定制、一站式服务、所见即所得、线上线下融合等，催生了众多创新业态与新公司。

从挥舞指尖的移动支付到“即刻响应”的智能家电，从足不出户的外卖美食到自动结账的无人超市，物联网技术改善新体验、催生新产业，新业态激发新活力，新模式拓宽新路径。

在这个时代，新生代消费者成了消费主力，他们既有 50 后、60 后的银发族，也有 70 后、80 后的中坚力量，还包括 95 后、00 后的新生力量。他们或在移动互联网空间中占据着最大的话语权和流量高地，或创造新的消费潮流，成为一个地区、一个领域的消费风向标。

年轻一代消费者崛起，成长于物质充裕年代、高度互联网化的他们，拥有不同于以往的消费观念与需求。

80后步入新的人生阶段，消费理念更加成熟，消费品质进一步上升，消费偏好也从个人关照开始转向家庭关照，关注的消费品类型也正在发生变化。老龄社会正在到来，银发族的消费旺盛生长。品质消费、健康消费、精神消费、个性化、智能化等，成为新消费群体的闪亮符号。

1.5.1 新零售开创者，阿里巴巴多领域齐头并进打造泛零售业态

2016年10月，杭州云栖大会上首次提出“新零售”的概念。

事实上，早在新零售被提出之前，阿里巴巴已经通过入股银泰开始在零售领域的布局。在新零售概念被提出之后，阿里巴巴更是加快脚步，全面进军零售市场，典型事件包括入股线下零售企业三江购物、联华超市、新华都，发展新兴业务，如盒马鲜生、淘咖啡无人便利店、天猫小店等。

阿里巴巴一方面在内部齐头并进，展开多种零售项目的尝试；另一方面通过入股或战略合作等方式牵手线下零售巨头，进行零售资源储备与新业态试点。经过一系列布局之后，阿里巴巴在超市、百货、便利店和专业连锁四个零售细分业态已经取得一定成果，并孵化出一些新零售模式。

1. 布局物联网，推动智慧消费

2018年，阿里巴巴宣布进军物联网，计划用5年时间，连接100亿台设备。到2020年5月，天猫精灵举办新品发布会，宣布一年内投入100亿元，全面布局AIoT（人工智能物联网）及内容生态领域，并与合作伙伴共同推出100款千万级智能产品。

阿里巴巴主要是给合作伙伴提供人工智能与物联网技术，包括各类连接能力、语音能力、语义能力、视觉能力、芯片模组能力等。到2020年5月，阿里巴巴已经在全球部署了4个IoT核心节点、14个加速计算节点，支持12种语言，覆盖200多个国家。

设备厂商只用一套SDK就可以在海外销售产品，大大降低成本；进入2000多万户中国家庭，天猫精灵可连接的智能设备超过2.72亿台；在天猫精灵的平台上，用户可以选择的智能设备超过80个品类、5000多种不同型号、1100多个品牌。

天猫精灵还开放精灵智能平台，只要是符合接入条件的产品，都可以通过简单的芯片、模组、SDK植入等连接方式完成产品的直联智控，接入后可调用

天猫精灵的语音、视觉等多种交互能力进行设备的连接和控制。

2. 新零售超市样板：盒马鲜生

最初的新零售概念还只是抽象的存在。2017 年 3 月，阿里研究院对新零售做出如下定义：以消费者体验为中心的数据驱动的泛零售形态。

盒马鲜生的横空出世为这一个概念提供了现实案例。通过盒马鲜生，我们看到智慧零售如何通过数据驱动提升运营效率，如何将餐饮等业态融入零售范畴。

盒马鲜生开始时仅是一家开在上海的生鲜超市，阿里巴巴介入后，开发了超市配送体系，打出“传统商超+外卖+盒马 App”的组合牌，提出 5 千米（后来是 3 千米）半小时送达的服务模式。

盒马鲜生的开店借助阿里大数据的支持，针对不同消费阶层的活动商圈划定门店范围。所选场所多为中高档精品生活广场，周边有写字楼、中高端社区等配套功能。

在选品上，重点围绕吃这个场景来构建商品品类，吃的商品远远超越其他超市卖场。倡导日日鲜的概念，坚持不卖隔夜菜、不卖隔夜肉、不卖隔夜牛奶；把所有的商品都做成小包装，力图今天买、今天吃，一顿饭正好吃完。如果不想回家做，可以体验“生熟联动”，在店里做好；也可以买到制作食物所需要的调料，盒马 App 内有教学视频。

3. 阿里巴巴新零售百货试验田：银泰商业

阿里巴巴和银泰的合作由来已久，2014 年 3 月战略入股，2015 年完成控股。2017 年银泰走上了私有化的道路，作为第一家在港交所上市的民营百货，在这一年卸下了作为上市公司的压力，融入阿里巴巴的新零售版图。

阿里巴巴带动后者在数字化方面进行了相当大的改造，到 2017 年，银泰与阿里巴巴打通会员系统，开始全面数字化转型升级，完成数字化会员积累，再以数据和技术做支持，让货品去找人；与菜鸟打通库存系统后，消费者只需要在喵街 App 上购买商品，选择“到店自提”或“配送上门”即可。选择配送上门的，系统将分配离消费者最近的银泰商场发货，支持全城配送。

在 2018 年的云栖大会上，银泰宣布，截至 2018 年 9 月，银泰同店销售额增长 18%。在 2019 年 9 月的云栖大会上，银泰百货 CEO 陈晓东宣布，截至 2019 年 9 月，银泰百货数字化会员已突破 1000 万；未来五年要在线上再造一个银泰百货，即实现线上、线下销售占比达到 1∶1；会员客单价提升 2.1 倍，会员交易占比提升 81%，会员复购率提升 283%；同时，银泰已有 32 个单品的年销售额超过 1000 万元，未来希望能做出 100 个销售额过千万的单品。

在 2020 年银泰百货供应商大会上，银泰百货 CEO 陈晓东宣布，截至 2020 年 9 月，银泰百货数字化会员比 2019 年翻倍，逼近 2000 万；一年时间里创造 41 个销售破千万元的单品，爆款商品仅单品就售出 10 万件；全国近 8 成门店实现订单最快 1 小时送达。

在改造方面，有一些具体措施，如线上线下同款、线上线下同价，并且服务一致，线下购物也能享受免费快递到家服务。

4. 阿里巴巴新零售便利店探索：零售通

据中国连锁经营协会的数据显示，中国现有便利店（含石油系）9.8 万家，销售额 1334 亿元，主要分布于一、二、三线城市，而在更广阔的低线级和农村市场，分布着约 660 万家夫妻杂货店，背后是万亿元级别的广阔市场。

阿里零售通要做的其实就是通过数据化的方式为这些小店赋能，零售通能给小店提供丰富且有竞争力的商品，建立高效仓配体系，以及基于大数据的营销策略和选品指导；而小店能给零售通带来海量的数据信息，同时作为商业的毛细血管与社区智能链接。

到 2020 年 9 月，阿里零售通已入驻 150 万家线下零售小店，并联合菜鸟打造强大的供应链系统，阿里仓覆盖全国 210 个城市和 83%的街道，承诺送达准时率达 96%以上。

为了解决零售小店的痛点问题，阿里零售通推出了手机 App、小店 POS 机等数字操作系统，小店用 App 一键进货，用 POS 机的大数据选品、定价、组货和营销，从而增加利润和收入。同时，零售通已联合数百家品牌商，向小店推出渠道专供的 10000 款新商品。

5. 阿里巴巴新零售本地服务：饿了么

2018 年 10 月，阿里巴巴成立生活服务公司，“饿了么”和“口碑”合并组成本地生活服务平台，新零售战略继续向本地生活服务开展纵深拓展。

随后展开多起动作，方向锁定数字化与下沉市场。2019 年 1 月，发起“暖冬计划”陆续落地云南、河南、陕西、江苏、广东等省份，在中小餐饮商户推行降低 3%的费率、减免配送费等“减负”政策。同年 3 月底，启动“上山下乡”

计划，数字化服务近百个三四线城市。同年 4 月，在杭州落地新零售示范街，利用大数据、智能设备等，通过新零售网红业态的注入，以及线上线下节日的打造，拉动街区消费升级。

到 2019 年 11 月，阿里本地生活服务公司发布“新服务”战略，“阿里本地生活商业操作系统”将整合“口碑”“饿了么”到店和到家的各项能力，建立从选址、供应链、预订、点单、配送、支付、评价在内的全链路数字化体系，从而实现服务数字化、门店数字化和营销数字化。

1.5.2　引领第四次零售革命，京东推出无界零售战略

零售业在经过百货商店、连锁商店和超级市场的三次革命之后，正在历经第四次革命。这场革命改变的不再是零售本身，而是零售的基础设施。在技术进步让零售基础设施变得更智能、更协同、更可塑的基础上，第四次零售革命将推动“无界零售”时代的到来，实现成本、效率、体验的全面升级。

总体来讲，无界零售有两个核心，一是无界，二是精准。无界代表的是宽度，意味着无处不在、无时不在；精准代表的是深度，意味着从“大众市场”到“人人市场”。也就是说，在无界零售时代，消费者可以在各个平台、各种场景中实现无缝购物，在任何时候都可获得精准的推荐：消费者在看电视、看新闻、逛街，甚至看到同伴穿的漂亮衣服的时候，都可以无缝完成购买。

为了更好地迎接无界零售时代，京东正在努力成为一家零售及零售基础设施提供商，旨在通过提供零售基础设施服务，将优势核心竞争力分享给业内品牌和零售企业，优化整个行业的成本、效率和用户体验。当前，京东的无界零售战略布局主要体现在以下几方面。

1. 上马物联网计划

2014 年，京东上线物联平台，主打智能设备之间的互联互通。

2017 年，京东发布物联网战略，从产品定制、网络接入、销售渠道、服务体系等方面，实现全面整合，共建消费级物联网。当时就推出了 DingDong 音箱和首款联合运营商订制的 eSIM 手表，展示了京东在联合运营商、品牌商、芯片商等合作伙伴共同打造消费级物联网产品方面的实践。

京东推出“京鱼座”品牌，专注于智能生活，属于人工智能物联网的一部分，推出多种物联网终端产品，到 2020 年已覆盖 230 多个品类、1000 多个品牌、4000 多款产品。

在2019年中国家电及消费电子博览会上，京东以京鱼座为核心，开设物联网智能生活体验馆，分为客厅、卧室、厨房、卫浴4大区域，以智能家居控制终端设备为核心，为消费者提供包括智能照明、智能安防、环境监测、健康管理等在内的全屋智能解决方案。

以用户为中心的智慧家庭，成为京东部署物联网的一大落地措施，比如，与长虹合作，推出搭载小京鱼平台的智能电视，可通过小京鱼助手控制接入“京鱼座生态”的多款智能产品，如借助小京鱼的车联网服务，在车内控制家中的设备。

2. 借助物联网技术，铺设智慧门店

京东打造的智慧门店，并非传统意义上的便利店，而是通过京东商业理念赋能，以及通过输出品牌、模式和管理，打通品牌商、终端门店和消费者之间的商流、物流和信息流链的新便利店业态。

京东的智慧门店建设主要体现在商品管理、顾客管理和渠道维护方面，为店主提供无忧管货、管钱、管顾客。其中，在商品管理方面，京东利用系统实现自助订货、库存管理和收银结账。通过大数据的应用，还可以帮助店主进行单品管理，使得店铺运营更智慧。

同时，店主还能通过这套系统在无须进货、不占库存的情况下，代售京东商城的海量优质商品，提高坪效，扩大收入来源。

此外，智慧门店管理系统还可以提供完善的报表系统，帮助店主实时了解并分析门店的经营状况和收入表现，彻底改变传统小店记账困难、账目不清等问题。在顾客管理方面，借助这套系统，店主可以一键将店内商品搬到线上，与周边顾客建立更深入的连接，沉淀忠实用户。在渠道维护方面，店主通过特有的任务奖励模块，直接对接专为品牌商终端资源投放而开发的行者动销平台，获得海量的品牌动销资源支持。同时，还能学到全球顶尖的零售经验，提升经营技巧。

3. 智慧供应链

供应链一直都是零售商成本的关键要素，没有优秀的供应链支撑，零售商几乎无法实现盈利。京东曾是自营平台，500多个仓库中存放着数百万元至上千万元的库存，每个采销工作人员平均管理5000～10000件自营SKU，如果没有高智能化的运营系统（包括大数据、人工智能的帮助），这是完全做不到的。

长时间的实践积累，形成了京东独特的供应链能力。总体来讲，京东供应链系统的特点为好商品、好价格、好计划、好库存、好协同。

好商品：系统智能地在海量的商品里进行最优化选品，自动区分走量的商品和获取毛利的商品，并进行最优组合。

好价格：面对大量的用户和商业竞争，京东需要动态调整价格，在不同的营销组合下实现不同的商业诉求，如为同时满足库存和销量压力，找到并调到最优价。京东绝大部分商品已实现自动定价。

好计划：根据历史销售数据可预先制订营销、销售、补货计划，预测未来一个月、一个季度销售数据，把销售计划拆分到不同的商品组合、SKU 组合和不同的价格段组合。在 2020 年“双十一”期间，京东智能供应链支撑了全国近 200 个城市的预售前置决策计算，在消费者支付定金的瞬间就开始仓储生产，预售商品在支付尾款前就已抵达离消费者最近的快递站点。到 2021 年，京东已与超过 55%的品牌商搭建了数据协同，帮助超过 500 万种商品进行销售预测，每天给出超过 30 万条供应链智能决策。

好库存：到 2021 年，京东已管理超过 1000 万件自营 SKU，并且自动补货已经能覆盖 85%以上的 SKU。

好协同：一些京东平台的自营商家正在部分使用京东供应链系统，使用后周转量和销量显著提升。现在京东把这套系统开放给所有品牌商和供应商。

4. 智慧物流

随着人工智能技术的应用与发展，越来越多智能机器开始应用在物流领域。目前，京东正在探索用无人化科技来优化成本、效率和用户体验，其无人机、无人车等项目正在试运营中。

京东正在尝试用无人机实现最后一千米运输，已在边远地区实现无人化试运营，并且已和西安市政府达成深度合作。

顺丰也正在投入无人机。2020 年 2 月，顺丰启用 4 架方舟无人机，仅用 5 分钟就将 10 个包裹送达十堰市太和医院。

2017 年“6·18”期间，京东在清华大学等高校进行了无人车的试运营工作。2018 年京东投入更多的无人化资源，进行更大规模的商业化测试。

在 2019 年的美国消费电子展上，京东携无人车亮相。京东配送员只需要在无人车的屏幕上输入订单号，然后放入快递，无人车到达指定停车的位置后，会短信通知用户来取快递，并告知取件码。用户输入取件码，取出快递后关上箱门。如果 30 分钟内没有用户取货，无人车会自动放弃本次送货。小型无人车有 5 个格子，可以放 5 件快递，每天能配送 10～20 单，一次充电续航 20 千米。在配送过程中，它可以通过车顶的感应系统自动检测前方路况。如果前方 3 米内有障碍物，感应系统可以指挥无人车调整方向绕开障碍物。

2020 年新冠肺炎疫情期间，京东在武汉启用无人物流机器人，为武汉市收治新冠肺炎患者的定点医院配送医疗物资。京东无人车撑起了武汉仁和站和 600 米外武汉第九医院这一疫区核心，其中无人车配送约占医疗物资配送工作的 70%。

百度、高仙机器人、酷哇机器人、智行者、驭势科技等十几个无人车企业，均有无人车投入武汉、北京、上海、深圳等多个城市的抗击疫情相关工作中。

无人仓是京东的核心竞争力之一。在建立“亚洲一号”的时候，京东已使用了交叉带、堆垛机等自动化设备，以达成“双十一”“6·18”大促的高效履约配合。目前，京东已经部署了很多小机器人来实现无人化的运输和分拣。

另外，京东布局了无人超市、无人便利店、无人售货机等各种无人业态。

5. 开放赋能

目前，京东正向“零售+零售基础设施服务商”转型，通过开放赋能，与所有品牌商、合作伙伴一起在无界零售的场景下，共同创造新的价值。

2018 年，京东加大了开放赋能的力度，在联手腾讯后，又与万达商业、步步高达成合作。通过与拥有庞大线下流量的两家零售企业合作，再结合腾讯的线上流量赋能，以及京东的线上运营能力、供应链优势及仓配物流全国覆盖等优势，京东已经初步形成无界零售知人、知货、知场的组合。

2019 年，京东明确了“以零售为基础的技术与服务企业”的战略定位，推出技术服务年，向外界赋能。到 2019 年年底，京东已形成近百套多场景、全方位、可快速对外赋能的解决方案，包括全渠道零售解决方案、数据中心机房智能巡检解决方案、智能供应链解决方案、智能门店解决方案、智慧城市解决方案、智能金融解决方案、企业采购电商解决方案、无人仓智能物流解决方案等，覆盖零售、物流、金融、公共服务、医疗、农牧等众多领域。京东服务的合作伙伴中有北京大兴国际机场、中国人民银行、沃尔玛、安利等。

京东与沃尔玛推出了零售商超行业的仓配一体化“沃尔玛云仓”。京东云数字政府解决方案已服务超 30 个城市，围绕城市、产业、县域、经济、扶贫等场景沉淀了 38 项主题，帮助政府实现城市精细化管理和民生服务。

京东集团相关负责人表示，京东原来主要专注于“甘蔗”的下半段（消费端），未来会将技术不断输送到“甘蔗”的上半段（供应端），为产业链上更多环节提供技术赋能支持，帮助这些企业解决关键环节的痛点问题。

1.5.3　零售业赋能者，腾讯推出智慧零售解决方案

在智能零售领域，腾讯以“赋能者”的角色，通过“去中心化”的方式，把平台能力开放给广大品牌商、零售商，通过提供强大的场景、大数据、AI 技术支持，以及腾讯全产品线，帮助商家实现数据化和智能化。

这一过程中，公众号、小程序、移动支付、腾讯云、企业微信、金融服务、优图 AI 及视频、直播等全产品线，都将成为零售商的“工具箱”，帮助商家打通不同消费场景，让消费者与商品之间实现场景的智慧连接。

腾讯智慧零售解决方案：从“智慧门店”到“微信支付+”

腾讯智慧零售解决方案能够实现包括大数据、多场景、精准营销在内的一体化综合服务，进而赋能所有线上线下企业，给商家更多元、更个性化的创新空间。云计算和移动支付的关键作用已经显现。

腾讯云推出的“智慧门店”解决方案，通过打通线上线下的数据鸿沟，拉平线下商家与电商之间的营销差异和数据差异；而“微信支付+”以移动支付为切入口，打通全渠道，帮助商家实现数据、场景、交易、营销闭环。通过腾讯云的深度 ID 识别、用户画像描述、用户动线分析等，“智慧门店”解决方案可以帮助商家联通会员体系，实现智能库存管理、营销数据分析等功能。

在“智慧门店”的帮助下，商家能够清晰掌握周边客流情况，进行客群画像与商圈画像分析，真实且高效地识别用户全方面画像，同时把广告信息通过有效渠道推送到潜在客户，最终实现线上线下全渠道的深度融合。

此外，借助“微信支付+”模式，商家可以通过“微信支付+小程序”打通用户线上线下零售环节；微信支付后就自动成为会员，可以帮助商家实现多场景贯通、更精准的会员运营模式；“微信支付+单品”，则可以帮助用户实现从广告投放到复购的营销闭环。

在此基础上，大数据运营顺理成章。基于“微信支付+大数据”解决方案，零售商可以清楚了解自己的消费者，包括场景偏好、消费能力、购买喜好，以及通过什么方式可以更精准地影响他们完成信息的转化，进而依托腾讯社交平台、内容平台，采用消息推送、优惠券、精准广告等多种手段，实现针对会员的精准

营销，平台、商家与消费者的共赢共生。

腾讯智慧零售解决方案“工具包”：1个中心，2个目标，3个要素与7种数字化工具

1个中心：以消费者为中心的全面数字化升级。

2个目标：在商家层面，打造新数字化运营，帮助商家自建数据资产，打破数据孤岛，直连用户，通过精准营销转化提升转化率；在用户层面，建立新消费体验，实现线上线下一体化，为消费者提供可预期的、同质同价的商品和服务。

3个要素：连接、转化、体验，即多样化触电、全场景互动和零售即生活三层概念。

7种数字化工具：微信公众平台、微信支付、小程序、腾讯社交广告、腾讯云、企业微信与泛娱乐IP。

腾讯智慧零售解决方案案例：家乐福“Le Marche”智慧门店

“Le Marche”智慧门店是家乐福全球首家主打餐饮、生鲜、进口商品、自有品牌的新业态零售旗舰店，也是腾讯智慧零售赋能的实体店铺之一。

在这家门店，腾讯带的智慧零售“工具箱”涵盖了小程序、微信支付、腾讯优图、社交广告、腾讯视频IP等腾讯系成熟产品。此外，腾讯还为门店提供了“人脸识别付款”“小程序扫码购”“IP互动引流”等全套数字工具。

腾讯提出的“扫码购”是其线下零售的秘密武器。在家乐福智慧门店，顾客能够买一件扫一件，决定好所有的商品之后再自行扫码，使用微信支付避免排队结账。此外，顾客在消费前，还可以在“家乐福中国”小程序领取家乐福提供的优惠券，结账时使用微信支付自动核销。在互动体验区内的“线下互动电子屏”中，结合腾讯优图的体感识别基础能力，以社交广告数据赋能，为顾客推送高匹配度优惠券完成家乐福的营销活动。

值得一提的是，基于腾讯优图的人脸识别、会员认证、免密支付等核心技术，消费者可以在家乐福店内通过“刷脸”完成会员注册与绑定、结账免密支付。

1.5.4 苏宁布局智慧零售

中国家用电器研究院和全国家用电器工业信息中心联合发布的《2019年中国家电行业三季度报告》显示，在所有渠道形态中，受益于坚持全渠道推进策略的苏宁易购获得了22.6%的市场份额，京东、天猫、国美分别为13.4%、8.3%、6%。

在全新的零售环境下，苏宁正全方位布局智慧零售，彻底转型成为线上线下融合的互联网零售企业，完成智慧零售时代的华丽转身。

1. 线下平台建设

为打造智慧零售体系，苏宁加速线下业态的落地与优化，在“大店更全，小店更近、品类店更专”的策略下，围绕苏宁易购广场、苏宁易购零售云加盟店、苏宁小店等核心业态，加快线下发展布局。

当前，苏宁易购广场重点围绕一二线城市用户聚集区，以及三四线城市核心商圈进行储备，并对现有广场进行升级迭代以形成标准，2019 年 1—9 月，苏宁储备 6 个苏宁易购广场项目，新增运营 1 个苏宁易购广场，并且完成对 37 家万达百货的收购，更名升级改造为苏宁易购广场，为消费者提供更丰富的数字化、场景化购物体验。截至 2019 年 9 月 30 日，运营苏宁易购广场多达 54 个，储备苏宁易购广场项目 10 个。

截至 2019 年 9 月 30 日，苏宁易购零售云门店总数已达 5587 家，其中直营店 1456 家、加盟店 4131 家，零售云加盟店已经进入快速裂变期，并且计划持续加强零售云加盟店的开设，继续加大对低线市场的渗透。

这种零售云模式，解决了小镇老板的各种痛点，给小镇老板们提供流量、供应链、金融等各种赋能。目前，苏宁还发布了全新的零售云 3.0 模式，对供应链、组织、运营、打法、服务及金融六大板块进行了升级。未来零售云门店的品类也不再局限于家电 3C，向全品类商品进军。

苏宁小店尽管在 2018 年才正式面市，但只用了 8 个月便开了 1400 家店，一时间火遍大江南北。2019 年 6 月开始，苏宁小店“内部员工”可以正式加盟。到 2019 年 12 月，苏宁小店合伙人门店占比已经超过 50%，在向 80%迈进。

苏宁小店在不少区域实行合伙人制，将人员配置、利润分配等权利充分释放给合伙人，但门店的主体未变，仍是苏宁小店公司。合伙人制让合伙人收益与门店经营效益实现更多的挂钩，刺激店长及店员的积极性，降低损耗、减少成本、促进销售，提升整体运营水平。

目前，苏宁小店的版本已迭代至第三代，第一代的核心诉求是解决消费者的一日三餐，因此其生鲜品类占比远远高于其他便利店，达到 30%左右。2.0 版本的苏宁小店上线了更多增值服务，苏宁彩票、苏宁文创、苏宁帮客、苏宁金融、苏宁物流、苏宁有房等苏宁的自营服务齐刷刷上线。

3.0 版本的苏宁小店似乎更加“臃肿”，在 3.0 模型店中，苏宁小店又塞进了餐厅和酒吧功能，兼具便利店、餐厅、社区综合服务平台、场景体验店等多种功能。不过，这部分业务还处于不断改进与调整阶段。

苏宁红孩子店主打北欧小镇的极简风概念，分成准妈妈、成长、睡眠等专区，配备了不少数字科技，如人脸识别、自助支付等；电子展示屏囊括了上千件SKU；满一定额度可在 3 千米内免费送货上门；苏宁国际全球扫码购显示屏和商品展示区，一键下单全球母婴好货还能免费配送到家；门店中设置了多个互动体验区，如亲子打气站、滑梯波波池、乐器互动墙等。

另外，苏宁红孩子店还推出了 SUPER 会员游乐专享权益、爱的 10 平方母婴室、育婴师提供到店或上门定制服务等。

另外苏宁还有苏鲜生、苏宁极物、苏宁体育等线下业态，满足 3 千米内的用户周期性购物。

2. 线上平台建设

在流量经营提升方面，首先，通过广告引流、平台引流、商品引流、战略合作引流等多种方式实现线上流量的提升；其次，通过线上线下融合，创新零售业态经营，为用户带来多样化的体验，从而形成新的流量来源。

在会员运营方面，通过进一步结合场景、产业资源，整合、优化会员运营，会员服务产品要从实物商品到服务商品，再到内容产品、科技服务，实现全面贯通。

在营销产品方面，一方面，聚焦精品，把现有的如乐拼购、海外购、特卖、极物等核心营销产品打造成行业垂直领域的标杆；另一方面，结合企业资源探索更多的创新型营销产品，同时从拉新、首购、复购、新品、大促等不同场景，丰富精准营销产品体系，提升面向用户的精准营销能力。

3. 物流业务建设

一直以来，苏宁都将物流的发展放在战略高度，多年来持续投入大量资金用于物流建设。从本质上来看，苏宁布局物流基础设施是对物流行业效率与服务体验的升级改造。作为一家零售企业，拥有自己的物流体系，从长远角度看，在提升效率、缩小成本、提升服务质量等方面，无疑具备巨大的优势。

在苏宁的战略布局中，智慧物流之于苏宁不单单是提升效率和缩小成本，更是苏宁决胜未来的核心舰队。近几年，苏宁已经在物流链的仓、运、配各个环节完成了无人闭环。

2017 年“双十一”期间，苏宁 AGV 机器人仓曝光；2018 年苏宁又相继推出重型无人驾驶卡车“行龙一号”和无人配送小车“卧龙一号”，苏宁物流的“无人科技军团”正加速壮大。

当前，随着无人军团的集体亮相及部分产品的常态化运营，苏宁打造的智慧物流体系在打破线上、线下的零售壁垒上已经走在了行业前列，再加上这次与百度阿波罗的强强联合，苏宁的智慧物流很难在短时间内被超越。

4. 合作平台建设

近年来，苏宁不断通过物流云、金融云和数据云向全社会开放资源，发挥行业示范作用和转型带动效应，不断输出零售服务能力。目前，苏宁物流已经接入 2000 多家第三方企业、10 万家平台商户，苏宁智能家居平台接入 200 多个品牌、上千款产品，而苏宁金融在 2017 年交易规模甚至超过一万亿元，呈现全领域齐头并进的态势。

同时，从 2015 年开始，苏宁先后与阿里巴巴、万达、中兴形成战略合作，并与天猫达成合作协议，承接来自其他电商平台的业务，随后全资收购天天快递，独家战略投资母婴类移动社交平台辣妈帮。2017 年，苏宁联合 300 家全球地产企业发布智慧零售大开发战略：未来三年新开 15000 家店，打造 2000 多万平方米商业实体。当前，苏宁已经形成了线上多平台、线下多业态、会员全贯通的布局，苏宁倡导的智慧零售模式已成行业趋势。

1.6　新消费群体主导潮流

2019 年年初，国家统计局局长宁吉喆表示，中国拥有全球规模最大、最具成长性的中等收入群体，国家统计局做了内部测算，2018 年该群体就已经超过 4 亿人。

另外，新消费群体还有几支主要力量，包括小镇青年、95 后、二胎家庭、蓝领、女性消费者、萌宠群体等。

1. 中国恩格尔系数整体走势

恩格尔系数是食品支出总额占个人消费支出总额的比例。19 世纪德国统计学家恩格尔根据统计资料，对消费结构的变化得出一个规律：一个家庭收入越少，家庭收入中（或总支出中）用来购买食物的支出所占比例就越大，随着家庭收入的增加，家庭收入中（或总支出中）用来购买食物的支出比例则会下降。

推而广之，一个国家越穷，每个国民的平均收入中（或平均支出中）用于购买食物的支出比例就越大，随着国家的富裕，这个比例呈下降趋势。

与经济学中其他很多指标“越高越好”不同，恩格尔系数是一个“越低越好”的指标。根据联合国粮农组织提出的标准，恩格尔系数在60%以上为贫困，在50%～59%为温饱，在40%～49%为小康，在30%～39%为富裕，在30%以下为最富裕。

改革开放40年多来，中国整体的恩格尔系数走势如何？2013年前，中国恩格尔系数是城镇与农村分别统计的，2013年后按新口径合并统计。从《中国民政统计年鉴》的数据上看，在作为改革开放起点的1978年，中国城镇居民家庭的人均生活消费支出为311元，恩格尔系数为57.5%；而当年中国农村居民家庭的人均生活消费支出为116元，恩格尔系数为67.7%。

中国恩格尔系数从2013年的31.2%降到2014年的31%，2016年进一步下降到30.1%，2017年再降为29.33%。2018年，恩格尔系数再创历史新低。国家统计局局长宁吉喆介绍，2018年全国居民恩格尔系数为28.4%，比2017年下降0.9个百分点[①]。他说，恩格尔系数下降，说明居民消费中非食物性支出在总体上升。这在消费的统计数据中有明显体现。2018年服务消费持续提升，国内旅游人数和旅游收入都增长10%以上，电影总票房突破600亿元，增长将近10%。文化消费、信息消费、教育培训消费、健康卫生消费都在迅速增长。“就‘社会消费品零售总额’这个指标而言，旅游、文化、卫生等服务性消费还没有纳入进来。尽管这样，2018年仍然增长9%，这个速度不低。”

从31.2%下降到28.4%，见证了消费升级的步伐，而最能够反映消费升级的就是中国目前已经形成了近4亿人的世界最大规模中等收入群体。

需要注意的是，恩格尔系数持续降低，我们在为中国总体发展而骄傲的同时，更要清醒认识到，现实的复杂性往往超越一个简单的经济学系数。在全面建成小康社会的道路上，对焦每个普通人的获得感，比关注一个系数更具温度也更为精准。

2. 中等收入群体崛起

中等收入群体是一个地域在一定时期内收入水平处于中等区间范围内的所有人员的集体。据国家统计局测算，我国中等收入群体人口已超过4亿人，成为全球最大的中等收入群体。

中等收入群体的标准是什么？中国典型的三口之家的年收入在10万～50万元的有4亿人，有1.4亿户家庭有购车、购房、闲暇旅游的能力。

① 引用人民日报海外版：恩格尔系数再创新低对中国意味着什么。

持续扩大的中等收入群体，对中国经济持续平稳增长形成了有力支撑。

3. 新中产

吴晓波频道发布了一份长达 114 页的《2019 新中产白皮书》，认为新中产是中国第一次出现的完整意义上的一代"现代化人"，在国内有 2.5 亿～3 亿人，未来 10 年，随着城市化率进一步提升至 70%，新中产人群的数量将达到 4 亿人。

这个群体的平均年龄大概在 33.7 岁，80 后与 90 后占到 74.7%，大专、本科学历占到 70.1%，还有 24.6%是硕士和博士，收入平均值是 33.1 万元，中位数是 25.4 万元；净资产平均值是 496 万元，中位数是 371 万元。这些人分布在信息产业、制造业、金融、建筑与房地产、政府与事业单位等领域。

这个群体有一些自己的生活与消费特征，比如，部分家长会因子女而打算买房或置换更大面积的房子，或者购置更好的车辆；教会父母辈学习新的生活技能，如用淘宝购物、用支付宝充水电费、用移动支付取代钱包、用视频通话、用 12306 订火车票、靠网约车出行、用视频软件看电视剧、用指纹锁代替出门拿钥匙、用扫地机器人打扫卫生等。

另据 QuestMobile 数据，到 2021 年 6 月，全网用户中，新中产人群占到 2.04 亿人，80、90 后分别占比 50.8%、49.2%，从城市分布上看，Top 10 城市分别为北京、上海、深圳、广州、重庆、苏州、成都、武汉、杭州、天津。在房产、汽车、出行等相关消费方面，具有更高活跃度，在汽车、网购、办公、资讯、时尚等兴趣偏好方面，新中产也高于全网用户。具体来看，在文化消费、健康消费、智能消费、汽车消费方面，表现出了较高、较稳定的需求水平。同时，新中产的消费关注点涉及健康、品质、口碑、品牌、时尚、价格、体验等方面，如图 1-8 所示。

4. 年轻人消费强劲

如果父母辈甚至爷爷奶奶、外公外婆都是定居城市的人，那么双方的房子加起来是比较多的，财富基数也比较雄厚，这类年轻人甚至不用为买房操心。基于这个特点，大部分城里的年轻人是敢于消费的，他们也可能会借钱，但不用担心，大多数人不会破产。

从 2017 年开始，95 后大学毕业生踏入社会工作。尼尔森《2019 年中国消费年轻人负债状况调查报告》，到 2018 年年底，90 后和 00 后人口约 3.2 亿，占全国人口总数的23%。百度2019年“双十一”大数据报告显示，90后和00后用户量占比高达80%，已成为“双十一”消费支柱。另外，年轻人敢借贷消费，据尼尔森数据，到2019年，90后债务收入比为41.75%。除房贷、车贷之外，互联网分期消费贷款、信用卡和互联网小额借贷成为 90 后债务的三大主要构成。

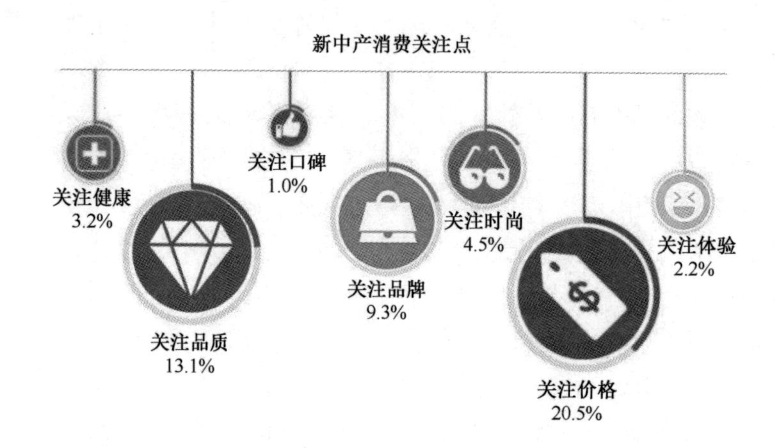

图 1-8 新中产消费关注点

5. 蓝领和农村人口

一个非常重要的消费增长动力来自农村人口和蓝领。

在企鹅智库2019年12月发布的《中国蓝领网民工作与生活调研报告》中提到，中国蓝领群体4亿人以上，其中，农民工约2.88亿人，制造业蓝领约1亿人，建筑业蓝领近8000万人，服务业蓝领约1.2亿人。

在蓝领网民的总体消费支出里，线下消费占据更大比重；网购超过线下消费的蓝领网民目前占比只有 17%左右；消费完成初步升级，喜爱消费接近于刚需消费；在视频会员上的消费渗透率显著高于在游戏、音乐、社交等产品上的消费。在购买商品时，3成左右属于价格敏感型；购物平台或门店有促销甩卖活动时，8成左右蓝领网民有一定的消费意愿。

在有子女的蓝领网民中，学校内的教育开销是意愿最高的消费部门，半数左右的蓝领网民愿意满足子女提出的一些非必要消费。餐饮、日常必需品、教育是前三大消费重心。像出行旅游、数码产品等涉及品质生活的消费，目前仅1成多蓝领愿意进行一定的消费。

1.7　新消费的特征与趋势

什么是新消费？这种消费形态以新客群及其需求为核心，以新产品、新服务与新体现为表现，借助新技术与新工具等，满足新消费群体的需求。其从消费者出发，明确定位，强调使用新技术，提供新产品与服务，并且在购物体验上会有更大进步。

新消费有一些非常典型的特征，如新的消费人群，即以 90 后、95 后为代表的年轻消费群体崛起；新的消费需求，品质消费和服务性消费占比不断提升；新的消费方式，即信用消费兴起，并成为年轻人的主流消费方式。具体来说，其呈现出如下几个特征与趋势。

1. 新客群

一方面，中国消费者的购买力增强，品牌消费意愿旺盛，乐意为科技和创意付出溢价；另一方面，中国消费者又是价格敏感、挑剔与个性化的。增速最快的市场在哪里？五环外（渠道下沉市场）、新中产、新网购等都是典型的新客群代表。

五环外的消费者，包括居住在一、二线城市郊区及附近区域的人口，进入大城市务工的“新市民”群体，三四线及以下级别城市人口，以及农村乡镇人口。

他们的消费特征是：受消费能力约束，五环外消费者往往对价格更为敏感，这类群体也将成为高性价比产能的新买家；功能性、质量、口碑、品牌的关注度日益提升，更希望在货比三家后进行购买；服务性需求增长强劲，诸如一二线城市附近人口进入城市进行餐饮消费、低线城市及农村消费者网购提升带来的物流需求等。

新中产的收入水平和购买力还在不断提升。他们的消费特征是：在理性基础上进行品牌消费，认为性价比、品牌知名度在消费中至关重要，会使用海淘（包括代购）、严选（包括有品）平台进行购买；个性化需求崛起，希望购买商品体现个性化；新产品、颜值控消费倾向凸显，一些创新型、高颜值（包装外观新颖）的产品备受欢迎。

未来的消费主体大多受到过良好的教育，所以他们更注重生活品质，在同等条件下，他们愿意花费更高的价格，去获取更高质量的产品和更优质的服务。

2. 消费领域不断拓展

20世纪80年代，城乡居民的消费处在温饱水平，消费领域主要集中在衣、食、用三个方面；20世纪90年代，居民消费由温饱水平向小康水平跨越，消费领域开始扩展，主要包括衣、食、住、行及交通通信、教育文化等方面。

21世纪以来，生活水平逐步从小康开始向富裕型迈进，消费领域进一步扩展，在衣、食、住、行、交通、通信、教育培训之外，人们开始关注旅游度假、休闲娱乐、保健养生、奢侈消费等方面。

就单说网购这种消费，以前就是去淘宝天猫、京东买一些产品。现在的消费外延在不断扩大，关注意见领袖买什么、直播带货；价格更敏感的低线城市网购者、时间更充裕的高年龄段网购者，对平台的优惠规则研究到位，往往会在优惠活动举办期间购买。外卖、到家等服务性消费受到青睐，懒人经济走红；二手交易兴起，闲鱼、转转等二手交易平台买卖活跃。

3. 消费方式创新升级

随着时代的改变，消费观念和消费方式也迎来新的转变。首先，消费观念的变化让居民消费从追求标准化、大众化向追求个性化、时尚化转变。其次，随着经济与科技的发展，消费方式也变得层出不穷，从刷卡消费、贷款消费到网络消费、移动智能消费，而随着消费方式的创新升级，消费也变得更加轻松、便捷。

一个典型的变化就是网络消费占比持续提升，消费额不断增加，网上消费模式也在不断创新，而随着电子支付方式、移动通信技术及物流配送体系的日趋完善，电子商务、微商、社交电商等新型消费业态将成为支撑经济增长的新动力。

国家统计局公布数据显示，2017年网上零售额为7.1751万亿元，同比增长32.2%，其中，实物商品网上零售额为5.48万亿元，增长28%，占社会消费品零售额的比重约为15%；非实物商品网上零售额为1.68亿元，增长48.1%。

2018年，网上零售额突破9万亿元，达到9.0065万亿元，增长23.9%。其中，实物商品网上零售额70198亿元，增长25.4%，占社会消费品零售总额的比重为18.4%。2018年天猫“双十一”总交易额达2135亿元，再次刷新消费纪录。

2019年，网上零售额106324亿元，比2018年增长16.5%。其中，实物商品网上零售额为85239亿元，增长19.5%，占社会消费品零售总额的比重为20.7%；在实物商品网上零售额中，吃、穿和用类商品分别增长30.9%、15.4%和

19.8%。天猫“双十一”成交额超过 2684 亿元，京东“双十一”成交额超 2044 亿元。

2020 年全国网上零售额达 11.76 万亿元，同比增长 10.9%，实物商品网上零售额达 9.76 万亿元，同比增长 14.8%，占社会消费品零售总额的比重接近 1/4。

4. 信息消费规模持续扩大

从当前消费现状来看，信息消费已经成为经济增长的加速器。相关统计数据显示，信息消费每增加 100 亿元，就会带动国民经济增长 338 亿元，信息产业对培育和创造消费需求具有极大的推动作用。

自 2013 年国务院发布《关于促进信息消费扩大内需的若干意见》以来，这一消费领域呈现愈加活跃的发展趋势，其中，生产、生活和管理领域的信息产品和服务也变得更加丰富，信息消费示范作用明显，居民信息消费的可选择性更加广泛，消费意愿也日渐增强。

近年来，随着移动网络、大数据、云计算等信息技术的应用，相关基础设施的建设更加完善，智能手机、智能硬件产品等移动互联网终端快速普及，这些都为信息消费创造了更为良好的条件。中国互联网络信息中心（CNNIC）第 47 次《中国互联网络发展状况统计报告》显示，截至 2020 年 12 月，我国网民规模达 9.89 亿，较 2020 年 3 月增长 8540 万，互联网普及率达 70.4%，较 2020 年 3 月提升 5.9 个百分点。基于移动互联网的应用从娱乐业转向交通、医疗、金融等领域，短视频、网络支付、直播电商、数字政府等业务已成为信息服务消费的重要增长点。

2017 年中国信息消费规模达 4.5 万亿元，占最终消费支出比重达 10%。《中国互联网产业发展报告（2018）》显示，2018 年，中国信息消费市场规模继续扩大，信息消费规模约 5 万亿元，同比增长 11%，占 GDP 比例提升至 6%。信息服务消费规模首次超过信息产品消费，信息消费市场出现结构性改变。

5. 服务消费比重不断上升

随着人们的消费偏好、消费理念发生新变化，消费幸福感的来源从过去的“物质占有”和“地位财富彰显”向“保持健康”“增长见识”和“愉悦心灵”等精神层面转变。

居民消费观念从“占有商品”向“享受服务”转变，医疗、餐饮、家政、旅游等服务供给水平持续提升，带动中国服务性消费支出快速增长。据国家统计局数据，2019 年，中国居民人均服务性消费支出 9886 元，增长 12.6%，比 2018

年加快 0.1 个百分点，快于全部居民消费增速 4.0 个百分点。全国居民人均服务性消费支出占全国居民人均消费支出的比重为 45.9%，比 2018 年提高 1.7 个百分点。

同时，随着城镇化进程的加快，居民生活水平和质量的逐年提高，服务消费需求逐步得到释放，第三产业发展速度明显加快，而随着第三产业的加速发展，文化、娱乐、休闲、旅游等服务性消费还会继续提升。

从现状与走向来看，在服务性消费方面呈现出几个特点：从生存型到发展型，服务消费持续升级；从同质、单一到个性、多元，服务消费品质化特征显著；从无到有，互联网经济开辟服务消费新领域，智慧服务将变得更为普遍，成为新的增长点。

单说服务性消费的一些构成，如休闲娱乐、健康，随着人们生活水平的提高，以及新的休假制度实施，大部分人拥有更多休闲娱乐的时间，明显促进休闲度假旅游业态的繁荣。

携程和银联国际联合发布的《新旅游、新消费、新中产：2019 年中国人出境旅游消费报告》显示，仅 2018 年，携程通过各类出境旅游产品服务了超过 5000 万名游客。2019 年中国游客选择出境游度假产品到达全球 158 个国家，较 2018 年增加了 17%，出境人次和消费额也创新高。

中国旅游研究院发布的《2019 年旅游市场基本情况》显示，2019 年，中国国内旅游人数达 60.06 亿人次，同比增长 8.4%；出入境旅游总人数 3.0 亿人次，同比增长 3.1%；全年实现旅游总收入 6.63 万亿元人民币，同比增长 11%。其中，中国公民出境旅游人数达 1.55 亿人次，同比增长 3.3%。

政策也在推动旅游增长，仅从 2019 年下半年来看，2019 年 7 月 31 日，国务院常务会议确定促进文化和旅游消费三大措施；2019 年 8 月 23 日，国务院办公厅印发《关于进一步激发文化和旅游消费潜力的意见》，推出 11 项激发文化和旅游消费潜力的政策举措；2019 年 11 月 11 日，文化和旅游部举办全国文化和旅游消费工作推进会；2019 年 12 月 12 日，国家发展和改革委员会等九部门联合发布《关于改善节假日旅游出行环境促进旅游消费的实施意见》，提出完善交通基础设施、优化节假日出行环境等五方面 16 条意见。

如今，健康逐渐成为居民关注的热点话题，健康消费也越来越受到人们的重视。其中，健身消费、养老和家庭服务消费是重点。特别是随着“独子养老”时代的到来，居民对养老和家庭服务消费的需求更加迫切，并且需求是多方面的，包括生活照料、医疗保健、精神慰藉等，都有潜力成为新的消费热点。

国家统计局数据显示，截至 2019 年年末，我国 60 岁及以上老年人口达 2.54 亿，占总人口的 18.1%。民政部门透露，据相关预测，“十四五”期间，全国老年人口将突破 3 亿，我国将从轻度老龄化迈入中度老龄化。

无疑，养老服务市场潜力巨大，中国社科院《中国养老产业发展白皮书》显示，预计到 2030 年中国养老产业市场达 13 万亿元。智慧养老成为一条重要赛道，比如，配备一键呼叫的电话机；可监测呼吸、心率、是否离床等信息的智能床垫；可判断老人是否跌倒的智能体态雷达等。

配套政策也持续完善，2019 年以来，北京、上海、山东等 10 余个省市相继宣布取消养老机构设立许可，降低养老机构的准入门槛。2020 年，国务院办公厅印发《关于切实解决老年人运用智能技术困难的实施方案》，就进一步推动解决老年人在运用智能技术方面遇到的困难，坚持传统服务方式与智能化服务创新并行，为老年人提供更周全、更贴心、更直接的便利化服务作出部署。

2019 年 8 月 12 日，国务院办公厅发布《全国深化“放管服”改革优化营商环境电视电话会议重点任务分工方案》指出，大力发展服务业，采用政府和市场多元化投入的方式，引导鼓励更多社会资本进入服务业，扩大服务业对外开放，结合城镇老旧小区改造，大力发展养老、托幼、家政和“互联网+教育”“互联网+医疗”等服务，有效增加公共服务供给，提高供给质量，更好地满足人民群众需求。

6. 绿色消费稳步提升

随着居民收入水平、消费水平的提高，以及环保节能意识的增强，人们对健康、环保的要求不断提高，绿色消费开始成为一种新的生活潮流，覆盖母婴、家电、食品、汽车、美妆个护等多个领域。其中，空气净化器、新能源汽车、环保家居建材、无公害有机食品等需求增长尤为显著。

以家居为例，绿色环保逐渐成为刚需，深刻影响消费者的购买决策。据淘宝极有家的数据，2018 年，环保家装消费同比大涨 51%，一二线城市占比不到 40%，三四线及以下城市占比超 60%。据新浪家居与克而瑞的调研显示，85%的受访者选购家居产品时关注健康。在 2020 年的京东家装节上，抗菌、无醛成为家装热搜词，零醛地板销售同比增长 2 倍。

老爸亨测科技有限公司联合清华大学环境学院发布的《2020 国民家居环保报告》显示，在消费端，94%的家庭中环保是排名第一的装修因素，然后才是储物空间和收纳能力、经济实惠等。51.41%的 80 后，以及 41.75%的 90 后更愿意为家居环保买单。

绿色出行渐成气候，其核心体现就是新能源汽车销量持续增长。据公安部交通管理局披露，截至2021年3月，新能源汽车保有量达551万辆，一季度新注册登记46.6万辆。与2020年同期相比增加34.8万辆，增长295.2%；与2019年一季度相比增加21.6万辆，增长86.76%。

另外，很多平台倡导网购日常用品送上门时，不再用快递纸箱；全国4万个菜鸟驿站和3.5万个快递网点全面接受纸箱和包装物回收，绿色物流与绿色包装成为一大亮点。家电以旧换新迎来几轮高潮，助推绿色消费，如苏宁易购2020年的家电回收单量为315万单，换新电器234万单，总转化金额近70亿元。

阿里研究院的报告显示，从2018年到2019年，天猫、淘宝上绿色商品的消费者数超过3.8亿，90后消费者以41%的占比成为“环保购”的主力军；绿色商品被频频检索，无甲醛、无磷、无氟、无公害等关键词的检索量均涨了30%以上，“可降解”的检索量同比增长284%，“垃圾分类”的检索次数更是同比暴涨了2000多倍。

围绕绿色消费的配套政策逐渐推出并落地实施，如商务部发布《关于做好2021年绿色商场创建工作的通知》，要求各地商务主管部门进一步加强政策支持，充分发挥规划、标准、资金分配等导向作用，逐步建立健全绿色流通发展长效机制。

商务部公布的全国2020年绿色商场创建单位名单显示，2020年绿色商场有144家。针对绿色商场的要求，总体包括建立绿色管理制度、推广应用节能型设备、完善绿色供应链体系、开展绿色服务和宣传、倡导绿色消费理念、开展绿色回收六个方面。

7. 物联网带动智能化消费增长

随着物联网技术的成熟与智能终端产品的大量出现，全流程高科技化正成为消费的典型特征，这是智慧消费的核心体现。

实体商品的智能化程度出现质的飞跃，物联网及智慧家庭等新业务增长迅猛，包括全屋智能、智能门锁、智能马桶、智能灯、智能音箱、智能床垫、可穿戴设备等多种产品与方案。

2020年，中国智能家居设备出货量为2亿台，预计2021年达2.6亿台，同比增长26.7%；到2024年将增长到近5亿台，市场规模突破5000亿元。其中，家庭温控设备同比增长超250%；智能照明同比增长71.4%；家庭安防监控设备同比增长 14.4%。

互联网数据中心（IDC）发布的《中国可穿戴设备市场季度跟踪报告（2019 年第四季度）》显示，全年中国可穿戴设备市场出货量 9924 万台，同比增长 37.1%。其中，2019 年第四季度中国可穿戴设备市场出货量为 2761 万台，同比增长 25.2%；基础可穿戴设备（不支持第三方应用的可穿戴设备）出货量为 2227 万台，同比增长 22.1%；智能可穿戴设备出货量为 534 万台，同比增长 40.0%。此外，预计到 2023 年，中国可穿戴设备市场出货量将接近 2 亿台。

以儿童产品来看，智能化消费趋势也非常明显。据《中国式养娃：2019 天猫亲子消费报告》，2018 年，早教类玩具书、益智类玩具销量呈现高速增长，智能机器人销量增速高达 395%，许多适合低龄儿童的少儿编程类玩具销量同比增长达 570%。

智能婴儿床、智能婴儿餐椅、智能温奶器等备受偏爱。智能玩具新锐巨头 Spin Master 迅速崛起，2017 年推出的智能互动玩具 Hantchimals（哈驰魔法蛋）一年内获得 38.75 亿元的收入。

越来越多的服务业因为得到人工智能的加持而提升了智能化水平。以金融服务为例，其决策支持智能化将会成为标配。这种智能化以用户的财富画像为基础，由系统自动搜寻、配置符合其偏好的资金或资产。目前，已有一些企业实现 AI 赋能。

另外，很多客服工作逐渐由 AI 机器人接管，在满足基本服务需求方面，AI 机器人正做得越来越好。

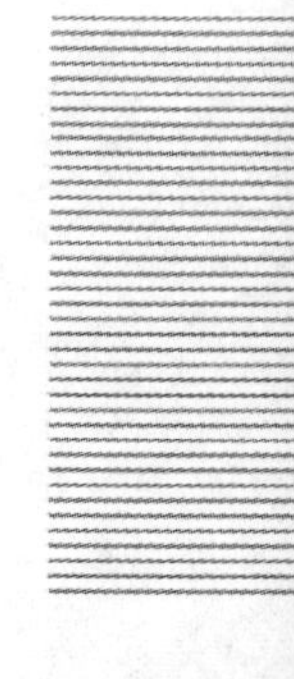

第2章

物联网技术繁荣，智慧消费走上前台

智慧消费浮出水面，并成为这个时代的热点，它能有自己蓬勃生长的土壤，离不开政策的推动，以及政策提供的制度保障、方向指引和规范市场。

更关键的是，在极为丰富的物质环境下，新消费方式与消费需求的带动、新生代消费群体的逐渐扩大，对消费内容提出了更高的要求。

当然，更少不了从互联网技术到物联网技术的助推，包括电商平台、VR、3D、传感器、无人技术、智能家居等的应用。尤其是物联网、大数据、移动网络、数字技术等先进科技的加速发展，提升了中国消费者购买力，同时推动了消费科技的普遍应用。

智慧消费同样少不了金融支持，如供应链金融、消费金融等，都对智慧消费产生了促动作用。物流水平的快速提升，如全程跟踪物流动态、当日达、次日达等，给智慧消费的实现创造了条件。

同时，随着新消费方式的涌现、新消费思潮的盛行，智慧消费经济正在对社会生活、商业活动等产生重要影响，成为值得关注的社会潮流。

2.1 消费理论到了改变的时候

与消费有关的理论很多，主要包括消费者理论、消费心理学理论、消费者需求理论、消费者购买决策理论、消费者行为理论等，在这些方向上，又有很多学者提出自己的学说，如生命周期消费理论、相对收入假说、消费函数理论、马斯洛层次需求理论、AIDMA 模型、AISAS 模型等。

无论是解决当前消费领域发生的现象，还是对消费市场进行分析，以便更准确地掌握消费变化，这些理论都发挥着重要作用。不过，在智慧消费到来的当下，部分消费理论需要引进新的内容。

2.1.1 消费理论盘点

消费经济理论是西方经济学的一个分支学科，是 20 世纪 30 年代以后发展起来的。在消费经济学说中，生产与消费是一个密不可分的总体，其中有很多观点是值得我们借鉴的。

对企业来讲，要想扩大消费需求、抓住智慧消费的机会，只有深入掌握消费理论才能帮助企业拨开迷雾、找到路径。

1. 绝对收入理论及其对中国消费的启发

约翰·梅纳德·凯恩斯的绝对收入理论认为，短期内，收入与消费是相关的，即消费取决于居民现期的、绝对的收入，消费与收入之间的关系是稳定的，也就是收入增减，消费也随着增减。

但在收入增量中，用于消费的比重越来越小，用于储蓄的比重越来越大。也就是说，消费支出增加幅度小于收入增长幅度，边际消费倾向是递减的。

依据绝对收入理论，我们可以得出一个结论：通过理顺收入分配机制，努力提高城乡居民尤其是中低收入居民的收入水平，对整个消费经济的繁荣大有好处。这是因为，收入和边际消费倾向是稳定的函数关系，低收入人群的边际消费倾向要高于中高收入人群的边际消费倾向，因而对消费扩大的贡献会大于高收入人群。

相比之下，农民的边际消费倾向相对较高，因此我们应该尽一切可能增加农民收入，提高农民的现金购买能力。

不过，绝对收入理论也有局限性，它没考虑消费与储蓄行为会受到社会影响，也会受到身边朋友圈的影响，个人消费并不是孤立的行为。社会因素可能让一个人提前消费、扩大消费，也可能让一个人减少消费、多储蓄。

2. 相对收入理论及其对中国消费的借鉴价值

在《收入、储蓄和消费者行为理论》中，美国经济学家詹姆斯·杜森贝里提出了相对收入假说。詹姆斯·杜森贝里认为，人们的消费并不依赖当前的绝对收入，而是取决于相对收入水平，也就是相对于其他人的收入水平和相对于本人历史上最高收入水平。

由于消费是一种社会行为，具有很强的示范效应。相对收入假说强调了人们之间的消费行为相互影响，特别是高收入群体对低收入者的示范效应。因此，我们能看到，示范效应的存在正在刺激经济发展，同时引发了超前消费的现象。其既有好处，但也要注意理性消费。

这里还有一个棘轮效应，就是人们在时间上将现在的消费与自己过去的消费进行对比，消费支出只能上升，而难以在现期收入下降时，降低消费支出。

相对收入理论对我们的启发还有相对收入取决于消费习惯，如果盲目追求个人消费的增长，很可能陷入生活危机，正所谓“成由节俭败由奢”。

3. 生命周期假说理论及其对中国消费的借鉴价值

弗兰科·莫迪利安尼的生命周期假说理论认为，理性的消费者要根据自己一生得到的劳动收入和财产收入来安排一生的消费，并希望一生中各个时期的消费能够平稳，使自己一生的消费支出等于一生所得到的劳动收入与财产收入之和。

在这种理论中，消费者一生中消费的规律大体是，工作时期进行储蓄，为退休后的消费准备资金。因此，在长期中，平均消费倾向与边际消费倾向都相当平稳。

消费不取决于现期收入，而取决于一生的收入。人们根据其预期寿命来安排收入用于消费和储蓄的比例。家庭在每个时间点上的消费和储蓄决策，反映了这个家庭在其生命周期内谋求达到最佳消费的努力。

生命周期假说将人的一生分为年轻时期、中年时期和老年时期三个阶段。年轻时，收入低，但预测未来收入会增加，往往会把家庭收入的绝大部分用于消费，有时甚至举债消费，导致消费大于收入。进入中年后，家庭收入会增加，但消费在收入中所占的比例会降低，收入大于消费，一部分用于还债，一部分用于储蓄。退休以后，收入下降，消费又会超过收入。

依据生命周期假说理论，要想消费市场活跃，可以采取一些措施：拓展新的消费领域，增加消费品的品种，刺激消费；加大有利于促进消费的基础设施投资，改善城乡居民消费环境；积极发展消费信贷，加快个人信用体系建设。

4. 持久收入理论及其对中国消费的借鉴意义

持久收入理论是由美国著名经济学家弗里德曼提出的。

居民消费既不取决于现期收入的绝对水平，也不取决于现期收入和以前最高收入的关系，而是取决于居民的持久收入。这种理论将居民收入分成持久收入和暂时收入。持久收入是指在相当长时间里可以得到的收入，一般用过去几年的平均收入来表示。暂时收入是指在短期内得到的收入，是一种暂时性偶然的收入，可能是正值，也可能是负值。

人们希望消费是稳定的，因此根据持久收入来安排消费，而不是根据暂时收入来安排消费。

当消费者的收入上升时，消费者对未来收入是增是减无法确定，因而不会马上调整消费；相应地，当收入下降时，消费者也不能断定收入会一直下降，因此消费也不会马上下降。

5. 马斯洛需求层次理论

在判断消费变化时，马斯洛需求层次理论非常有名，且应用普遍。这种理论将人的需求按从低到高分成生理需求、安全需求、社交需求、尊重需求和自我实现需求。

生理需求包括呼吸、水、食物、睡眠、生理平衡、分泌、性等，这些需求得不到满足，可能会对生理机能产生影响，其中部分需求如果无法满足，甚至会影响生命安全。

安全需求包括人身安全、健康保障、财产安全、道德保障、工作保障、家庭安全等。

社交需求包括情感和归属的需要，如友情、爱情、亲密等，人们希望和社会建立联系，结交朋友，能相互帮助或照顾。

尊重需求是指希望自己有稳定的社会地位，要求个人的能力和成就得到社会的承认。

自我实现需求是指实现个人理想，发挥个人能力到最大程度，从而实现自我。

6. 马克思关于生产与消费辩证关系的思想对中国经济发展的指导意义

中国经济发展进入新常态，如何助力经济新发展，合理处理供给侧结构性改革与需求侧改革的关系，成为当下需要突出研究的重要问题。中国经济发展也面临外部需求萎缩、内部需求缺乏发挥潜力的问题。在此背景下，重温马克思关于生产与消费辩证关系思想，可以有效掌握经济分析的科学方法，更好地解决现实中这一突出的理论和实践问题。

马克思经济学研究的根本方法是唯物辩证法。在《经济学手稿（1857—1858）》导言中，马克思基于唯物辩证法，集中且系统地论述了生产与消费相互作用的辩证关系。

首先，生产与消费具有直接同一性。“生产直接是消费。”生产既是劳动者劳动力的支出与消耗的过程，又是生产资料和原料的转化性耗费的过程。因此，就生产活动过程中的基本要素而言，生产本身既是创造价值的过程，又是消费劳动力和消耗生产资料的使用价值的过程。

生产与消费的直接同一性原理告诉我们：一方面，企业要提高生产效率，就必须合理配置劳动力、生产资料和原材料等基本经济资源，提高生产性消费的效率。传统的高能耗、高人力投入和低产出效率的生产方式，在特定的历史阶段可以实现经济增长，但无法实现“可持续发展”。中国的经济发展不能继续依赖这种传统方式。另一方面，物质财富再生产和劳动力再生产之间是直接统一的。只有不断加大劳动力的培训，提高劳动力素质，促进劳动力提高再生产水平，才能不断创造“新的人口红利”，更好地实现物质财富的再生产。

其次，生产创造和决定消费。生产创造消费品，人们所消费的一切商品和服务，都是通过生产来提供的。生产决定消费方式，新的生产方式及其产品属性给予消费新的规定性。生产为消费提供物质对象，决定消费方式，并且在消费者身上引起新的需要。生产对于消费品、消费方式和消费者具有创造性作用的理论告诉我们：在经济新常态下，要通过创新来实现和满足市场新需求，这是经济发展的决定性力量。生产的主导地位理论要求我们，必须注重加强供给侧结构性改革，以最大的决心、最大的努力推进经济结构改革，提高供给体系的质量和效率，实现经济结构的战略升级，推动中国经济实现整体跨越式发展。

再次，消费对生产具有巨大反作用。一方面，生产的产品只有在消费中才能实现它的使用价值，才能与自然物品区别开来。另一方面，消费还为生产创造出新的需要，创造出“生产的动力”。消费对生产的巨大反作用原理告诉我们：在加强供给侧结构性改革的同时，还要考虑到满足需求。也就是说，应该从需求侧对于供给侧的反作用的角度，找出供给侧结构性改革的目标、方向和动力。关注消费者需求结构的新变化，以扩大有效需求来推动供给侧结构性改革，根据消费者的需求变化来确定有效的投资和供给范围，从供给侧和需求侧两个方面同时发力，最终实现生产结构和消费结构的升级。

事实上，国务院印发《关于积极发挥新消费引领作用　加快培育形成新供给新动力的指导意见》，全面部署“以消费升级引领产业升级，以制度创新、技术创新、产品创新增加新供给，满足创造新消费，形成新动力。同时，推动金融产品和服务创新，支持发展消费信贷，鼓励符合条件的市场主体成立消费金融公司，将消费金融公司试点范围推广至全国”的发展路径，就是充分利用“消费对生产有巨大反作用”的原理的具体体现。

最后，生产与消费的良性互动是以合理处理分配与交换关系为中介的。生产与消费的相互作用，既包括生产对消费的决定作用，也包括消费对生产的决定性反作用，但这种决定作用和决定性反作用都要借助交换关系和分配关系的中介作用来实现。当市场即交换范围扩大时，生产规模就会扩大，生产对象就会分得更细。分配既包括“作为产品的分配”，也包括作为“生产要素的分配”。“在分配是产品的分配之前，它是生产工具的分配，是社会成员在各类生产之间的分配。”生产与消费之间的分配既决定了生产者在生产过程中的地位，也决定了生产者占有产品的份额，并因此决定了生产与消费之间能否实现良性互动。

分配对于生产与消费的中介作用的原理要求我们：不仅要重视强化公有制经济的主体地位，更加要注重财富分配的公平正义性和包容性；不仅要重视分配关系，而且要重视生产资料的所有制关系；不仅要重视二次分配，而且要重视对一次分配加强调节。

交换对于生产与消费的中介作用的原理要求我们：要想有效调整产业结构，就必须破除体制及机制的障碍，注重对内对外经济开放，充分发挥国内和国外两个市场的作用，以期让市场真正成为配置创新资源的决定性力量。只有借助合理的分配制度和有效的市场机制，才能实现生产与消费的良性互动，实现供给升级与消费升级的相互促进，最终实现产业结构的升级和生产力水平的提高。

2.1.2　消费资本化理论

近代社会，随着经济的持续发展，越来越多的经济学者与商业人士开始认识到消费者才是市场竞争最终的决定性力量。因为消费者既是市场的主人，同时又通过购买商品为企业注入新的资本动力。谁能赢得最多的消费者，谁就能拥有最大的市场和巨大的资本注入，在此基础上，“消费资本化理论”逐步得以建立。

1. 消费资本化理论的起源与发展

亚当·斯密的《国富论》中提出“消费者主权”，之后奥地利学派和剑桥学派都把“消费者主权”看成市场关系中的重要原则。

“消费者主权”是诠释市场上消费者和生产者关系的一个概念，即消费者根据自己的意愿和偏好到市场购买商品，通过这一行为把需求和偏好传递给生产者。于是，生产者就可以根据消费者的需求和偏好，进行研发、设计与生产，提供消费者所需要的商品。简单来讲就是，生产者生产什么、生产数量的多少，最终取决于消费者的需求和偏好。

诺贝尔经济学奖获得者哈耶克发展了“消费者主权论”，他认为生产者主权论是错误的，即使是完全的市场垄断，生产者也必须遵循消费者的意见，否则大公司将失去最终的发展推动力，生产就会处于受限制的状态，最终失去自己的垄断地位。

消费资本化理论则进一步发展“消费者主权论”，它主要解决的问题是在新经济条件下，如何实现生产者与消费者的共同协作，通过构建各种类型的市场制度，让生产者和消费者从对立走向统一，在使消费者的主权得到最大化满足的同时，通过消费的资本化，实现消费者利益与企业利润的双重最大化。

2. 消费资本化理论的核心内容

消费资本化理论的核心内容是将消费向生产和经营领域延伸，具体来说，就是当消费者购买企业的产品时，生产厂家和经销企业应该把消费者对本企业产品的采购视同是对本企业的投资，并按照一定的时间间隔，把一定比例的企业利润返给消费者。

此时，消费者的购买行为已不再是单纯的消费，而是变成了一种储蓄行为和参与企业生产的投资行为。这种做法是把消费者从产品链的末端以投资者的身份提升到前端，使消费者在购买产品的同时可以分享企业成长的成果，让消费和投资有机结合起来。消费者同时是投资者，消费转化为资本。

3. 实现消费资本化的必要准备

消费资本化理论得到正确运用，将对经济发展起到一定的推动作用。在中国市场经济环境下，要推行消费资本化，需要解决以下问题。

1）消费资本化理论的普及

当前，中国商业领域对这一理论的了解甚少，经济学界掌握消费资本化理论的学者也不多。为此，当务之急是将消费资本化理论进行普及推广，如召开专题研讨会、开设相关培训课程等。

当消费资本化理论得到很好的普及之后，有可能使居民的消费变得更加活跃，变成消费资本的巨大存量。

2）制定消费资本化实施方案和具体措施

首先，制定科学合理的消费资本化实施方案，必须遵循利益最大化原则。在制定实施方案时必须考虑企业和消费者的实际利益。

其次，实现消费资本化，需要企业具备各种现代化管理设施，其中最重要的是电子数据信息交换系统，采取信息化管理手段。

再次，实现消费资本化，一定要建立消费者数据库，包括消费者信息、消费信息等。

最后，一定要明确消费资本化的实施方案要点，一方面是企业投入成本与产出利润比较，另一方面则是消费者的消费投资额与投资回报额的比较。

在消费者的投资过程中，企业要把消费者消费额扣除产品的生产成本和销售成本后，再按照一定比例视为消费者在本企业的投资。

3）从消费价值到消费资本化的转变

消费是指消费者通过各种渠道获得商品、服务和体验，从而满足不断增长的需求的过程。消费价值是指消费创造的价值，包括直接动机满足的价值、对实现生产目的的贡献等。

一种商品是否具有消费价值，取决于它是否具有满足消费者欲望的能力，以及消费这种商品是否能给消费者带来必要的社会发展能力等。消费者欲望的满足表现为物质追求和商品消费。从这个意义上讲，其属于劳动者自我复制的简单再生产；而另一个层面是社会需求，也就是对需求增长自身的满足。

消费价值可以像利润一样获得增值，是消费资本化的特性。再者，消费也是一种投资，它的投资价值表现在消费的倍增可以对生产的倍增起到平衡作用，使生产价值的增值得到更充分的实现。我们千方百计促动消费增长，其实是因为它能带动生产的发展。作为企业，可以把消费者的购买行为视为一种投资，然后通过多种方式回报消费者，进一步增加消费，实现一种良性循环。

消费资本化理论将有力地推动世界和中国经济的发展，为通货紧缩这个世界性难题找到一条全新的解决之路。消费资本与货币资本、知识资本联动，将极大地促进经济的快速发展。

2.1.3　消费投资理论

流通领域的生产、销售和消费三要素构成了传统的商业流通环节，三者缺一不可，其中最重要的是消费，因为没有消费就没有销售，同样，没有消费就没有生产。然而，在三者中，生产与销售往往被人们高度重视，而消费的作用却容易被忽视。

在传统商业活动中，消费者只扮演买家与消费的角色，而作为消费者这个角色，他没有参与财富分配的权利。

随着消费的价值逐渐增强、消费的地位逐渐提升，尤其是成为经济增长的核心推动力，消费赢得了越来越多的企业关注。一种创新的做法浮出水面，以消费投资的方式，从消费资本转化为投资资本逐渐成为新经济的探索方向之一。

1. 消费投资概念解析

消费投资是指从生产至流通，进而演变成生产与消费直接挂钩，派生出“产销联盟”或“含权消费”的投资。

如果把消费作为一种消费股份（消费资本）与企业的效益挂钩，消费者不再是单纯的被动消费，而是主动的、含权的、有效益回报的消费，可以实现消费者与企业的共赢。

消费投资是资本产生的源泉，任何商品只有通过消费者消费，才能体现其实际价值。如果产品一直闲置在库房，那它只能是一种摆设。没有消费也就没有生产，消费数量的多少，直接制约着生产量的多少。

当消费能力低于生产能力时，生产能力将很难得到进一步发展和提升。当生产能力无法继续提高时，就会造成生产资源的闲置和浪费。

事实上，消费不仅可以带动商品的生产和流通，还可以为其他资本的生产和积累创造更大的空间。消费不只是一种结果，还是生产和销售的原动力，是创造财富的源泉。

在现实生活中，我们的衣、食、住、行都离不开消费，消费关系着社会生活每个细节的存在；不仅是个人的行为，同时也是一种社会行为。

随着人们经济收入的增加，以及人们对精神、文化、健康、休闲娱乐等消费领域的关注，当前的消费需求也越来越庞大，进而刺激生产力，推动社会的繁荣与发展。在这种环境下，消费作为一种资本，可以参与社会财富的再分配，反过来激发人们乐于消费。

2. 消费与投资结合

消费与投资是社会经济范畴内两个不同的领域，消费增值把这两个不同的领域有机地结合起来，消费派生了投资，而投资蕴含于消费，消费与投资的结合促使买卖双方关系向更和谐、更统一的方向迈进。

消费增值奖励让消费者第一次知道消费不是一种终端行为，而是一种有价值的行为，是一种投资行为。而消费投资行为，通过让普通消费者得到经济利益，从而实现生产资本、流通资本和消费资本三者的统一，既真正实现了生产者与消费者的统一，也真正实现了消费行为与消费价值的统一，它让简单的“消费增值奖励”“消费积分”“消费返券”更加人性化、制度化。

3. 消费投资的意义

消费投资理论是一种新文化、新生产、新商业模式，它的出现彻底打破了传统的纯消费观点，让被动消费变为主动消费，让消费者成为新消费经济时代的主人，推动社会进入一个新消费时代。

此外，当消费资本转为投资资本、创业资本时，整个社会经济在分配领域也可能发生改变。事实上，这是对传统消费观念的颠覆，也是社会文明进步的产物。

当消费者通过自己的消费积累而获得利润，并追求更美好的生活时，不仅有利于进一步激发消费欲望、推动消费升级，同时有利于生产发展，助力国内品牌做大做强。

2.1.4　智慧消费生态理论

消费生态是由消费者、品牌、渠道及其他参与者，如生产、推广、设计等相关企业组织或个人，所构成的各自独立同时又多元互动、跨界融合的价值成长体系。

在移动互联网时代，以互联网思维主导的消费生态，本质上是由消费端、品牌端、渠道端和其他参与端共同组成的系统生态，其由各自独立、开放，并且互生、融合的消费环节所构成的价值链和生态圈系统所组成。

在物联网时代，消费生态的融合变得更加紧密，各环节的相互响应会变得更加高效与精准，如对市场变化与消费需求的精细化把握、基于订单的精准生产安排等。

1. 消费生态系统的发展

消费始于人与人之间以双方认可的价值进行物品互换、服务互换及物品与服务互换，从而满足双方的不同需求。在消费生态中，一直延续着产品提供者与消费者的供给需求循环。

19 世纪末，工业化生产的进一步发展带来了商品的进一步丰富与消费者需求的提升，传统的“价值交换”开始演化出各种不同形式，如百货商店等业态的出现。与此同时，物流、中介等渠道应运而生。

消费形成了从生产、代理、推广到售后等供应链系统，人们从简单需求者进化为真正的消费者。这一时期的消费生态已经形成初步的消费端、品牌端及渠道端。

消费端指的是，以消费者需求为主体，消费者个人和群体消费行为经过身体和精神的塑造不断演化，从而促使消费市场需求主题的多样化和多元性，进而带动品牌、渠道的创新与创造。值得一提的是，消费者也可以成为最终消费产品的提供者。

品牌端包括商品提供与服务提供，以及为此形成的供应链系统。品牌端的主体是以盈利为目的的企业组织或个人，同时供应链系统将更多的协同作业者作为系统参与者囊括其中。品牌端的作用是成为衔接生产与消费的桥梁。

渠道端是消费端与品牌端之间相互交换的平台。通过提供交换的实体空间、虚拟空间及中介代理服务等，获取佣金报酬。渠道端还包括场所运营端、中间服务提供者等。

消费生态的运作动力来自消费需求及各个终端交互的需求创造，通过将物流、信息流、资金流等作为媒介运转。由消费端的消费者提出需求，而后由品牌端提供产品或服务，或者由企业生产并形成商品或服务后，通过广告推广等手段刺激消费者购买。

2. 消费生态系统的未来

移动互联网、物联网、区块链、大数据、云计算、人工智能等新技术的不断发展，让消费领域也随之发生众多改变。同时，消费环境的变革也加速了消费生态系统的进化。

现阶段消费升级背后的推动力，既来自消费群体的不断改变，越来越聚焦多元化的社交群体，以及精神需求的提升（这与原来的消费者之间存在一定差别），也来自物联网技术的推动，进而引发消费生态的重构。

实体商业空间、线上电商平台及智慧物流系统，正在形成新的消费服务平台。服务商，包括设计、推广、招商及提供电商服务的平台，越来越细分，也在影响消费生态的走向。

移动互联网时代正在开启一个全新的消费生态系统，原生态的商业消费是单维的，之后形成了链条式的平台。在互联网时代形成了平台竞争、多维竞争的局面，而在移动互联网时代，消费生态系统是多维度的、平行的，并且寡头垄断会更加明显。

商业消费品牌面临前所未有的竞争，成熟品牌在融合跨界中不断进化，新兴品牌层出不穷，它们的进化来自新的消费需求，同时也在创造新的消费，催生新的商业模式，构建新的消费生态系统。

在新的消费生态系统里，物联网带来的改变非常明显，其重点体现在“智能+消费”，以及各种智能技术与智能产品上，如智能汽车、超高清视频、虚拟现实、可穿戴设备等信息产品，还包括基于 5G 技术的信息服务消费、绿色节能产品、在线医疗、在线教育、在线娱乐，以及线上线下融合的生活性服务业等。

体验式消费、场景式消费是近两年的热点，也是未来数年的发展趋势。以家居建材门店为例，以前主要在店面装修、搭配方面下功夫，在物联网技术与设备的支持下，更多有感染力的场景得以创建，更富有黏性的体验式消费得以营造，如借助 VR 设备、3D 设计工具等，帮助客户看到真实的效果，营造身临其境的体验。

一个值得注意的节点是，经过 2020 年新冠肺炎疫情，人们的消费习惯会有一些新的改变，比如，线上消费更为成熟，渗透率更高；绿色消费会更加深入人心，不仅关注产品对自身的健康影响，还会关注是否对他人或社会产生不良影响。这些消费变化的发生，将催生一些新的业态与模式，也会影响消费生态系统的发展走向。

2.1.5　分享经济

2015 年，李克强总理在达沃斯论坛上提到：目前全球分享经济呈快速发展态势，是拉动经济增长的新路子，通过分享、协作方式搞创业创新，门槛更低、成本更小、速度更快，这有利于拓展我国分享经济的新领域，让更多的人参与进来。

“分享经济”又称为“共享经济”，是社会资源重新配置的一种新方式，是通过互联网等媒介实现供求双方的直接连接的形式。供应方可能是企业，也可能是个人，供应方把自己掌握的资源共享出来，需求者支付一定的价格甚至免费就能租赁使用。

在国外，Uber 和 Airbnb 正是共享经济模式的典型企业，给出租车行业和酒店业带来了巨大改变。

国内的共享经济也逐渐升温，移动出行、房屋短租、共享充电宝等领域均出现了新力量，如滴滴出行、小猪短租等，影响力不断提升。

自 2016 年开始，共享经济快速崛起，到 2019 年，多种共享经济模式走向成熟。

中国互联网协会分享经济工作委员会和国家信息中心信息化研究部联合发布的《中国分享经济发展报告（2016）》显示，中国分享经济市场规模 2015 年已达到 19560 亿元，中国参与分享经济活动总人数超过 5 亿人。

该报告还预测，未来五年，分享经济年均增长速度在 40%左右，到 2020 年市场规模占 GDP 比重将达到 10%以上。中国分享经济领域有望出现 5～10 家巨无霸平台型企业，甚至会改变现在的中国互联网格局。

国家信息中心分享经济研究中心与中国互联网协会分享经济工作委员会联合发布的《中国分享经济发展报告 2017》显示，2016 年中国分享经济市场交易额约为 34520 亿元，比 2015 年增长 103%。其中，生活服务、生产能力、交通出行、知识技能、房屋住宿、医疗分享等重点领域的分享经济交易规模共计达到 13660 亿元，比 2015 年增长 96%；资金分享领域交易额约为 20860 亿元，比 2015 年增长 110%。

值得关注的是，2016 年分享经济企业的融资规模达 1710 亿元。知识付费、网络直播、单车分享呈现爆发式增长，迎来“发展元年”。与此同时，拥有分享基因的各类众创平台大量涌现，经过政府部门认定的“众创空间”超过 4000 个。

国家信息中心分享经济研究中心、中国互联网协会分享经济工作委员会联合发布的《中国共享经济发展年度报告（2018）》显示，2017 年中国共享经济市场交易额约为 49205 亿元，其中，非金融共享领域交易额为 20941 亿元，共享经济领域融资规模约为 2160 亿元，比 2016 年增长 25.7%。该报告指出，共享经济在保持高速增长的同时，结构也在不断完善。从市场结构看，2017 年中国非金融共享领域市场交易额占总规模的比重从 2016 年的 37.6%上升到 42.6%，提高了 5 个百分点；金融共享领域市场交易额占总规模的比重从 2016 年的 62.4%下降到 57.4%，下降了 5 个百分点。

2017 年中国提供共享经济服务的服务者人数约为 7000 万人，比 2016 年增加 100 万人；共享经济平台企业员工约为 716 万人，比 2016 年增加 131 万人，占当年城镇新增就业人数的 9.7%，这意味着在城镇每 100 个新增就业人员中，约有 10 人是共享经济企业新雇用员工。

国家信息中心分享经济研究中心发布的《中国共享经济发展报告（2019）》显示，2018 年共享经济市场交易额为 29420 亿元，共享经济领域直接融资额约为 1490 亿元，比 2017 年下降 23.2%，首次出现负增长。

该报告指出，在国际国内宏观经济下行压力增大的形势下，中国共享经济市场规模和就业依然保持较快增长。2018 年共享经济市场交易额为 29420 亿元，比 2017 年增长 41.6%；平台员工数为 598 万，比 2017 年增长 7.5%；共享经济参与者约为 7.6 亿人，其中提供服务者约为 7500 万人，同比增长 7.1%。

该报告认为，2018 年是共享经济监管历程中具有标志性意义的一年。行政、法律、技术等监管手段多管齐下，监管之严、范围之广，规范发展成为各方共识。

国家信息中心分享经济研究中心发布的《中国共享经济发展报告（2020）》显示，2019 年整个市场的交易额为 32828 亿元，比 2018 年增长 11.6%；直接融资额约为 714 亿元，比 2018 年下降 52.1%。共享经济参与者约为 8 亿人，网约车客运量占出租车总客运量近 4 成，在线外卖收入占全国餐饮业收入的比重达到 12.4%。生活服务、生产能力、知识技能领域共享经济交易规模位居前三，分别为 17300 亿元、9205 亿元和 3063 亿元，分别较 2018 年增长 8.8%、11.8%和 30.2%。从发展速度来看，共享住宿、知识技能、共享医疗领域增长最快，分别较 2018 年增长 36.4%、30.2%和 22.7%。

共享经济各领域创新持续活跃。聚合模式、B2C 模式、“共享+”模式等运营模式成为亮点。平台企业不断推进自身业务与金融服务的深度融合，开展信贷、保险、担保等服务。智能化技术应用进程持续加速，用于布局未来、提升企业核心竞争力、加强安全与合规建设。

该报告认为，未来，共享制造将会成为“十四五”期间制造业转型发展的重要抓手，大型制造企业的资源开放及共享平台对制造企业的赋能将成为共享制造未来发展的重要支撑；区块链等新技术将成为行业发展的新热点，在信息安全与监管、数据共享、产权保护等方面将发挥重要作用；“互联网+”监管和基于信用的差异化监管将进一步加强。

随着 5G、人工智能等技术的不断发展，共享领域还在不断扩大，如办公和存储空间租赁、宠物看护服务、服装出租等。通过共享公共数据，政府的管理方式也在发生变革。

2.1.6 消费商带来的新冲击

在传统消费过程中，消费者仅在消费环节扮演买家的角色，消费目的也仅是满足日常生活需求，消费者并不直接参与商品利益的分配。如今，在智慧消费经济模式下，消费者的角色开始向消费商转变。

从概念上讲，消费商就是运营消费者的组织与个人，其既是消费者，同时扮演经营者的角色，因而在消费过程中，消费商既有消费的付出，又充当经营者获得应有的回报。

这里有两种情况：一是运营消费者的企业，如采用各种办法吸引、激活与运营消费者，将消费者转化为"粉丝"，发展成为兼职或专职的经营者，这是消费商；二是作为经营者的个人，购买和使用企业的商品之后，觉得不错，愿意分享推荐，从而参与到产品的销售经营中，这也是消费商。

消费商作为一个全新的商业主体，其本身具有与众不同的独特之处。

（1）消费商是全新的机会营销主义，其给予别人的不仅仅是产品，还有机会。

（2）消费商主导的是"花本来就该花的钱，赚本来赚不到的钱"，带来的是一种全新的利润分配规则。

（3）消费商是一个最轻资产的商业模式；消费商可以是第一职业，也可以是第二职业。

（4）消费商带来的是一种消费革命，让消费者也参与利润分配，让更多人成为消费商，分配更加合理。

消费商阶段是消费者话语权增强，并且进入消费主导型的阶段，其显著特征是营"消"，即以消费者作为经营的核心，展开一系列运营，将消费者发展成为"粉丝"、传播者与经营者。

与经销商不同，消费商不需要运作资金，其只需要体验产品，并把使用产品的效果分享给更多人。

如今，随着市场竞争的日渐激烈，以及消费需求的多样化、个性化，商家想要把产品销售出去会面临更多困难。谁能影响更多消费者，谁能锁定更多消费者，谁就能取得销售的胜利。那么，如何才能锁定消费者呢？

生产商只有走近消费商，与消费商结成联盟，走双赢的路、共富的路，比如，定期对消费者的消费需求做调查回访；给老客提供一些激励反馈等。又如，针对消费者的需求做课题研究，从消费商渠道获取需求信息，用来指导精准生产。

消费商可以作为一种成本较低的营销工具。在消费商、分享经济时代，人们不愿再做商家的免费推广者，很多商家也意识到这一点，开始返利于消费者，用这种办法来激励消费者参与产品的推广，吸引新顾客。

对个体与从业者来讲，消费商还是一种创富工具。消费商往往不需要囤货，不需要开门店，不需要雇用员工，只需要落实推广工作，把产品分享出去，就可能实现赚钱与省钱。

可以说，消费商是一种轻资产的创富模式，如果有条件，可以把它当成第一职业来做，如以前的淘宝客；还有像云集微店上的店主，有的也收入丰厚。但大部分人可能只适合做兼职，毕竟大多数人开发客户的能力与组建销售团队的能力不是很强。

对于一家企业来讲，如果积累了大量的消费者，再从中转化出一定数量的消费商，也就是愿意参与推荐与销售的客户，就可能建立起一支兼职的销售团队，往往一款新产品上市，通过消费商群体，就可能引发几万件、几十万件的销量。

现实中，各个行业都有一些企业通过老客户运营的方式展开消费商模式的落地，通过专门的服务人员与老客户保持联系，从中转化一批兼职销售，也就是消费商，配合激励机制，如转发推荐、推荐新客户的老客户都有奖励，进而成功提升销售业绩。

2.2　消费政策培植的沃土

消费长期以来被视为拉动经济增长的“三驾马车”之一。与这一定位相匹配的是近年来连续出台的与消费有关的政策，主线条自然是刺激消费。

2015 年以来，从中央到地方，有多份与消费相关的政策出台。以中央层面为例，国务院办公厅 2015 年就出台了《关于加快发展生活性服务业　促进消费结构升级的指导意见》《关于积极发挥新消费引领作用　加快培育形成新供给新动力的指导意见》等。

在 2015 年出台的政策中，与智慧消费有关的不少，如提出消费升级的六大方向，即服务消费、信息消费、绿色消费、时尚消费、农村消费和品质提升型消费，信息消费与品质提升型消费就是智慧消费的内容。

相关政策提出了新消费，以消费升级带动产业升级，以新消费为牵引，催生新技术、新产业；调整并完善有利于新技术应用、个性化生产方式发展、智能微电网等新基础设施建设、“互联网+”广泛拓展、使用权短期租赁等分享经济模式成长的配套制度。

2016年出台的政策有国务院办公厅印发的《关于进一步扩大旅游文化体育健康养老教育培训等领域消费的意见》《消费品标准和质量提升规划（2016—2020年）》，以及工信部制定的《2016年国家信息消费示范城市建设指南》等。

这一年出台的政策中提到了着力推动可穿戴产品、智能家居的普及应用，引导并支持企业优化提升可穿戴产品、智能家居等系统解决方案，鼓励发展基于智慧家庭、智能穿戴、智能网联汽车等智能产品的在线服务；开发前瞻性强、市场前景好的智能硬件等新型信息消费产品；通过引进智能化数字阅读终端、社区应用等多种方式，方便居民享受“家门口”的智慧文化生活；委托第三方机构承担信息消费监测分析工作，建立信息消费监测体系等。

2017年，国务院印发了《国务院关于进一步扩大和升级信息消费持续释放内需潜力的指导意见》等，其主题还是部署进一步扩大和升级信息消费，充分释放内需潜力，壮大经济发展内生动力，提高信息消费供给水平；大力发展高端智能终端，丰富数字家庭产品，增加信息产品有效供给；推动应用电子产品智能化升级，提升信息技术服务能力；丰富数字创意内容和服务，壮大在线教育和在线医疗，进一步扩大电子商务服务领域，并且提出了改善信息消费体验，推动信息消费全过程成本的下降，而这种体验的改进，自然需要引进众多智能技术与制度，同样是智慧消费的应有之义。

2018年出台的消费政策有中共中央、国务院印发的《关于完善促进消费体制机制，进一步激发居民消费潜力的若干意见》等。

这份文件强调了，发展消费新业态新模式，升级智能化、高端化、融合化信息产品，重点发展适应消费升级的中高端移动通信终端、可穿戴设备、超高清视频终端、智慧家庭产品等新型信息产品，以及虚拟现实、增强现实、智能汽车、服务机器人等前沿信息消费产品；还强调了推动基于网络平台的新型消费成长，优化线上线下协同互动的消费生态；确认了要畅通城乡双向联动销售渠道，促进线下产业发展平台和线上电商交易平台的结合，鼓励和支持消费新业态新模式向农村市场拓展。结合消费细分市场发展趋势，开展个性定制消费品标准化工作。引领智能家居、智慧家庭等领域消费品标准的制定，加大新技术新产品等创新成果的标准转化力度。

在智慧消费的监管方面也有明确要求，比如，建立产品和服务消费评价体系，完善全过程产品和服务安全防范机制，建立健全消费环境监测评价体系；构建完善的跟踪反馈评估体系，加强监测结果反馈和改进跟踪机制建设；依托全国信用信息共享平台，建立跨地区、跨部门、跨行业信用信息共享共用机制，将行政许可、行政处罚、产品抽检结果等信息向社会公开，为公众提供公共信用信息“一站式”查询服务和消费预警提示。

2019 年出台的消费政策有国务院办公厅印发的《关于加快发展流通促进商业消费的意见》、商务部等 14 部门联合印发的《关于培育建设国际消费中心城市的指导意见》（商运发〔2019〕309 号）等。

在《关于培育建设国际消费中心城市的指导意见》中，提到了一些核心要点，比如，培育建设国际消费中心城市的工作目标是：利用 5 年左右时间，指导基础条件好、消费潜力大、国际化水平较高、地方意愿强的城市开展培育建设，基本形成若干立足国内、辐射周边、面向世界的具有全球影响力、吸引力的综合性国际消费中心城市，带动形成一批专业化、特色化、区域性国际消费中心城市，使其成为扩大引领消费、促进产业结构升级、拉动经济增长的新载体和新引擎。

培育建设国际消费中心城市的重点任务如下。

一是聚集优质消费资源。引导企业增加优质商品和服务供给；发展品牌经济，吸引国内外知名品牌新品首发；加快培育和发展服务消费产业。

二是建设新型消费商圈。打造一批具有较强国际影响力的新型消费商圈，推进智慧商圈建设；加快商业街提档升级，重点开展步行街改造提升工作。

三是推动消费融合创新。推动实体商业转型升级，打造一批商旅文体联动示范项目；促进传统百货店、大型体育场馆、闲置工业厂区向消费体验中心、休闲娱乐中心、文化时尚中心等新型发展载体转变。

四是打造消费时尚风向标。培育发展一批国际产品和服务消费新平台；鼓励国内外重要消费品牌发布新产品、新服务；促进时尚、创意等文化产业新业态的发展。

五是加强消费环境建设。开展城市环境美化建设，提高服务质量和水平；完善便捷高效的立体交通网络；建立健全高效物流配送体系；健全市场监管和消费维权体系。

六是完善消费促进机制。制定并完善促进消费的相关政策，提升城市消费竞争力。

在这份国际消费中心的政策安排中，与智慧消费有关的内容不少，如优质商品和优质供给、智慧商圈建设、消费体验中心转变、培育发展一批国际产品和服务消费新平台、建立健全高效物流配送体系等，这些都给智慧消费提供了指引。

此外，2019 年 8 月，国务院办公厅印发了《关于加快发展流通促进商业消费的意见》，提出了 20 条稳定消费预期、提振消费信心的政策措施，主要内容如下。

一是创新流通发展。实施包容审慎监管，促进流通新业态新模式发展。推动传统流通企业创新转型升级，在城市规划、基建配套、用地保障等方面给予支持。改造提升商业步行街，对步行街基础设施、信息平台建设等予以支持。将社区便民服务设施建设纳入城镇老旧小区改造范围，促进形成以乡镇为中心的农村流通服务网络。加快发展农产品冷链物流，完善农产品流通体系。落实允许综合保税区内加工制造企业承接境内区外委托加工业务的政策。抓紧调整扩大跨境电商零售进口商品清单。

二是培育消费热点。释放汽车消费潜力，探索推行逐步放宽或取消限购的具体措施，支持购置新能源汽车，促进二手车流通。支持绿色智能商品以旧换新。活跃夜间商业和假日消费市场，完善交通、安全、场地设施等配套措施。搭建品牌商品营销平台，保护和发展中华老字号品牌。

三是深化“放管服”改革。加快连锁便利店发展，探索优化食品经营许可条件，放宽发行书报刊的审批要求，支持地方探索“一照多址”登记，开展简化烟草、乙类非处方药经营审批手续试点。取消石油成品油批发仓储经营资格审批，下放成品油零售经营资格审批。

四是强化财税金融支持。降低流通企业成本费用，推动工商用电同价、总分机构汇总纳税政策的进一步落实。研究扩大研发费用税前加计扣除政策适用范围，加大对高性能物流设备进口的支持力度。发挥财政资金引导作用，加大金融支持力度。

五是优化市场流通环境。强化消费信用体系建设，严厉打击线上线下销售侵权假冒商品、发布虚假广告等违法行为，积极倡导企业实行无理由退货制度。

在这份政策指导中，同样有很多与智慧消费关联的要点，如下几点都是智慧消费的关键内容。

- 引导电商平台以数据赋能生产企业，促进个性化设计和柔性化生产，培育定制消费、智能消费、信息消费、时尚消费等商业新模式。
- 支持线下经营实体加快新理念、新技术、新设计改造提升，向场景化、体验式、互动性、综合型消费场所转型；鼓励经营困难的传统百货店、大型体育场馆、老旧工业厂区等改造为商业综合体、消费体验中心、健身休闲娱乐中心等多功能、综合性新型消费载体。

- 加快连锁便利店发展，要开出更多的便利店覆盖更多人，要将智能化、品牌化连锁便利店纳入城市公共服务基础设施体系建设，因此开办过程更不能烦琐，通过“放管服”改革，经营许可审批将得到优化。
- 扩大电子商务进农村的覆盖面，优化快递服务和互联网接入，培训农村电商人才；让绿色优质的生态产品“走出去”，实施“互联网+”农产品出村进城工程，拓宽绿色、生态产品线上线下销售渠道，丰富城乡市场供给。
- 支持绿色智能商品以旧换新，鼓励具备条件的流通企业回收消费者淘汰的废旧电子电器产品，折价置换超高清电视、节能冰箱、智能手机等绿色、节能、智能电子电器产品。

2019 年 12 月 12 日，国家发展和改革委员会、教育部、民政部、商务部、文化和旅游部、国家卫生健康委员会、国家体育总局联合发布《关于促进“互联网+社会服务”发展的意见》，提出以数字化转型扩大社会服务资源供给、以网络化融合实现社会服务均衡普惠、以智能化创新提高社会服务供给质量、以多元化供给激发社会服务市场活力、以协同化举措优化社会服务发展环境；还提出鼓励发展互联网医院、数字图书馆、数字文化馆、虚拟博物馆、虚拟体育场馆、慕课（MOOC，大规模在线开放课程）等，推动社会服务领域优质资源的放大利用、共享复用；鼓励新技术创新应用，培育壮大社会服务新产品新产业新业态；推进大数据、云计算、人工智能、物联网等新一代信息技术在社会服务领域集成应用，支持引导新型可穿戴设备、智能终端、服务机器人、在线服务平台、虚拟现实、增强现实、混合现实等产品和服务研发，丰富线上线下相融合的消费体验。

几乎每年都有中央层面的政策出台，主题都是促进各种消费，要求从制度、方向引导、减少审批等方面提供支持，而在这些政策中，尤其是最近五年的政策中，几乎都有跟智慧消费相关的内容，如智能技术的引进、对消费体验的重视、个性化定制消费的实现、新型智能产品的研发与探索等。

2.3　智慧金融培植起智慧消费萌芽的沃土

大概从 2010 年开始，出现了很多金融促进消费的相关研究，同时出现了一些鼓励通过金融手段促进消费的政策。从实际情况看，金融对消费市场的兴旺颇有帮助。

在2019年国务院办公厅印发的《关于加快发展流通促进商业消费的意见》里，其中一条专门提出了关于金融方面的要求：明确加大金融支持力度，鼓励金融机构创新消费信贷产品和服务，推动专业化消费金融组织发展。鼓励金融机构对居民购买新能源汽车、绿色智能家电、智能家居、节水器具等绿色智能产品提供信贷支持，加大对新消费领域的金融支持力度。

从现实情况来看，消费金融、移动支付对智慧消费的促进功不可没。

2.3.1 繁荣的消费金融

作为刺激和扩大消费，并促进消费升级的重要工具，消费金融曾被写入《2016年政府工作报告》，其中提到，在全国开展消费金融公司试点，鼓励金融机构创新消费信贷产品。

早在2009年7月，银监会公布《消费金融公司试点管理办法》，在北京、天津、上海、成都启动消费金融公司试点审批工作。2010年年初，银监会相继批准了北银、中银、四川锦程和捷信四家消费金融公司。

2013年，银监会发布《消费金融公司试点管理办法（修订稿）》，宣布扩大消费金融公司试点城市范围，新增沈阳、南京、杭州、合肥、泉州、武汉、广州、重庆、西安、青岛参与试点工作。

随后，相继成立了招联消费金融公司、兴业消费金融公司、海尔消费金融公司、苏宁消费金融公司、湖北消费金融公司、马上消费金融公司和中邮消费金融公司。

2015年，消费金融市场准入放开，将原来16个城市开展的消费金融公司试点扩大至全国，审批权下放到省级部门，鼓励符合条件的民间资本、国内外银行业机构和互联网企业发起设立消费金融公司，成熟一家、批准一家。向消费者提供无抵押、无担保小额信贷，规范经营、防范风险，使消费金融公司与商业银行错位竞争、互补发展，更好地发挥消费对经济增长的促进作用。

到2018年年末，共有27家消费金融公司获得牌照，其中，23家已开业。

从各大消费金融公司的业务量来看，发展相当不错，每笔合规的消费贷或分期的背后，拉动的都是消费。比如招联消费金融，主推“好期贷”“信用付”两大产品体系，以线上模式为主、兼具O2O模式，嵌入购物、旅游、装修、教育培训和医疗美容等各类消费场景中。其中，“好期贷”属于线上信用贷款，最高额度为20万元，最长期限为36个月，该产品体系包括多种产品，如白领贷、大期贷等。“信用付”是互联网消费分期产品，最长40天免息，可在招联金融分期商城及教育、医美、装修等消费场景中使用。其中的“分期花”业务，可让用户通过绑定银行二类卡账户，在银联闪付、支付宝、微信支付等渠道中使用。

近年来，招联消费金融的业务稳定增长，用户规模不断扩大，2020 年营收约 128.16 亿元，同比增长 19.3%；净利润约 16.68 亿元，同比增长 13.8%。

海尔消费金融由海尔集团、海尔财务公司、红星美凯龙、绿城电商及中国有赞于 2015 年共同发起成立，运营有一站式金融生活服务平台——海尔消费金融 App、信用借款 App——够花，并聚焦家电、教育、医美等场景。

其中，家电场景依托海尔资源，线下布局 4000 多家海尔专卖店，线上植入海尔智家生态，为用户提供家电分期和信用借款服务。教育场景主要进入 K12、在线语言、职业培训及自考行业，与多家教育机构合作；医美场景则与连锁医疗美容机构合作。

2020 年，海尔消费金融公司实现营业收入 11.76 亿元，净利润 1.23 亿元。截至 2020 年 10 月底，已累计服务用户 1900 多万人。

目前，海尔消费金融正融入海尔智家生态，与智家数据互通、联合建模、联合获客、联合运维，主推智家钱包和智家白条两大产品。其中，智家钱包主要面向内部员工、店主及海尔会员，提供信用借款服务；智家白条主要通过用户白条、商户白条提供智家线上商城、线下门店的家电商品分期。

由重庆百货大楼股份有限公司、重庆银行股份有限公司、物美控股集团、北京中关村科金技术有限公司、阳光财险集团、浙江中国小商品城集团投资的马上消费金融近年发展迅速。截至 2020 年年末，累计注册用户超过 1.2 亿，累计交易额达 5463 亿元，累计纳税 32.88 亿元；2020 年完成交易额 2047 亿元，实现净收入 76.04 亿元，完成净利润 7.12 亿元。

这家公司旗下的产品包括“安逸花”“马上金融”等，覆盖了家电、3C、零售、旅游等消费场景；构建了全线上化、智能化闭环服务能力，并且推行了零实体网点的轻资产模式。

要理解消费金融是如何促进智慧消费的，需要先从消费金融的概念讲起。

狭义的消费金融主要是指为消费者提供消费贷款，降低其一次性购物成本，从而起到刺激消费的作用，但是普通公众以工资性收入为主，可能因为增加了利息、手续费等消费成本，反而抑制了其总消费能力，出现寅吃卯粮式的提前消费，甚至有金融欺诈等乱象。

广义的消费金融可以认为是围绕消费的资金融通，以小额、分散、精准、高效、救急（应急）为显著特点，是消费产品服务的促销工具和金融增值手段，其核心是通过“消费金融化、金融生活化”运作，实现消费和金融两种资源跨越时间、空间配置，产生便利、高效、额外收益等增值，让消费者“得便宜、占实惠”，让商家“去库存、增收益”，彻底扭转消费者与商家的传统对立对抗关系，真正成为互惠互利的利益共同体。

从广义的消费金融出发，就匹配了智慧消费的要求，它可以更精准且做法更多样，充分借助各种智能技术，如大数据、云计算、区块链等。一部手机、一个微信公众号、一个 App 就能运作和管理海量商品和金融资源。

随着市场的推进，形成了信用卡、消费贷、消费分期、消费贷资产证券化、消费信托、消费责任保险、消费众筹、消费返还等多种消费金融服务模式。一个人从出生、上学、恋爱、结婚到旅行、买房、买车、装修、买家电等全周期消费，都可能被消费金融覆盖。

以消费众筹为例，针对未面世的产品服务，商家根据同类产品价格及目标消费者的价格承受能力，预先设置产品价格，以预售代现售的形式众筹前期生产开发成本，并通过直供方式降低营销成本。同时，消费者可参与产品研发生产过程，获得喜爱的商品，向朋友圈推荐获得销售佣金，并分享项目运营收益等。

再以消费返还为例，商家为消费者提供折让、卖送、减让等优惠，而赠送消费券就是其中的主要代表。工商银行、物美、国美、南航等机构为了扩大客户量和单个客户价值，根据客户消费情况提供约定额度积分，积分可兑换相应的消费权益。

2015 年，随着蚂蚁金服集团等互联网巨头相继推出各自平台内的消费金融产品，消费金融进入高速发展阶段，场景、流量、资金等竞争趋于白热化。

随着消费金融市场的迅速扩张，套利、共债、获客等一系列风险也开始暴露出来，如现金贷、校园贷存在的过度消费、过度授信等问题，严重偏离了消费金融的本源。

整治力度随后加大，如 2017 年 12 月下发了《关于规范整顿“现金贷”业务的通知》，明确暂停发放无特定场景依托、无指定用途的网络小额贷款。清理整顿行业乱象、取缔风险过高的产品等做法，为行业发展提供了良好环境。

中国人民银行发布的数据显示，我国个人整体信贷消费余额从 2015 年的 18.95 万亿元升至 2019 年的 43.97 万亿元，年复合增速达 23.42%。单就短期信贷消费余额来看，从 2015 年的 4.1 万亿元上升至 2019 年的 9.92 万亿元，年复合增速达 24.72%。

2019 年，银行卡信贷规模持续增长。截至 2019 年年末，银行卡授信总额为

17.37 万亿元，同比增长 12.78%；银行卡应偿信贷余额为 7.59 万亿元，同比增长 10.73%；银行卡卡均授信额度为 2.33 万元，授信使用率 43.70%。

西南财经大学中国家庭金融调查与研究中心、蚂蚁金服集团研究院联合发布的《中国居民杠杆率和家庭消费信贷问题研究》显示，2011—2019 年，中国家庭消费贷参与率从 13.4%上升至 13.7%，但对比美国家庭 2010—2016 年间超过 60%的消费贷参与率，中国家庭的消费贷参与率仍处于较低水平，其增长空间非常大。中国家庭金融调查数据显示，2019 年有 16.2%的家庭有消费信贷需求，说明市场还没有充分满足我国的家庭消费信贷需求。

从城市类型来看，一线城市家庭、二线城市家庭、其他城市家庭的消费信贷需求率分别为 12.5%、13.1%和 19.8%。经济发展水平相对较弱的非一线城市，家庭消费信贷需求率更高。这意味着，在消费金融的支持下，国内的消费还有很大的提升空间，而这一切的很大一部分来自由线上消费扮演主角的智慧消费。

以京东白条为例。2014 年 2 月，京东白条在京东商城上线，主要服务于线上用户与线上交易。截至 2017 年年末，京东白条应收账款余额为 330 亿元。截至 2018 年 12 月末，京东白条应收账款余额增长至 344.49 亿元。虽说增长速度放缓了，但放款规模还是比较大的，而且拉升了客单价与消费活跃度。

早在 2014 年的京东“6・18”大促中，白条用户分期客单价比非白条用户客单价高了近一倍。到 2018 年的“双十一”，京东白条累计提额达到 800 亿元，人均提额 3126 元，白条所属的京东金融人均消费额同比增长 117.3%。

蚂蚁花呗主要服务于线上智慧消费，先消费，之后按月分期付款。支付宝用户在申请开通后，将获得 500～50000 元不等的消费额度。之后就能在淘宝、天猫上购买各种商品。此前，花呗分期基于风控模型采取邀请制，商家无法主动申请，获得邀请后还需要与花呗分期签约。花呗分期的开放，在扩大商户覆盖范围的同时，也简化了商家的接入流程。

在每年的“双十一”前，花呗用户都会获得专属的“双十一”临时额度，不同用户根据授信和使用情况，获得不同的额度提升。在 2016 年“双十一”前，有 1500 多万人领取了花呗的提额。2015 年“双十一”数据显示，花呗交易总笔数为 6048 万笔，占支付宝整体交易笔数的 8.5%。到 2016 年的“双十一”，这一数据就变成了 2.1 亿笔，占比达 20%，直接撬动的消费总金额高达 268 亿元。

这些亮眼的数据，无疑证明了花呗、白条对消费有明显的提升带动作用，也让它们成了电商们的动销利器，从而带动智慧消费的增长。

2.3.2 移动支付的发展

网上结算、第三方支付、移动支付的快速普及，成为消费增长的助推器。而智慧消费的实现，也离不开移动支付。

从计划经济时期凭票购买到当下的“刷脸支付”，从各种规格的纸质票据到遍布大街小巷的二维码，从舶来品的信用卡到日新月异的移动支付，支付行业的巨变是新中国成立 70 多年经济变迁史的缩影，其背后是科技引领和社会进步。

中国移动支付用户数超过 8 亿，银联发布的《2020 年中国银行卡产业发展报告》显示，2019 年银行业金融机构处理电子支付业务 2233.88 亿笔，金额达 2607.04 万亿元。其中，移动支付业务达 1014.31 亿笔，占比 45.40%，同比增长 67.57%；金额达 347.11 万亿元，同比增长 25.13%。网上支付业务达 781.85 亿笔，金额达 2134.84 万亿元。

西南财经大学中国家庭金融调查的分析认为，移动支付可促进中国家庭消费增长 16%；与此同时，显著改变了消费结构，使得家庭教育、文化、娱乐等发展型消费大幅度增加，进而推动恩格尔系数降低 1.65%。

移动支付又是如何促进消费增长的？其主要体现在提升消费意愿、扩大消费范围和提高消费能力帮助精准消费的实现、促进普惠金融发展等方面。

一是移动支付有助于提升消费意愿。各类移动支付工具为消费者提供支付便利，大家觉得支付方便了，支付痛感就比较小，这种便捷性有助于提升用户的消费兴趣。

同时，移动支付让人看到的是数字的减少，可以给消费者带来更好的消费体验，明显降低支付的心理损失，从而加速消费者决策行为。当支付现金时，看到钞票给了别人，心里总觉得有点障碍。不论是购买价格高至几万元的大件物品，还是在街头巷尾购买低至几元的小吃，消费者只要掏出手机就可以完成支付，使得支付行为更容易发生。

二是移动支付进一步扩大了消费范围。线下支付局限于面对面消费，而移动支付打破时空约束，消费者可以随时随地进行消费，消费习惯和消费范围显著改变。

三是移动支付有助于提高消费能力。像支付宝、微信支付、京东支付等移动支付工具，都带有消费信贷功能，可以申请信用额度，少则几千元，多则几万元，能缓解消费资金约束，提前释放消费需求，增强提前消费能力。

四是帮助精准消费的实现。随着移动支付的普及，很多人都在用线上工具花钱，用户的消费数据就会被大量积累，平台可以分析这些数据，对用户精准画像，知道每一位用户喜欢买什么、什么时候买、大概花多少钱等，进而实现精准推荐。

同时，将这些数据反馈到生产端，也能让制造商们更及时、准确地感知用户的需求变化，从而调整产品和服务，在满足消费需求的基础上进一步创造新的消费需求，为消费升级带来更多可能性。

五是移动支付促进普惠金融发展，释放中低收入家庭的消费潜力，促进中等收入家庭的消费结构优化升级。比如，在相对偏远的地区，金融服务很难触及，金融产品的发达程度也远不及城市，这在一定程度上影响了消费。移动支付的日渐普及，能够更好地满足城乡居民多元化的支付需求，进而带动消费金融等服务的普及，激活中低收入群体的消费潜力。

近几年下沉市场的爆发，既反映出三四线及以下城市居民具备较强的消费能力，也在一定程度上表明，包括移动支付在内的金融科技手段的发展，对城乡居民群体消费潜力的激活是有一定帮助的。

在 2019 年的世界互联网大会上，中国银联与中国工商银行等 60 余家机构联合发布人脸识别支付产品“刷脸付”。以人脸识别支付为代表的创新支付方式，或将成为移动支付未来发展的趋势，同时将更好地促进消费、扩大内需。

移动支付还将推动消费市场进一步下沉，带动乡镇与农村居民、中低收入人群的消费增速，进而带动下沉市场的智能消费。

2019 年，在第五届中国普惠金融国际论坛期间，首都经济贸易大学金融学院院长尹志超介绍，在对超过 3.4 万个样本家庭的分析中发现（研究基础数据来自西南财经大学的中国家庭金融调查），2017 年，无移动支付组消费支出为 4.23 万元，有移动支付组消费支出为 8.44 万元，无移动支付组和有移动支付组恩格尔系数分别为 45.30%和 39.01%；2019 年，无移动支付组消费支出为 5.37 万元，有移动支付组消费支出为 12.42 万元，恩格尔系数分别为 40.65%和 32.83%。

由这组数据可推导出一个结论，移动支付有助于释放低收入家庭的消费潜力，促进消费用户的多元化，借助网络不仅可以满足衣食住行等需求，还能购买文化娱乐、医疗保健等产品，促进中等收入家庭消费结构的优化升级。

在农村等偏远地区，移动支付的影响更大，移动支付使得农村地区消费增长 22.10%，城市地区的这个数据为 12.79%；恩格尔系数在农村地区降低 2.28%，城市地区的这个数据为 1.20%。也就是说，移动支付对农村家庭消费水平的提升和消费结构的改善作用更明显。

这背后的原因在于移动支付为电商的发展创造了条件，在带来消费便利的同时降低了交易成本。

2.3.3　第三方支付的应用

其实，移动支付也属于第三方支付的范围，这里之所以单独拿出来讲，是因为第三方支付覆盖的范围更广。

第三方支付指的是基于互联网提供线上和线下支付渠道，完成从用户到商户的在线货币支付、资金清算、查询统计等系列过程的一种支付交易方式。

自 2011 年第三方支付牌照发放后，在政策的鼓励下，第三方电子支付企业以创新思维快速抢占市场。央行公布的数据显示，2016 年第三方支付机构累计发生网络支付业务 1639 亿笔，金额达 58 万亿元，同比分别增长 99.5%和 87%。2017 年第三方支付交易规模已突破 100 万亿元。2018 年第三方移动支付交易规模达 190.5 万亿元。2018 年第三方互联网支付交易规模达 29.1 万亿元。

第三方支付快速发展，其背后的推动力除了政策因素、企业推广因素等，还有一个更关键的因素是互联网用户规模的快速扩大。2017 年，中国已经拥有 7.72 亿互联网用户，实现电子商务交易额 29.16 万亿元，同比增长 11.7%。网购用户规模达 5.33 亿人，同比增长 14.3%。非银行支付机构在线支付金额达 143.26 万亿元，同比增长 44.32%。

截至 2018 年年末，中国网民数量已达 8.3 亿人，网络购物用户规模达 6.1 亿人，占网民总体的 73.6%。非银行支付机构发生网络支付业务 5306.10 亿笔，金额达 208.07 万亿元，同比分别增长 85.05%和 45.23%。

在电子商务快速发展的同时，团购等新兴消费模式也日渐火爆。团购形式的日趋成熟，进一步推动了第三方支付，简化了团购、商家与消费者之间的付款渠道，同时催生了 O2O 这种“线上到线下”的消费模式。

艾瑞咨询发布的 2019 年上半年《中国第三方支付行业数据发布报告》显示，2019 年上半年，第三方移动支付交易规模约 110.4 万亿元；中国第三方互联网支付交易规模约 12.9 万亿元。另外，线下扫码支付市场交易规模约 15.4 万亿元，用户扫码习惯逐步养成。

另外，移动智能终端 NFC 支付的交易规模约为 154.8 亿元，占整体移动支付交易规模的比例较小，但增速较快。

在第三方支付版图上，支付宝、财付通、壹钱包、京东支付、联动优势、快钱、易宝、银联商务、苏宁支付等构成核心力量。

第二梯队的企业也在努力，如壹钱包联合上海迪士尼推出官方礼品卡——“迪士尼奇梦卡”，丰富了用户的消费场景，同时壹钱包继续在金融、电商、航旅等优势领域发力，并加速向线下商户渗透。壹钱包通过综合金融解决方案已服务超过 200 万家线下商户。

京东支付一方面继续深化京东商城的交易支付，同时拓展外部场景，在公共交通及线下零售领域取得快速增长，交易规模不断提升。

快钱在万达场景，如购物中心、院线、文化旅游等中快速扩张；易宝支付加大营销力度，在互联网金融、航旅领域持续发力。

第三方支付的便捷与优惠，无疑带动了消费的活跃度。同时，第三方支付机构不断加强市场渗透，推出各种刺激消费与使用的活动，从而拉动消费。

2.3.4　物联网金融提振智慧消费

物联网金融的出现，重构了金融的信用体系，它不仅会改变传统金融，还会影响智慧消费从金融获取推动力的方式。

互联网金融只实现了信息流和资金流的二流合一，仍是主观信用体系，在降低金融风险方面还有改进空间；而物联网金融实现了信息流、资金流和实体流的三流合一，通过物与物、人与物的信息、资金、实物交互，进一步降低主观判断的影响，实现智能识别感知、定位、跟踪、监控及管理，实时掌握企业销售情况、运营情况，动态调整信用评级结构，相当于切入用户的经营活动，实现按需贷款、按进度放款、数据可控。

通常银行对不动产贷款比较放心，对动产贷款相对不放心，因为动产存在不确定性风险，在接入物联网之后，能够对动产做全程监管。由于数据的交互性与全面性，能避免重复质押、空押现象。

民生银行利用物联网的智能仓库、感知芯片等工具，已实现汽车金融、大宗商品金融的智能化质押监管。平安银行也将物联网金融付诸实践，实现了物联网监控、商品管理、线上化银行服务、数据管理等功能，涉及大宗商品、汽车、液态化工领域。

在保险领域，物联网也有用武之地，基于物联网技术的保险，可以根据事故发生的次数、预测等提供保险服务。如车险，可以在投保车辆上安装物联网终端，用来评判驾驶行为，根据驾驶习惯的好坏收取不同的保险费。

在贷款方面，以前金融机构出于风险考虑，只能放弃多数小微企业的授信，其中一些有价值的业务机会也随之丧失了。物联网金融将进一步解决这个问题，因为信用评价体系发生了调整，可以从更多经营细节上判断一家公司的可信度，比如，国家电网联合中国建设银行通过电力物联网技术，掌握智能终端传输的海量用户电力数据，借助用电数据评判企业的经营状况。未来对个人的贷款授信，也将从更多细节入手建立信用评价体系。

在供应链金融领域，物联网不仅可以追踪损坏物品的来源，避免物流盲点，还可以通过 RFID 和 EPC 等技术优化库存，或根据运输状况改变路线，减少延误，进而控制供应链中的风险。江苏银行将物联网智慧监测与订单融资业务相结合，帮助企业增信，如在无锡地区完成了 260 余户制造型企业的智慧监测设备安装，通过国网系统获取企业订单情况，运用物联网智慧监测实时还原企业的生产状况，客观衡量资金需求。

在消费金融领域，物联网的推动作用明显，主要体现在个人信用体系的建设、风险控制、精准营销等方面，如海尔消费金融搭建物联网家庭金融服务平台，布局家电、家居、教育、医美、保险等八大用户消费场景，以及社区、出行、保险、母婴社群，聚焦用户全生命周期的消费需求，并通过会员服务体系及数据驱动的精准营销体系，进一步提升用户经营能力；基于生命周期管理、画像及结构管理、成长及权益体系三个维度建立用户数据管理系统，从用户数据收集、分析、应用三个维度进行用户资源发掘、用户策略研究、用户体验提升、平台运营，从而实现获客、转化、促活。

2.4　物联网、人工智能带动智慧消费

智慧消费的一个重要体现是，通过新技术与新工具的运用，为消费者创造更佳的体验，进而把消费者留住，获得他们的推荐。

物联网的快速发展，为智慧消费的成熟提供了更充分的条件，比如，让每个产品上的物联网标识成为一个入口，通过物物相连的入口形成一张巨网，从而实现互联互通，进而可以追溯物品的来源，佐证产品的可靠性等，让消费者买得放心，自然有助于提升购物体验。

消费物联网是消费应用类中的物联网，如智能家居、车联网等，它可以进一步实现产品的升级换代，更好地满足消费者对智能化产品的期望。消费物联网的发展，也是智慧消费的前沿表现。

2.4.1　物联网带给智慧消费的改变

总的来看，物联网技术的发展与普及，将给消费方式、消费体验等带来明显的改变，具体表现在如下几个方面。

1. 个性化商品

物联网技术所带来的消费升级，主要以大数据分析为基础，为消费者提供更丰富多样的个性化产品服务和体验。传统零售一般以产品为核心，以供应商为驱动力，用户只能在现有的产品中选择自己需要的产品。

随着物联网技术的应用，商家可以通过大数据分析更精准与快速地分析消费者的消费偏好与需求，生产个性化定制的产品，进一步满足消费者的需求。

2. 智能货架

一种可能性是，为了实现自动结账、提高门店转化率、了解消费者进店行为等，实体店正在引进智能货架。这种货架安装了 RFID 标签，可以作为质量传感器和阅读器。其可以感知商品，并检测商品何时从货架上被取下、何时被放到购物车或购物篮中，从而能够更精准地掌握消费者行为，进而为商品陈列与选品等提供支持。对于消费者来讲，则能在店里更方便地买到自己想要的东西。

通过人工智能预测优化，一些智能货架甚至能够预测业务高峰时间，并以某种方式要求工作人员适当地补充库存。

3. 自动结账

沃尔玛、塔吉特、家得宝等大型零售商，都在探索自动结账。毕竟自动结账既能减少排队，改善顾客的购物体验，又能降低对收银员的需求，更好地处理一天中出现的结账业务量的不规则波动。

相信很多人都有这样的感受，在购物的高峰期，必须排长长的队伍结账，既麻烦，又浪费时间。

2018 年，亚马逊开设自动结账的商店。顾客进店后，把商品放进购物车，然后在线结算，不用经过收银台，就能离开。因为这个店里部署了全套技术设备，可跟踪哪些商品被放入购物车，然后在顾客离开商店时，通过联网的信用卡收费。

此外，物美推行多点自由购、自助购，将结账时间大幅度缩短。顾客需要下载多点 App，完成注册、开通小额免密支付等，才能进入超市购物。在看中某款商品后，打开 App 上的扫描功能，扫描货架上商品的二维码，商品就会自动加入 App 内的“电子购物车”。

在选购完商品后选择在线支付，即可生成二维码形式的“付款凭证”，当走出超市时在出口的二维码验证机上轻轻一扫，即可带着商品离开，全程无须等待，非常方便。

顾客还可以选择多点自由购，将商品带到自助收银机前扫码，自助完成商品的添加、支付。相比现有的自助收银机，这种收银机在结账时不需要输入银行卡号或塞入现金，只需打开多点 App 上的“扫一扫”功能，并扫描屏幕上的付款码完成支付即可。

据中国消费网的报道，一台人工收银机需要配备一个工作人员，而自助收银机平均 10 台仅需要 1～2 个工作人员进行引导。从这个意义上来讲，多点自助购既能有效提升门店运营效率，改善用户体验，又能节省人工成本。

据麦肯锡公司估计，自动结账可以将对收银员的需求减少 75%。到 2025 年，这将节省 1500 亿到 3800 亿美元。

4. Beacon

Beacon 是一类低功耗、基于位置的发射设备，能探测附近的智能手机和其他智能设备。如果你路过一家曾逛过的，或者可能希望逛一下的商店，你的智能手机将会发出通知，而你也有可能收到优惠信息。

也就是说，Beacon 技术可帮助店家向用户手机发送各类促销信息与优惠券，甚至还能根据用户的购买历史，提供有针对性的推荐。

5. 更可靠地发现趋势

作为一种物联网设备，传感器可以采集大量数据，把这些数据放到一起，由专门的工具进行分析，从中可能发现新的业务趋势和机会。利用这些数据，可以分析用户的购物历史，然后考虑用户的品牌喜好、兴趣倾向及平均购买额度等因素，策划有针对性的营销活动，以提高用户的转化率。

6. 售后服务改进

售后服务是消费的最后一个环节，可能决定消费者对品牌的最终印象。基于物联网技术，售后服务的处理、反馈效率将被提高。通过物联网标识的溯源应用，对产品售后问题进行追溯，形成问题追溯数据统计，为改善产品和服务提供了帮助。

尤其是在机械及设备部署领域，当一台机器配备传感器时，我们可以获悉机器所处的状态，必要时，还可以自动启动维修工作。物联网能够给售后服务带来新的改变，如通用公司，他们从销售的产品和设备中收集数据，通过这个方法，可以远程执行高级诊断，提醒客户即将进行定期维护，并可以在不接触产品的情况下指导客户完成基本的维修工作。

7. 精准推荐

商家可通过定位系统准确掌握用户的地理位置，然后依据用户画像了解用户的潜在需求，掌握他们的消费习惯，再将最准确的商品信息及时地推送给用户，主动满足用户的需求，提升消费体验，这样就能形成精准化的场景营销。

当消费者在超市购物时，商家便能通过其在购物车上所装的商品及往常的消费记录，给消费者提供相关内容，发出更具针对性的推荐。比如，当消费者把某件产品放进购物车时，商家就会及时给其手机发送他所需要的各类相关促销信息和优惠券。

当室内空气净化器的滤芯数据显示该更换时，公司可以主动推送通知，并提供滤芯购买建议及订购服务。在用户使用智能体重秤并主动分享身体健康数据后，公司根据用户身体数据的变化，推荐相应的健康食品或健身方案。

又如，当用户进入某个购物中心的地理位置信息被获取后，购物中心能迅速计算出与该用户购物习惯相符合的折扣信息，甚至折扣幅度大小，并推送给用户。

2.4.2　消费物联网带来的新体验

消费物联网是我们平常最常接触到的程序和设备集合的统称。基于 Wi-Fi、蓝牙、Zigbee、Z-Wave 等短程连接技术的消费电子、智能家居等的应用是主力，其应用场景涉及智能穿戴、智能音箱、家庭机器人、安全监控、能源监测、娱乐互动、孩子和宠物看护等。

消费物联网可以说是继“互联网+”之后一个颠覆商业模式的技术延伸，它从交易环节这样一个商业刚需入手，致力于为商家打造一个更安全、更可靠、更便捷的社交网络化商业业态。目前，随着物联网感知技术的创新与发展，中国已经正式开启向智能化消费大国的转型之路。

1. 消费物联网及其特点

消费物联网在“互联网+电商”模式的基础上向前再迈进一步，它通过技术创新与模式创新来改变商业形态，使未来的产品研发与生产、零售、物流、金融等发生系统性的变革。

总体而言，消费物联网具有以下几个特点。

（1）将商品信息化变得可追溯、公开化、可预见。

（2）将交易地点与交易时间变得灵活，电商平台和线下体验、物流供应链协同。

（3）精准识别身份和信用评级，满足客户即时的消费需求，挖掘潜在客户群体。

（4）存储并分析商贸流通信息，引导制造业成本和效率控制，提高商业经营管理水平。

（5）为商业、金融、保险、理财、融资等业务提供更多可靠的信誉保障。

在消费领域，通过物联网识别技术，可多方位识别消费者身份，如视网膜、人脸、指纹等，从而更好地总结消费者的消费习惯，以某种媒介引导消费，对接金融系统；通过消费者的消费信用体系，提供微贷等金融服务，形成以消费者为核心的消费物联系统。

此外，物联网识别技术还可以实现商品追踪，追踪信息可以通过二维码等形式在最终售货地点显示。这种溯源技术手段有助于解决目前的食品安全问题，也能减少假货仿品的泛滥。更为重要的是，商品的展示信息还可以通过云平台精确地推送给潜在消费者的手机等信息接收端，从而实现精准营销。

事实上，随着消费物联网模式的出现，零售产业正面临消费与商业模式的改变，消费者对购物体验的需求也已经悄然改变，零售业必须积极调整运营的思路与脚步，才能适应物联网消费带来的机会与挑战。

2. 消费物联网带来的新体验

首先，从时间与空间要素上讲，商家无一例外地希望能够抓住消费者的更多时间和更多空间，而消费者也期望能随时随地享受便利的购物体验。但是对实体门店来说，在任何时刻、任何地点为消费者提供服务是几乎不可能完成的。

随着物联网技术的应用，消费者在上班的途中、旅行的行程中、车上、船上、床上，甚至在厕所马桶上都可以上网购物。

在淘宝的“12 大消费族群”中，有一个 2200 万的“夜淘族”，也就是说，凌晨的 0 点至 5 点还有人在下单购物。由此可见，消费是随时随地都可能存在的，只是需要商家想办法把它们找到。

为了更好地适应消费物联网，商家可以为消费者随时随地提供服务信息，不管是户外、餐厅、咖啡厅，还是交通行进中，人们都可以享受行动式影音服务。

其次，从体验营销形式上讲，其可分为感官（Sense）、情感（Feel）、思考（Think）、行动（Act）及关联（Relate），在消费物联网模式下还必须加入分享（Share），而且在每个阶段都要做分享的动作。

事实上，分享本身就是物联网技术的组成部分，在消费者刚接触到商品时，就能利用传感器接收信息，而后将信息传递到数字广告端，进而借助智能大屏幕，将商品的特色及相关信息传递出来，可以是播放，也可以是图文展示，刺激消费者的购买意愿。

消费物联网对体验环境的提升有更多帮助，如借助此前的店面与消费数据分析，在店里重点销售那些受欢迎的商品；消费者购物之后，建立客户档案，并提供新的商品信息，触发消费者的复购兴趣。

2.4.3　消费物联网发展的现状与趋势

物联网正成为城市产业和生活的一部分，据 IoT Analytics 统计，2018 年全球物联网设备已经达到 70 亿台；预计到 2025 年将增加到 220 亿台。全球物联网产业规模由 2008 年的 500 亿美元增长至 2018 年的近 1510 亿美元。

智能家居正走进千家万户，可穿戴设备正在把人“武装”起来。智能手表可以监测心率、睡眠等，爱运动的人还有专门放在跑鞋上的设备，在跑步过程中纠正跑姿。

在中国，物联网的大规模应用同样正在全面落地，中国信息通信研究院发布的《物联网白皮书（2018 年）》显示，截至 2018 年中期，中国物联网产业总体规模已经达到 1.2 万亿元，完成了工信部 2016 年提出的“十三五”物联网产业规模 1.5 万亿元的 80%。《2018 年中国 5G 产业与应用发展白皮书》显示，预计到 2025 年，中国物联网连接数将达 53.8 亿台，其中 5G 物联网连接数达 39.3 亿台。

IDC 预计，到 2022 年中国物联网市场支出将达 2552.3 亿美元，占全球同期总支出的 24.3%，仅次于美国（占比 25.2%），位列全球第二，并且认为，在未来 5 年主流应用场景中，生产运行场景（制造业）的支出最大、车联网场景（消费者）的增长速度最快。

赛迪顾问公司的《2019—2021年中国物联网市场预测与展望数据》显示，到2021年，中国物联网市场规模将达26251.3亿元，硬件销售仍然占最大比重。智能工业依旧是最主要的物联网应用领域。另外，智能安防、智慧电力、智慧交通、智慧医疗、智慧物流、智能家居等领域的物联程度将持续提升，成为未来三年中增速较快的应用领域。

云米携手IDC发布《全球消费物联网趋势2025展望白皮书》(以下简称《白皮书》)，其中总结了六大趋势。

趋势一：终端AI算力将迅速提升。在AI算力的加持下，终端设备将自主学习用户行为偏好，从而提供更自然、更贴心的服务体验。

趋势二：以无线移动为主要特征的混合网络将共存。在5G网络高速率、低延迟、大承载容量特性的支持下，通信网络将迈入万物互联时代。

趋势三：边缘计算与本地存储将更广泛地应用于终端设备。具备一定算力的终端设备，可以在边缘端完成计算，做出更及时的反馈。

趋势四：未来终端将出现更加开放的跨界融合。智能家居从“单点智能”迈入“场景智能”时代，“人—车—家”智能互联场景加速到来。

趋势五：未来交互方式将更加自然、更加多元化。未来的家，是布满屏幕的家。以屏幕为交互入口，家居设备将通过多类型传感器进行数据采集，综合判断用户需求，从而做出最精准的决策。

趋势六：终端数量将快速普及。《白皮书》指出，2019年全球消费物联网市场规模达1081亿美元，其中，中国作为全球第二大市场，达到175亿美元的规模。到2025年，中国家庭平均拥有智能家居数量将达到6.8台。

以智能音箱为例，在2014年的时候，这种产品在市场上并不好卖，而到了2018年，全球共售出5600万台。到2020年，智能音箱的销量再次爆发。研究与咨询机构Strategy Analytics的报告显示，2020年全球智能音箱销量突破1.5亿台。在这背后，既有亚马逊、谷歌和苹果等国外企业的大力推动，又有百度、小米与天猫等国内企业的发力。

在探索消费物联网的方向上，有一些公司一直在努力，如小米就一直深耕消费物联网。

在2019年1月的年会上，小米负责人宣布，未来五年小米的核心战略是“手机+AIoT”双引擎，小米将在五年内在人工智能物联网（AIoT）领域持续投入超过100亿元。

另外，截至 2019 年 6 月 30 日，小米物联网平台已连接 IoT 设备数 1.96 亿台，同比增长高达 69.5%；智能音箱小爱同学的月活跃用户已超 4990 万人。据小白测评的实测，仅需不到 500 元就能在小米的现有物联网产品中组成一个初步“联动式物联网”卧室，价格非常亲民，对用户来讲，自然非常有吸引力。

在小米的 AIoT 战略中，小米电视已进化成可视化大屏控制中心，可与空调、手机、净化器、扫地机器人、洗衣机、小爱同学、智能门铃等 400 多款智能终端互联互通。小米人工智能系统“小爱同学”的全部功能已内置到小米电视中，用户靠语音就能控制几乎所有智能设备。

2019 年，华为正式把物联网放在战略位置，先是发布“1+8+N”的战略，即“1 部智能手机+8 个辅入口+各种物联网设备”，以手机为主入口，以 AI 音箱、平板电脑、PC、可穿戴设备、车机、AR/VR、智能耳机、智能大屏为辅入口，结合照明、安防、环境等泛 IoT 设备，整合各个合作商的硬件产品，积极打造智能家居、智能车载、运动健康等重要场景下的用户全场景智慧生活体验。

2019 年 10 月，华为推出 HUAWEI HiLink 全屋智能解决方案，以及两款 HUAWEI HiLink 生态产品。在 2021 年的华为花粉年会上，华为消费者业务负责人公布，华为 HiLink 生态的用户已超过 5000 万人，连接设备超过 10 亿台。华为智慧生活的产品涉及智慧屏电视、智能摄像头、空气净化器等，智慧生活 App 装机量达 4 亿，用户操作该应用的频率可达 10.8 亿次/天。

在华为官网上有专门的 HiLink 官网，上面显示有 50 多家核心合作伙伴，覆盖家庭娱乐、能耗、照明、自动化、安防等六大领域上百个品牌、千余款产品，并且开设了“加入联盟”的通道。

在华为的智能家居商城，已有智慧屏、路由器、电力猫、移动路由、电视盒子、照明、清洁、节能、环境、安防、健康、运动、厨电、影音、卫浴、智能窗帘、智能筒灯、无线开关、智能云晾衣机、电动牙刷、智能养生壶、智能插座、智能锁、无屏电视等。为支持合作伙伴落地全屋智能，华为组建了方舟实验室，提供产品设计、射频调测、协议测试、场景设计等支持。

2019 年 1 月，OPPO 宣布成立新兴移动终端事业部，构建面向未来的多入口智能硬件网络，一是打造下一个入口级产品，瞄准智能手表和智能耳机；二是进军物联网（IoT），搭建开放的 IoT 平台，提供开放的物联网接入协议，同时推出子品牌“智美心品”，通过自主研发、合作研发、选品三种模式，打造生活解决方案。

2018 年 9 月，vivo 发布 IoT 战略，并推出 IoT 产品——jovi 物联。9 月 30

日，jovi 物联在 vivo 应用商店正式上线，支持 X23、NEX 和 X21 三款智能手机，未来还将逐步覆盖更多 vivo 产品系列。

不仅如此，vivo、OPPO 联合多个行业的领导品牌，宣布共同成立“IoT 开放生态联盟”，并将重点放在智能家居领域。通过发布的 jovi 物联，面对不同品牌家电的智慧家居设备，消费者不再需要下载多个 App，可以在一个应用上完成所有操作。

2.4.4 区块链赋能物联网

随着区块链技术的成熟与应用，具有分布式结构、多重加密、智能合约和多方共识等特征的区块链技术，将对物联网的发展产生极为重要的影响。

1. 物联网的四大痛点

近年来，物联网设备数量正在快速增长。在 2020 年的中关村论坛上，英特尔中国披露 2025 年全球物联网设备数量将达 1000 亿台，超过 70%的数据和应用将在边缘产生和处理，而智能边缘计算技术的最新研究、技术进展和产业应用，正在助推机器人、物联网、智能制造及在线应用等产业实现智能变革。

不过，物联网本身依然存在一些痛点需要解决。

一是中心控制成本高。物联网普遍架构中存在这种僵化现象：数据汇总到单一的中心控制系统，导致中心服务器在能耗和企业成本支出方面存在巨大压力。当物联网设备呈几何级增长时，这个压力可能变得难以承受。

二是多主体高协同成本高。在隐私泄露、设备被攻击等阴影下，如何让物联网的接入者们积极参与，互连互通，将面临较高的协同成本。

三是设备入网后安全性较低，难免成为系统性网络攻击的对象。美国 Mirai 创造的僵尸物联网（Botnets of Things）就曾感染超过 200 万台摄像机等 IoT 设备，入网的私人设备惨遭“奴役”。

四是隐私保护难度大，中心化的管理架构存在无法自证清白的问题。简单来讲，就是不管你是否窃取了参与方的隐私，都容易被怀疑，没有更为理性的方式能够证明你的清白，完全靠自觉与相互信任。此外，个人隐私数据被泄露的事件时有发生，从而引发人们的担心。

2. 区块链为物联网赋能

物联网确实给各行各业带来商业模式的变革，而上述痛点降低了其应用的商业价值。幸运的是，具有去中心、可信任、高隐私等特性的区块链技术，在一定程度上可以为物联网存在的问题提供解决方案。

方案一：以点对点直接互联的方式进行数据传输。整个物联网解决方案不需要引入大型数据中心进行数据同步和管理控制，包括数据采集、指令发送和软件更新等操作，都可以通过区块链的网络进行传输。

方案二：分布式环境下数据的加密保护和验证机制。区块链技术为物联网提供了去中心化的可能性，只要数据不是被单一的云服务提供商控制的，并且所有传输的数据都经过严格加密处理，则用户的数据和隐私将会更加安全。

方案三：方便可靠的费用结算和支付。通过使用区块链技术，不同所有者的物联网设备可以直接通过加密协议传输数据，并且可以进行计费结算。这就需要在物联网区块链中设计一种加密数字货币作为交易结算的基础单位，所有的物联网设备提供商只要在出厂之前给设备加入区块链的支持，就可以在全网范围内进行直接货币结算。

事实上，如今已经有科技公司试图将区块链技术与物联网技术结合，从而解决物联网的规模化问题。而这两者的结合，可以让数以亿计的设备共享一种网络，同时提供统一的标准，让每个人享受对等的权益。

虽然目前物联网的发展还处于起步阶段，但区块链可以帮助物联网变得更加安全。零售行业未来的变革，将建立在与物联网全面结合的基础上，而物联网未来的变革，则可能建立在与区块链结合的基础上。

未来区块链应用企业和研究机构有必要加大合作力度，发挥各自的资源优势，共同推进区块链技术在零售领域的应用，在供应链溯源防伪、自动化合约、订单履约追踪等方面开展有益探索，打造更加安全、稳定、高效的智慧供应链，从而促进智慧消费的繁荣。

2.4.5 人工智能的应用

应用一：AI 赋能货架管理与场景塑造，打造无人零售新业态

无人零售业态包括开放货架、自动贩卖机、无人便利店和无人超市等。现阶段，无人零售技术主要分为三类：二维码、RFID 和人工智能。前两种技术的主要应用场景是无人收银，提高收银结算效率，而基于人工智能技术的无人零售可提升购物体验，降低人力成本，提升运营效率。

应用二：AI 赋能客流管理，促进零售商店最优配置

传统零售行业除会员卡以外，缺乏有效的手段了解消费者的需求和习惯。

海康威视、汇纳科技的客流监控产品，通过对线下客流的实时监控，动态识别商店中客流密度并绘制热图，从而计算出最受欢迎的商品和服务，了解消费者的购物习惯和兴趣。根据计算结果，AI能够实时调整线下实体店的运营设置，使其始终处于最优配置状态，动态实现人、货、物三者的平衡。

应用三：AI赋能线下门店，智能化管理提升效率

传统的大型连锁零售企业需要对全国数百到数万家门店进行管理。通过部署智慧零售方案，零售店的员工可以完成精准营销。

▸ 查看全国各家门店的数据概览，通过经营数据找出销售不佳的门店。

▸ 使用远程巡店功能，直接查看各个门店的经营管理、陈列、卫生、服务等情况，并对优劣门店进行实时对比。

▸ 通过人脸识别技术精准统计客流数据，并结合门店销售数据，让管理者进行有效的经营状况和VIP顾客喜好分析。

应用四：AI改善C端消费体验

AI助力新零售精准营销，提供个性化推荐。智慧零售根据用户个性化数据，实现千人千面精准营销，对消费者来讲，这也是一件好事，可以在最短的时间里找到自己需要的商品，从而节省时间与精力。

2.5 互联网带来的引爆效应

国家统计局数据显示，2020年全国网上零售额达11.76万亿元，同比增长10.9%，实物商品网上零售额达9.76万亿元，同比增长14.8%，占社会消费品零售总额的比重为24.9%，比2019年大幅度提升4.2个百分点。

具体来看，中国网络零售市场呈现以下特点。

一是消费升级势头不减，新业态、新模式发展迅猛。重点监测电商平台累计直播场次超2400万场，在线教育销售额同比增长超过140%，在线医疗患者咨询人次同比增长73.4%；“双品网购节”“6・18”“双十一”“网上年货节”等大型网购促销活动，推动需求释放，有力拉动市场增长；绿色、健康、“家场景”“宅经济”消费热度凸显，健身器材、保健食品、消毒卫生用品、中高端厨房电器、宠物用品增长均超过30%；线上线下融合加速，电商企业加快赋能线下实体转型升级。

二是跨境电商持续发力，有力推动外贸发展。据海关统计，2020年我国跨境电商进出口额达1.69万亿元，增长31.1%。跨境电商迅速发展得益于系列政策的利好，2020年，我国与22个国家“丝路电商”合作持续深化，双边合作成

果加速落地；新增 46 个跨境电商综试区，增设“9710”“9810”跨境电商 B2B 出口贸易方式，推动通关便利化；广交会等展会在“云端”举办，开辟了外贸发展新通道。

三是农村电商提质升级，电商兴农不断深入。商务大数据监测显示，2020 年全国农村网络零售额达 1.79 万亿元，同比增长 8.9%。电商加速赋能农业产业化、数字化发展，一系列适应电商市场的农产品持续热销，有力推动了乡村振兴。商务部持续开展农产品“三品一标”认证，农产品品牌推介洽谈，推动农产品上行。“数商兴农”相关工作将在农村电商新基建、人才培养等方面持续发力。

四是电商与社交融合蓬勃发展。在传统电商平台的基础上，社交、直播、内容电商已成重要新业态，并保持高速增长。线上与线下融合、电商与社交融合，正推动电商市场的多元化发展，不断激发消费潜力。

一个典型的例子是天猫，其在原有的电商模式基础上，不断探索社交、直播与内容布局，形成新的零售模式，激活消费潜能。主要有以下几种做法。

一是新品带动，截至 2018 年 12 月 31 日，天猫平台上的品牌数量超过 18 万个，发布新品超 5000 万件，到 2019 年，天猫发布的新品数量首次突破 1 亿个，“新品”关键词在手机淘宝 App 的搜索量达 100 亿次，超过 500 个品牌新品销售额过亿元，购买新品的消费者数量从 7500 万人增至 8300 万人。新品成功率从 5%提升至 60%，让品牌拉新率提升了 1.7 倍。

二是天猫智慧零售，包括上线数据银行，沉淀新老客户的数据；推动智慧门店与智慧商圈的落地。以 2018 年“6・18”期间为例，10 万个智慧门店和 75 个新零售商圈参加；“6・18”当天智慧门店与 2017 年“双十一”相比，其交易额增长 3.3 倍，品牌智慧门店的会员数增加 3 倍。天猫还计划在全国打造 1000 家天猫智能母婴室，解决外出哺乳难的问题；与 vivo 合作推出手机无人贩卖机，像买饮料一样买手机；在杭州推出新零售茶馆等。2019 年 9 月，与高鑫零售合作，面向高鑫零售门店服务范围之外的消费者，借助菜鸟网络的物流优势，推出食品及日用品“半日达”的门店送货上门业务。

三是直播驱动。在 2020 年的淘宝直播盛典上，淘宝直播负责人公布了 2019 年的“战况”，超过 100 万名主播加入淘宝直播，其中，177 名主播的年度总成交额超亿元；4000 多万种商品参与直播，商家同比增长 268%。当年淘宝直播 GMV（成交额）突破 2000 亿元，“双十一”当天直播 GMV 突破 200 亿元。

《2020 淘宝直播新经济报告》显示，截至 2019 年年末，消费者每天观看的直播内容超 35 万小时，相当于 70000 场“春晚”。淘宝直播上的 MCN 机构已经达 1000 多家。淘宝直播年度用户超过 4 亿人，场景覆盖全球 73 个国家的工厂、田间、档口、商场、街头、市场，成为诸多行业拥抱新经济的起点。

四是同城零售创新。据《晚点 LatePost》报道，天猫超市事业群升级为同城零售事业群，同城零售以“天猫超市+淘鲜达+盒马”为结构。2019 年 10 月，天猫方面曾透露，天猫超市家庭用户超过 2 亿户，淘鲜达覆盖 26 个商超、800 家门店和 278 个城市。

另据天猫国际《2018 跨境消费新常态年轻人群洞察报告》，截至 2018 年 10 月，跨境电商进口总额同比增长 53.7%，商品进口来源地已分布于全球超 200 个国家和地区，进口额超 100 亿元。天猫国际的数据显示，到 2020 年年末，直播带动的成交同比增长近 400%；10 月 1—7 日，天猫国际的成交同比增长 79%。

在 2018 年 11 月的首届进博会上，阿里巴巴宣布，未来五年，阿里大进口将完成 2000 亿美元的目标，覆盖全球 120 多个国家和地区的重点产业带。在 2019 年的第二届进博会上，阿里巴巴已完成原计划阶段性目标的 123%。

2019 年，天猫国际海外品牌入驻增速提升至 2018 年的 2.1 倍，首发新品数量同比增长 130%，年成交额过百万元的新品超过 8700 多个，“亿元俱乐部”品牌新增 33 个。

此外，老字号和国货也受到追捧，目前，在商务部认定的 1128 家中华老字号企业中，超过 7 成的老字号在天猫和淘宝开店。2019 年 1 月，淘宝发布的《非遗老字号成长报告》显示，超 5 成“剁手党”年均购买非遗老字号产品消费超 300 元。随着本地生活服务的升级，2018 年老字号外卖订单增长 253%、到店率增长 62%。

一个更让人震撼的数据是，2019 年“双十一”购物节当天，全网成交金额为 4101 亿元，同比增长 30.5%，增速高于去年的 23.8%。全网产生物流订单数 16.57 亿个，同比增长 23.7%。

逆势增长的原因在于，各平台注重流量的内容化运营，发力直播引流；向低线城市渗透，为下沉市场的消费升级创造条件；力推高性价比的爆款，反向定制产品，升级改造供应链。

其中，2019 年天猫“双十一”成交额为 2684 亿元，同比增长 25.7%，参与用户同比新增 1 亿多人；跻身“亿元俱乐部”的品牌超过 299 个；进口新品首发 12 万件，新入驻品牌同比增长 300%；全天产生 1.7 亿笔 C2M 工厂直供订单；超过 50%的商品通过直播获得了增长，由直播带来的成交额全天接近 200 亿元，超过 10 个直播间引导成交过亿元。

2020 年，天猫“双十一”再次出现增长，最终成交额达 4982 亿元，超过 450 个品牌成交额超过亿元。

从 2019 年 11 月 1 日 00:00 至 11 月 11 日 24:00，京东商城累计下单金额超 2044 亿元，超过“6 • 18”全球年中购物节的 2015 亿元，也超过 2018 年“双十一”的 1598 亿元，同比增长近 28%。家电消费升级明显，大尺寸电视、超大容量冰箱、洗烘一体洗衣机、5G 手机等备受追捧。下沉市场增速迅猛，社交电商平台——京喜为京东贡献超 4 成新用户。

到 2020 年，京东“双十一”期间累计下单金额超 2715 亿元，超 2 万个品牌在京东超市成交额同比翻倍增长，13173 个国产品牌成交额增速超 2 倍，205 个老字号品牌成交额翻番，累计售出超 3 亿件新品，许多 C2M 反向定制的商品成为品类第一。

2019 年 11 月 11 日当天，苏宁的全渠道订单量增长 76%，苏宁物流发货完成率达 99.6%，新增 Super 会员超过百万，移动支付笔数同比增长 139%。超 13000 家门店全面参战，覆盖从一二线城市到县镇市场，百亿元补贴累计送出超 5000 万张优惠券，以旧换新累计超 200 万单。

非常明显的是，线上订单量增速惊人，生活家电的线上订单量同比增长 79%，电视的线上订单量同比增长 68%，冰箱、洗衣机的线上订单量同比增长 77.2%，空调的线上订单量同比增长 120%。

2019 年 11 月 7 日，苏宁小店超级预售日，其线上销售占比超过 59%。11 月 8 日的超级半价日，吸引 450 万名会员参与，225 万名买家进店消费，体验苏宁小店第二件半价活动。

在快递方面，苏宁引入了智慧物流，苏师傅快递员 App 利用基于深度学习的人脸识别和 OCR 技术，助力快递人员进行身份识别认证，并帮助快递员秒级录入物流信息，每天达数百万次。智能物流优化算法为包裹配送提供智能化的派工和配送路线优化，单均配送时长降低 28%。苏宁运营人员利用智能创意生成系统生成了超 2 亿张图稿，相当于数万名设计师不间断工作 24 小时。这些都是智慧消费的鲜明体现，同时为智慧消费走向更高水平提供了条件。

2020 年“双十一”期间，据苏宁易购公开的成交情况，线上订单量增长 75%。“双十一”当天，在各大城市商圈，苏宁广场、苏宁易购广场的客流量突破 1150 万人。苏宁、家乐福到家服务订单量同比增长 420%，一小时达及时履约率为 99%，最快配送时间仅为 9 分钟。

再看一个互联网消费的关键数据——用户规模的变化：2018 年 12 月，

社交电商、特卖电商、二手电商的活跃人数分别达到 1.6 亿人、9878 万人、4965 万人。

中国互联网络信息中心（CNNIC）发布的第 48 次《中国互联网络发展状况统计报告》显示，截至 2020 年 12 月，我国网络购物用户规模达 7.82 亿人，较 2020 年 3 月增长 7215 万人，占网民整体的 79.1%。

下沉市场、跨境电商、模式创新为网络购物市场提供了新的增长动能：在地域方面，以中小城市及农村地区为代表的下沉市场拓展了网络消费增长空间，电商平台加速渠道下沉；在业态方面，跨境电商零售进口额持续增长；在模式方面，直播带货、工厂电商、社区零售等新模式蓬勃发展，成为网络消费新的增长点。

社交电商、小程序、短视频等新模式和新业态获得快速发展。这种以网络社交平台为载体，以社交关系为驱动的新模式，满足了消费者多层次、多样化需求，正激活中小城市和农村地区的消费潜力。

生活服务电商发展迅速，企业竞争从拼规模升级到拼生态，赋能线下商家，并利用即时配送的服务体系，串联起便利店、商超、餐饮等多种业态，形成覆盖外卖、生鲜、医药、家政服务等的生活服务电商生态圈。

下面以盒马鲜生为案例，展现智慧消费的运营情况。

在传统零售时代，企业的发展更多依靠于满足人口红利带来的基础消费需求，而在智慧消费经济模式下，零售业增长的驱动则来自消费需求的升级。随着新一代消费者话语权的提升，消费者对品质、效率、方便等诉求日益提升。

阿里巴巴通过对渠道、技术、体验的改造，在升级商品流通方式的基础上推出了智慧消费时代的新物种——盒马鲜生。阿里巴巴的财报显示，截至 2019 年 12 月 31 日，盒马鲜生在中国拥有 197 家自营门店，到 2020 年 6 月 30 日，在中国的自营盒马鲜生门店数量为 214 家，主要位于一二线城市。

盒马鲜生提供的数据显示，盒马的坪效（每坪面积可以产出的营业额）达到普通商超的 3 倍，用户黏性和线上转化率远高于传统电商，线上订单占比超过 50%，用户转化率高达 35%，是传统电商的 10～15 倍。阿里巴巴 2021 财年第一财季财报的信息显示，在第一财季里，盒马鲜生商品交易总额的线上渗透率持续超过 60%。

不仅如此，盒马鲜生陆续孵化出 F2、小站、菜市、mini 等不同创新业态，如 2019 年推出 mini 店，面积在 500～1000 平方米，约有 3000 个品类，配送范围缩短至 1.5 千米。2020 年，盒马早餐新业态 Pick'n Go 升级为“盒小马”，Pick' n Go 由人工柜台和自提货柜组成，下单和收银主要靠盒马 App 完成，操作间则以人工为主，自提柜提供的产品以早餐饮品、小食炸物为主。同时，盒马推出 X 会员店，占地面积达 1.8 万平方米，门店采用仓储式货架，线上线下一体化运营，店里推出符合中国人胃口和购物需求的大包装、量版式商品。

下面介绍盒马鲜生的具体模式。

1. 盒马鲜生的经营模式

与传统电商、生鲜店相比，盒马鲜生的经营模式存在一定的区别。它并不是简单的超市，而是“生鲜超市+餐饮”的业态组合，同时采取“线下门店+线上 App”的销售结构。

整个模式的思路是，采用比较好的体验，把周边的客流吸引到门店，再转化为线上会员。在顾客有时间的时候，就到店里购物与就餐；在顾客没有时间的时候，则可以在线上购物，由门店进行配送。

线下门店=超市+餐饮+仓储+分拣配送，承担流量转化的角色，担当线上平台盒马 App 的仓储、分拣及配送中心。

线上线下结合：App 下单，30 分钟送货到家，限制在门店周边 5 千米以内；通过 App 发起退货，配送员上门取货；出示盒马 App 开发票，根据购物金额送 2～3 小时停车券；在礼品中心购卡后，可绑定到盒马 App 使用。

全面采用电子价签，用盒马 App 扫码可查看商品详情和评价，员工使用平板电脑绑定商品和电子价签，可以自动变价。

在门店的选址上，盒马鲜生以阿里大数据为指导，针对不同消费阶层的活动商圈划定门店范围。从目前的门店选址可以看出，盒马鲜生所选的商场多为中高档生活广场，周边有写字楼、中高端社区等配套功能，居民消费水平偏中上，符合目标用户需求。

2. 盒马鲜生的特色体验

盒马鲜生力图通过良好的线上线下体验吸引更多顾客，因此在消费体验上下了很大功夫，其特色至少包括如下几点。

特色一：数字体验

与传统商超相比，盒马鲜生的数字平台布局更胜一筹，以 App 为数字体验的核心，全渠道为 App 做导流。

盒马 App 的功能比较全面，消费者可以网购、反馈，在线下也可以扫码付款，会员体系与运营活动一应俱全。

在线下购买盒马商品时，要求消费者用 App 注册、登录和绑定支付，有了这一使用流程的引导，消费者在首次消费时便熟悉了操作流程。引导用户的过程并不轻松，在运营初期曾因使用 App 支付的高门槛而收到不同的市场反馈，服务员拒收人民币更是一度成为争论的焦点。

不过，消费者跨过了 App 支付的门槛后，便可体验到 App 带来的便捷，如线上线下的商品是一致的，每件商品标签都可以通过 App 识别条码。消费者看到想买的商品但又不方便带走时，可以扫码下单，30 分钟后快递就可送货上门。此外，在盒马鲜生内的各种自动贩卖机和结账机器，也可以用扫码付款实现自助支付，从而减少排队的麻烦。

特色二：场景体验

盒马鲜生为消费者提供多种消费场景。以上海浦东的盒马集市为例，这里的整体空间以“逛集市”的概念来布局，借鉴了集市大街的元素，分为主干道和分支，入口和出口分散于两侧，寻找商品相对容易。

在产品组织上，盒马的各种产品采用场景分类。在体验区，消费者可以看到各种产品的摆放多以主题为核心，如水产餐饮区，既有活海鲜，也有烧烤区和啤酒专柜，围绕“吃海鲜”这个主题组织起来。

特色三：产品体验

以吃为核心，食品占比非常高，包括肉类、水产、干货、水果、菜、奶制品、饮料等，熟食半成品占比很高，加热就能食用。此外，还会根据一些城市特点，定制商品结构。

新鲜度：为了保证生鲜产品的时效性，线上购物 30 分钟送到，切中顾客对新鲜的追求；同时推出“日日鲜”业务，确保每天上架的食材都是新鲜的，包括蔬菜、牛奶、鸡蛋、肉类、烘焙食品等。

丰富度：盒马鲜生基于门店、人群、商品、食材、菜谱等数据，借助阿里巴巴的信息，优化菜谱搭配、生鲜搭配，以及标品搭配等，增强盒马推荐和导购能力，提升转化率。

部分品类继续扩大种类，如盒马的“日日鲜”，截至 2020 年年末，已拥有达 400 种商品，品类也从蔬菜、牛奶逐渐扩充到水果、肉禽蛋、烘焙、海鲜、水产等，计划实现全品类覆盖，并推行至全国。

灵活度：通过将包装做小，保证一餐吃完的份量，并按加工程度进行分类，各取所需，满足人们不同程度的尝鲜期望，增加烹饪乐趣，同时免去繁杂的准备工作。如盒马“日日鲜”蔬菜，是加工后的净菜，每份质量为 300 克至 500 克不等，正好是一餐的量。

自有品牌：盒马鲜生已经形成了自有品牌商品体系，截至 2019 年年末已经拥有超 1000 种商品，包括盒马蓝标、盒马工坊、盒马日日鲜等品牌，计划实现 50%以上的商品都是自有品牌。

特色四：情感体验

在盒马鲜生身上，可以看到更多把品牌人格化的互联网传播方式。无论是在线上还是线下都可以看到可爱憨厚的河马形象。在盒马鲜生店内，进店就可以与可爱的吉祥物进行互动，统一黄蓝视觉系统让店内看起来鲜亮活泼，盒马把服务员称作“小蜜”。此外，盒马还把欢乐气氛注入推广活动，如入口区域的有奖套圈活动深受消费者欢迎。

2.6　人工智能、物联网打下智慧物流基石

在物联网、人工智能技术，以及消费升级等多种因素的驱动下，物流行业正迎来新的变革，智慧物流正在路上。

其一，企业要以消费者为核心，提供令人信任、更高性价比的商品，更好的购物体验，以及更快速的配送等，打造以消费者为中心的物流格局。

零售商可以通过掌握消费者的消费行为特征，为其提供个性化、定制化物流服务，甚至可以根据大数据进行预测，提前备货；通过产地直采、物联网技术降低成本。

通过构建逆向物流和售后服务提升消费者体验感和满意度；通过智慧物流、资源共享和效率提升实现物流成本的下降，以及通过店仓一体化、智能柜、微仓、众包快递等方式，解决新零售模式下的最后一千米难题。

其二，在物联网技术的基础上，建立以数据为核心的数字化物流网络，提高物流运输过程的透明度和服务水平，从而更加贴近终端、直面消费者、提高物流的响应速度，进而提升消费者满意度。

其三，借助定位、RFID、传感器等物联网技术与设备，实现对产品的溯源、追踪、查询等，并能做到可视化管理；实现货运资源、车辆资源、卡车司机等信息的对接，优化运输路线，降低成本，提高效率。

以京东物流为例，其通过大数据分析可以预测各个地区商品的需求量，

进而从厂家或仓库调配货物，直接配发给消费者。

此外，通过对消费者行为数据的分析，京东物流还能预测一定时间内某地区需要多少数量的商品，并将预测销售数据反馈给厂家，从而指导厂家的线下生产，或者直接从厂家调货到当地。

在一些重要的促销节点，如“6·18”，京东物流会通过大数据预测完成商品部署，将商品布局到距离消费者最近的配送站点，一旦消费者下单，京东快递员就能以最快速度完成配送。

在2020年的京东全球科技探索者大会上，京东物流发布物流科技产品“京慧”，其依托京东物流大数据、智能算法及多行业场景积累，为企业提供大数据、网络优化、智能预测、智能补调及智能执行等一体化服务，帮助企业通过量化决策和精细化运营实现降本增效。“京慧”为安利定制化开发了商品布局、销量预测与智能补货系统、库存仿真和库存健康诊断系统方案，帮助安利节约成品物流费用10%以上，库存周转天数降低40%以上。同时，京东物流打造了规模应用的物流机器人军团，通过机器人与自动化、智能快递车、智能快递柜等技术提升物流作业的效率；夯实物联网、大数据、云计算、区块链等数据底盘技术，帮助物流行业打通链条、实现协同，从而加速行业的智能化演进。

第3章

认识智慧消费

前几章对智慧消费产生的大背景，以及整个消费形势的变化等做了详细梳理。智慧消费的兴起，来源于近年电子商务与线上消费的繁荣，受益于信息技术的发展、互联网的普及、移动互联网的高渗透率、物联网技术的逐渐成熟与应用、金融的助力，以及年轻消费群体的产生。

本章对智慧消费的概念、内容、特征，以及其对消费者、企业、社会的影响做更深入的解读。未来数年，智慧消费在我们的日常消费生活中将扮演主角，我们的消费方式、购物渠道、消费偏好等都将发生更大的改变，而这一切都受益于移动互联网、物联网等技术的发展。

3.1 智慧消费的概念解读与演变

技术的加速迭代，不仅丰富了我们可以购买的产品种类，尤其是智能产品，更改变了消费者行为习惯，进而催生出庞大的智慧消费市场。

什么是智慧消费？先看几个例子，在卖场里购物，只需要到自助收银机上扫商品条形码就能付款，然后从特定通道自行离开，部分店面支持微信、支付宝扫码付款结算，然后从特定通道离开。卫浴间里安装智能马桶，如厕后马桶可以检测排泄物，如果存在健康问题，它还能发出预警，提示用户需要注意。在服装店里买衣服，试穿后站在试衣镜前，镜子不仅呈现出穿衣的效果，还能扫描你的身体，给出各种场合的穿衣搭配建议，有时还可展现其他衣服的试穿效果。

上述这些消费与零售方式都是智慧消费的一些表现。如果要给智慧消费下一个定义，它可能需要包括如下内涵。

以消费者为核心，以互联网、物联网、人工智能等各种信息技术为依托，运用大数据分析、精准推荐、人脸识别、社群、数字信息、电商等多种手段，为消费者营造方便舒适的体验，自动识别消费者需求并恰当地予以满足，同消费者建立深度联系，重构消费者与商家关系，并推动消费业态、消费方式、消费渠道的升级。

智慧消费的转型升级有很多驱动力，如互联网、大数据与云计算技术，互联网是生产的关系架构，大数据是生产的原料，云计算则是生产的引擎。在这样的模式下，很多企业可能会被重新定义和再造，很多事情应该上云，很多事情应该用互联网的方法连接，利用人工智能的计算，得到最优化、精准的提升，从而进一步优化成本，提供更适合市场需求的产品。

再说大数据，它是新的生产材料，有人又称它为生产的能源，但是它和石油不一样，石油越用越少，数据越用越多，且越用越值钱。必须部署数据系统，从数据中挖掘价值才能把金子留下来，并不是只做一个 CRM 系统，把客户档案存进去就够了。

过去 20 年的互联网技术是智慧消费得以发展的基础，但过去 20 年的互联网是“人联网”，相当于是人通过互联网建立联系，通过互联网购买全世界范围内的商品；未来的互联网是“物联网”，整个物理世界实现数字化，道路、汽车、森林、河流、厂房，以及灯具、马桶、空调、冰箱、桌椅、垃圾桶等，都会被抽象到数字世界，连接到网络，实现物物交流、人物交互。

3.1.1 智慧消费的特征

智慧消费本身具备一些典型的特征，如消费升级，更多人有能力参与智慧消费；智能消费、线上线下融合式的消费成为普遍现象等。

特征一：消费升级。国家统计局的数据显示，2019 年，中国居民人均可支配收入为 30733 元，其中，城镇居民人均可支配收入为 42359 元，农村居民人均可支配收入为 16021 元。2020 年，全国居民人均可支配收入为 32189 元，其中，城镇居民人均可支配收入为 43834 元，农村居民人均可支配收入为 17131 元。这种收入能力的增长带动了购买力，意味着更多人有能力追求更高品质的消费方式。

升级的品质消费方式表现为：不仅追求功能的多元与强大，还要求满足精神诉求；休闲、旅游、教育等消费持续增长；人们愿意为更好的体验买单；愿意为知识与自我提升花钱；愿意尝试科技消费与时尚消费，购买一些能改善生活的智能产品。

特征二：两线买。线上还是线下？对于零售商来说，这个问题曾是生死存亡的终极挑战。如今，二者正逐渐形成一种平衡，走向融合。对大多数消费者来讲，线上线下已经没有明显区别。

早在 2017 年，埃森哲的一个调研发现，55%的消费者增加了网购频率，但这部分活跃消费者同时也是线下消费的活跃群体。这些人经常会在线下店用手机搜索线上信息，并不是追求更低的价格，而是会比较商品的各方面信息，做一个“精明的消费者”。

一些新的消费渠道出现，如直播，激活了新的消费力量，并进一步丰富了电商模式。2019 年“双十一”期间，在美妆、服饰、食品、家电等行业，直播成为品牌工厂与商家的标配。为了带货，全球有近百个品牌的总裁与高管坐阵直播间；1.5 万名村播走进田间地头开播；20 多位县长排队进直播间为当地特产代言。

特征三：品味消费。美国社会心理学家 Fred B. Bryant 和 Veroff 在 2007 出版的专著《品味：一种新的积极体验模型》（*Savoring: A new model of positive experience*）中明确了品味的定义：“品味是指人们引起、欣赏和增强积极体验的能力，以及以这种能力为基础的加工过程。”品味产生于对个体感性体验的发现，人们注重采用物质手段来塑造个人身份，获得满足感。

品味消费同时注重消费行为本身的审美体验，注重利用商品提供一种特殊的外观。在智慧消费的浪潮中，人们追求产品带来的更美好体验；热爱带有文化气质的产品，愿意为情怀和精神买单，追求更有格调的产品，追求能够展现自身人生观、价值观的消费品牌。

如果能让消费者感到愉悦，那么他们就可能为此而买单。因此我们看到，很多公司都在想办法采用一些新的技术，并跟进时尚潮流，力图让购物体验更美好。

特征四：购物社交化。社交媒体与朋友圈里的种种推荐、分享，刺激着围观者们的好奇心和购买欲。埃森哲的调研显示，近 90%的消费者拥有自己的兴趣圈，以美食、旅游、运动健身最为普遍。兴趣圈对消费者购买行为产生了极为可观的影响力，多数消费者表示更愿意相信和购买兴趣圈中推荐的产品。

尼尔森的调研显示，87%的消费者愿意和别人分享购物体验或发表评论，其中，55%的消费者会在社交应用中分享自己的购物感受。这部分消费者更容易受到社交分享的影响和刺激，从而增加冲动购买，使消费呈现出“购买—分享—再购买”的循环式连锁反应。

特征五：物联网支持的智能消费。物联网技术的大量应用，催生出大量智能产品，一些品类开始热卖，并备受追捧，如智能音箱、智能手环、智能手表、智能扫地机器人、智能马桶、智能门锁等。

全国锁具行业信息中心的数据显示，2017年中国智能锁行业整体销量超过700万套，到2020年，中国智能门锁销量突破3500万套。2019年“双十一”期间，小米公布的米家智能门锁“双十一”战报，全平台支付金额突破1.7亿元，米家智能门锁品类全平台销量突破15万套。

中怡康公司的数据显示，2013—2018年中国扫地机器人销量逐年上升，且增速较快。2018年中国扫地机器人销量达577万台，同比增长42.12%，较2013年增长了10倍。

特征六：小众消费崛起。受益于互联网的推动，社会上形成了多个圈子，每个圈子面向不同的群体，产生了多元化、个性化的需求，小众消费时代到来。在物联网时代，智慧消费的一个明显优点是，能够挖掘更多的小众人群，随时随地满足小众需求。

小众可能是针对少数人，也可能是针对需求的大小，可分成重度需求和轻度需求，比方说有人吃素，就是重度需求者，而有些人偶尔吃素，则属于轻度需求。以中国市场的庞大，哪怕是1%的用户量，其市场规模也是非常大的。

一个只有10万名用户的海淘社区，可能带动几十亿元的年消费力；一个几万名用户的女性社群，一年可能也有几千万元成交额。

早在三星推出Note系列时就有一种观点是，用户为什么要用屏幕那么大的手机，但三星推出Note系列之后，大屏手机快速崛起。

值得注意的是，小众市场往往代表着大部分用户还没意识到的需求，如果挖掘出这部分市场，并且做得很不错，最后可能不断地将市场边界扩大。

3.1.2 案例：网易严选

以网易严选为例，可以看到智慧消费的一点真相。与网易严选类似的还有淘宝的淘宝心选、母婴电商蜜芽的兔头妈妈甄选、小米的有品、京东的京造等。

网易严选是网易旗下原创生活类自营电商品牌，走ODM（原创设计制造商）模式的经营路线，2016年开始运营，主张“好的生活，没那么贵”理念。

网易严选通过ODM模式与大牌制造商直接对接，剔除品牌溢价和中间环节，主打高性价比的商品。2016年，上线一年的网易严选直接把电商当年的数据拉到80多亿元，同比增长117.52%。不过，之后严选模式又被多家实力企业看上，淘宝心选、京东京造等精品电商的出现分走了不少市场份额。

1. 严选的模式创新

严选，顾名思义就是“严格挑选”，从源头开始，全程严格把控商品生产环节，力求帮消费者甄选最优质的商品。在很多场合下，网易严选都在强调大品牌制造商的直供，如与知名品牌 MUJI、优衣库、阿迪达斯、双立人等共用同一家供应商、保证同样的品质、相似的设计，但价格为其一半，甚至 1/10，不断强调同品质，但超低价。

严选所走的 ODM 路线的全称是 Original Design Manufacturer，即原始设计制造商模式，是指由制造商设计出某种产品后，被品牌方选中，配上品牌名称或稍作改良来生产。若无特殊协议，在 ODM 模式中，制造商可将其方案和产品一并售予多个品牌方。

有人认为网易严选做的是精选，其实不完全是，它深度参与了原料、工艺、设计、质检等多个环节，而不仅仅是筛选市场上的产品。如质检环节，网易严选会要求制造商先行打样，再送去检测，之后还有产中检测、产后检测、入库检测、巡检、抽检等，以确保产品的质量。

网易严选还曾和江苏卫视合作，推出原创设计系列产品“黑凤梨”，除在品质方面深耕外，在设计上寻求突破，据说他们的设计团队有上百人，探索各种适合消费风向的作品，在拿出设计方案后，再由制造商进行生产。

网易 CEO 曾在演讲中对严选有一个解读：我们理解的严选模式和以往的电商模式都不一样，它更新鲜、活泼，通过一些核心价值受到了大量用户的认可。例如，工厂直达、供应链路短；实行低加价率销售政策，提供超高性价比；精挑细选，款款精品；设计简约、用料环保等。最终，让用户花更少的钱、更少的时间，过上更美好的生活。

这背后反映的其实是智慧消费、智慧零售、智慧供应链的大趋势。

其一，新兴电商出现，其向上游供应链延伸，通过买手选品，参与产品设计、原料及产地控制等，提供品质可控的商品，甚至可能打上自己的商标，以自营品牌的名义出现。

其二，消费者个性化、定制化、优质商品的需求持续释放，品质电商成为消费升级的选择，而大品牌的背书显得非常重要，借助大品牌的势能可以快速打开市场局面。

其三，对供应商来讲，C2B、ODM 生产模式的价值也比较大，有助于降低市场需求的不确定性，免得走错了产品研发的路线；而在这种模式里，物联网技术发挥了巨大价值，如智能设备收集消费数据，以供品牌商们加以分析，从中发现产品趋势。

2. 严选的运营亮点

中国制造业经过几十年的发展，早已不再是只为国外大品牌提供加工业务那么简单的了，其在提升产品制造能力的同时，融入了更多创新想法，产品也更符合现代消费者的需求。

严选利用自有客户的大数据优势，将市场现在最需要的产品与供应商进行沟通，帮助供应商优化生产，从而输出更为理想的产品。

目前，随着严选平台影响力的逐渐扩大，可以向上游掌控控制链与产品设计生产工序，压低中间环节溢价，再通过口碑评价强化平台价值与购买认知，形成闭环，从而实现最大化收益。

此外，在供应商的选择上，网易严选制定了一套严格的标准，在确定要做一个品类时，会通过调研确定该品类里合适的工厂。随后，网易供应链及质检部门会先进行验厂，考察维度包括工厂基本情况、技术专利情况、新品开发能力、生产流程管控能力、质量管理能力等，最后给出一个工厂的评估分数，根据分数来确定工厂是否符合严选的硬标准。

据了解，在网易的品牌制造商界面，有 40 个国际一线品牌制造商的名字，包括无印良品、优衣库、爱马仕、CK、新秀丽等知名品牌。

网易严选与供应商合作的效率非常高，在严选上线的一年半内，跟 100 多家台企签订了战略合作协议，订单额超过 2 亿元。其中，和广硕鞋业、夹江天福观光茶园等厂商的订单额均超过千万元。很多产品推出后，经过网易的资源曝光、品牌包装迅速成了市场爆款。网易严选和广硕鞋业合作的一双毛毛虫童鞋，仅 1 个多月就带来约 20 万双鞋的订单。

3. 严控商品质量

为了提高供应链的精细化管理，网易严选并没有盲目扩张平台商品的 SKU（Stock Keeping Unit，库存量单位）。在严选上线之初，SKU 不到 200 个，即使过了半年，其 SKU 也不足 1000 个。

在后来的发展过程中，网易严选将商品逐渐扩大到家纺家居、厨卫、洗护、箱包、母婴、食品等多个品类，SKU 增长到 5000 多个。在 2017—2018 年，网易严选的 SKU 曾经扩大到 2 万个，但并没有继续带动业绩，反而导致库存积压，后来又开始压缩。2019 年以来，网易严选控制 SKU 数量，主打爆品。

整体来看，在选择 SKU 方面，网易严选还是比较谨慎的，和全美第二大零售商 Costco 超市的理念一样，并不盲目追求 SKU，而是注重把大多数品类做精、做成爆款。

4. 原创设计

在产品设计上，网易严选也在寻求突破，其主要特点是高品质、高颜值。给人印象更深刻的是，网易严选主打冷淡风格的界面设计，跟天猫、淘宝、京东烘托出热闹的购物氛围相差很大。

另外，网易严选设计团队的人数已达百人，设计中心根据消费者的需求和其本身的风格，提供日式、北欧、新古典、新中式等不同的设计方案，再由供应商进行生产。

除此之外，网易严选拥有将近 400 人的外包团队，并且这个数字还在不断扩大，其中包括很多国内、国外优秀的设计师。

在原创设计方面，打造了葫芦娃系列、樱花系列公益等爆品，前者携手《葫芦兄弟》国漫 IP 推出 7 款联名限量新品；后者则涉及居家、餐厨、洗护、海外商品等多种品类，联合樱花公益大使上线樱花公益视频，为 2020 年驰援武汉的医护人员送出樱花永生花与明信片，联合网易免费邮箱上线“樱花美好邮局”，同时把樱花系列商品所售部分销售额捐赠给武汉大学教育基金。

2020 年 3 月，网易严选在 App 众筹平台发起“春天计划”，帮助原创商家摆脱困境，对接 12 家工厂及非遗匠人工作室。

5. 强有力的创新营销

在各路力量交锋中，必须有创新才行。网易严选也在努力尝试多种新策略，在营销方面表现出色，如 2016 年“6·18”期间，凭借三件生活美学的营销活动走红，日均营业额大涨 20 倍。2018 年开始全网销售，入驻京东、天猫、拼多多等电商平台，尝试多元渠道销售。2019 年 7 月，上线了 9.9 元专区。

严选限时购，从早上 10 点开始，每 4 个小时进行一次抢购，价格比较低，能够吸引用户的回流。此外，网易严选还有拼团，就是大家一起拼，可以邀请朋友在线拼团，比原价低不少，部分拼团只能新用户参加。之前主要有两种拼团形式：一是 App 团，二是 2 人团。所谓 App 团，就是只有在网易严选 App 上才能享受拼团优惠的活动，通常价格也很低。此外，还单设了严选福利，包括今日买赠、今日特价、今日 App 价、季节折扣等。

优先购是严选发放的购买资格，用户可以通过活动获得，也能通过官方公众号、微博、粉丝群等渠道领取，进而把粉丝等引流到严选上。

严选礼品卡是一种预付费购物卡，可直接抵扣支付金额。严选红包可以在购买中抵扣支付金额。订单分享、下单等行为，都可能获得红包。

除网易严选外，小米有品、淘宝心选、京造的风头正劲，这些平台选择了轻装上阵，不参与商品的生产与供应。三个平台的 SKU 大概有两三千个，专注于不同场景的商品开发。小米有品定位精品生活电商，延续小米的爆品模式经营生活消费品，涵盖家居、日用、餐厨、家电、智能、影音、服饰、出行、文创、健康、饮食、洗护、箱包、婴童等品类，所销售的产品大多来自小米生态链上的公司，也引进了部分第三方品牌；淘宝心选瞄准设计，与设计师和原创商家合作孵化原创品牌，设计师有好作品，淘宝帮着找生产商与零售商，解决生产和销售问题；京造则采用 C2M 的模式，主推“工厂直连消费者”，根据消费者的需求创新产品，在家电、家纺、家具、个护美妆、服饰鞋包等领域打造爆款单品。

3.2 智慧消费的构成与发展方向

智慧消费是一个很大的概念，里面包含非常丰富的内容，既有传统电子商务带来的线上消费，又有社交电商促成的新消费，还有智能家居创造的新居住消费，以及随着物联网的普遍应用而实现的随时随地购物。方便的手机支付、人脸识别支付等则为智慧消费提供了结算方式支持，推动了智慧消费的发展。

1. 构成一：传统电商引爆的线上消费

是网购还是逛店，消费者在这两点上的选择已经难分伯仲，爱网购也爱逛店。精明的数字消费者喜欢货比三家，但也愿意为节约时间而埋单。

以淘宝、天猫、京东、苏宁易购、唯品会等为主要构成的传统电商平台，带火了第一拨线上消费，2018 年全国网上零售额突破 9 万亿元，其中，实物商品网上零售额为 7 万亿元。

另外，阿里巴巴 2018 财年的报告显示，中国零售市场 GMV 突破 4.82 万亿元（合 7680 亿美元），同比增长 28%。其中，淘宝的成交总额为 2.689 万亿元，比 2017 财年增长了 22%；天猫的成交总额为 2.131 万亿元，比 2017 财年增长了 36%。在 2018 财年第四季度，阿里巴巴中国零售平台的年度活跃消费者达到 5.52 亿人，比上年增长 3700 万人。

京东 2019 年 3 月公布的财报显示，2018 年全年的平台交易总额接近 1.7 万亿元，同比增长 30%。截至 2018 年 12 月 31 日，京东在过去 12 个月的活跃用户数为 3.053 亿人，2017 年同期活跃用户数为 2.925 亿人。

2. 构成二：社交电商促成的新消费

社交媒体黏性的增强让购物甚至成为社交的副产品，而社群中的兴趣圈更是成为消费的新推手，进而促成社交电商、社交零售、社交消费形态的出现。

在智慧消费的版图上，社交电商占据关键一席。这是一种什么样的模式？可以这么说，凡是基于社交关系的线上交易行为，都算社交电商，包括微商，以公众号、微博大号、抖音等为阵地的内容电商，以及淘系直播等。

社交电商的火爆离不开微信的普及，10 亿月活用户规模，占据了用户大半在线时间，触达了传统电商未能有效覆盖的用户群体。从云集到拼多多，从各种社区拼团到精选电商，整个行业在快速成长。

拼多多通过朋友之间发起拼团或相互砍价，让用户能以更低的价格甚至免费拿到商品，低价+拼团成为其模式的核心。通过多多果园、多多爱消除、金猪赚大钱等功能，将娱乐化社交元素融入电商运营，让用户通过娱乐化、游戏化的形式，体会更多的实惠和乐趣。通过拼单、砍价免费拿、助力享免单、天天领现金等功能，将实惠分享给朋友、亲人、邻居、同事等，实现了传播扩散。

还有一些网红电商运营公司，一是培养网红，二是为网红搭建与运营网店。这些公司的做法是，通过经纪业务培养或服务网红，以微博为主要阵地，帮助网红做日常内容运营和粉丝圈拓展，同时围绕网红运营店铺，提供供应链服务。

3. 构成三：共享消费模式

共享经济孕育着一种新的消费模式，可定义为共享消费模式，包括共享汽车、共享办公室等。共享经济的消费模式虽然没有创造出新产品和新技能，但通过时间、知识、产品进行连接、匹配、组合与利用，消费者会从中找到更多的个性化体验。

值得注意的是，由于共享消费模式还没有完全定型，在现实中仍可能存在信用危机、质量挑战、行为规范等问题，还需要培育共享消费文化、加大推广力度、注重产品质量等。

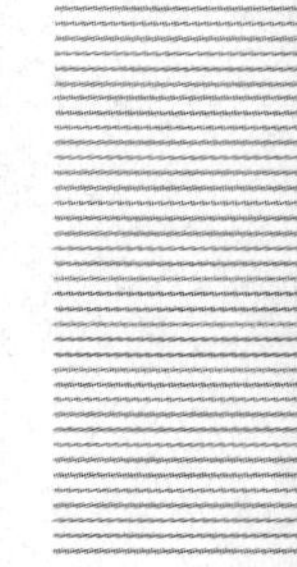

4. 构成四：返利消费模式

消费返利体现的是消费者的消费与回报关系，为消费者搭建了两个舞台：一个是让消费者通过消费，在平台可以获得一定收入的舞台；另一个是为消费者提供如何实现经济自由的知识、经验、信息等的舞台。简单来说，一个是给消费者搭建参与财富分配机会的舞台；另一个是不断提升消费者分配财富能力的舞台。

消费返利逐渐成为企业销售策略的重要内容，也是消费者十分关心的内容。事实上，消费返利就是平台将自己的部分利润返还给销售方，它既可以激励消费者重复消费的欲望，也能发动消费者邀约其他顾客加入。

5. 构成五：场景消费模式

在智慧消费的范畴里，场景消费模式有三条线：一是线下门店的场景，所见即所得会增加更多的生活场景。通过对人、货、场等相关要素的组合，构造出一个具有一定含义、氛围与效应的生活场景，进而激活消费。在线下打造沉浸式场景体验，会刺激受众线上社交行为，“拍照、发朋友圈”是其明显的特点。二是场景感知+精准推荐+即时连接的逻辑，简单来讲，就是顾客在店里逛，能够快速与他们建立连接，可以给他们精准推荐产品。三是线上的场景，借助 VR、5G 等技术，将展示做得更逼真生动，让用户更有黏性，愿意在线上体验，还愿意分享出去。

6. 构成六：智能家居消费

随着近几年物联网、人工智能技术的快速发展，传统家居行业的控制技术、传感技术、数据分析处理等智能化的程度大幅提升，智能家居行业进入快速增长期，成为智慧消费领域的热门。

IDC 数据显示，2018 年中国智能家居市场累计出货近 1.5 亿台，同比增长 36.7%。预计未来 5 年中国智能家居设备市场将持续快速增长，到 2023 年市场规模将接近 5 亿台。按 IDC 的分析，2018—2022 年，预计所有的细分市场至少增加一倍，包括家庭安全设备（监控&门禁、报警器）、智能音箱、智能照明、温控器（温湿传感器）等。

根据 Strategy Analytics 最新发布的研究报告《2019 年全球智能家居市场》的预测，消费者在智能家居相关硬件、服务和安装费用上的支出将以 11.11%的年复合增长率在 2023 年增长到 1570 亿美元。2018 年，安装智能设备/系统的家庭数量（Households with Smart Systems）为 1.89 亿户，2023 年有望增加至 2.93 亿户。

据奥维云网的测算，2020 年，中国智能家居产业规模将近 4500 亿元。智能影音受到青睐，家庭安防提速。

从 2019 年“双十一”的情况看，智能家居再次成为热点。天猫的数据显示，“双十一”预售期间，截至 2019 年 11 月 6 日，共有 5.4 万件智能门锁替换了传统的“铁将军”，5 万台智能投影仪将客厅变成“家庭影院”，扫地机器人则成为“第一爆款”，销售近 12 万台。而 2018 年全年，天猫商城共售出 13 万件智能门锁。

家居家电全自动几乎成了标配，当下最火爆的智能家电，不仅要“自己干活”，最好还要“能听会说”，在“双十一”预售产品中，70%的智能家电标配了语音控制。“听话”的智能烘干机、智能烹饪机、智能按摩器材，其销量同比增长均翻了一倍以上；电动拖把销量同比增速超 10 倍。

据数据统计机构 Canalys 的分析，2019 年第三季度，全球智能音箱出货量达 2860 万台，同比增长 44.9%。其中，亚马逊出货量达 1040 万台，占市场份额的 36.6%，同比增长 65.9%；阿里巴巴的智能音箱表现抢眼，出货量达 390 万台，位居全球第二，仅次于亚马逊，市场份额为 13.6%，同比增长 77.6%。百度位居第三，出货量为 350 万台，占据了 13.1%的市场份额，同比增长达 290%，增长强势。

海尔更名为海尔智家，在上海开设了体验中心 001 号店，全国已开设智慧家庭门店 3500 多家，继续力推“5+7+N”全场景定制化智慧成套解决方案，主打智慧客厅、智慧厨房、智慧卧室、智慧浴室、智慧阳台等方案，家居家电一站式配备。

绿米加大了招商力度，一手推智能新品，一手推全屋智能方案。

一个共识是，智能家居正在从单品爆发向系统化发展，不同品牌品类的互联互通将是重点，而全屋智能是大方向。

站在消费者的角度，有这样一个畅想流传很广，并且正在实现。

现在是早上 6 点，闹钟比平时响得要早一些。这并不是闹钟故障：智能时钟通过扫描你的日程安排，进行了调整，因为今天早上你要进行一场大型演示活动。你只需要喊一声，起床或其他指定的命令，起床模式就会自动开启，窗帘会徐徐拉开，卫浴间的热水已经准备好，你只需要打开使用。这时，智能厨房根据你的提前设定，早餐也已准备妥当。上完厕所后，智能马桶会分析排泄物，得出你的健康状况，并提出建议。在镜子面前洗漱时，这款魔镜已经分析了你的皮肤状况，给出了健康状况分析。当你下班回到家，从智能门锁识别通过之后，房间里的灯具已经按照设定模式打开，你在 App 上远程操控并设定的空调或暖气、净化器等已经启动。

3.3 智慧消费对企业经营管理、消费者与社会发展的影响

智慧消费时代已经到来，企业要想屹立潮头，获取更大的红利，就必然要在经营管理方面做出一些调整。

智慧消费的逐渐成熟与普及，对消费者、社会发展也将产生一定的影响，如消费者权益将得到更好的保护、消费主权得以进一步彰显、消费满意度还会进一步提升、消费选择空间继续扩大、社会经济发展将进入新的阶段等。

3.3.1 对企业经营管理的影响

1. “用户体验”为王

在新消费概念下，以消费者为核心必然要求更注重消费者的需求，必然要求以更加人性化、便利化、定制化作为一切经营活动的出发点和落脚点。

要多想想，我们的用户体验还有没有提升的空间、还能做什么事情去改进。

在体验这件事情上，其实是没有止境的。以前，我们想着产品好、服务态度好一点，就不错了，那时候我们会强调微笑，要露八颗牙齿。现在来看，这只是入门级的要求。消费者千辛万苦来到你的门店，如果还是没有现场体验，没有让消费者高兴或放松的氛围，那不是把他赶到网上去，或者把机会让给其他做得更好的门店吗？

江南布衣，把试衣体验做得不错，想了很多办法，比如，在公众号推出名为“不止盒子”的小程序，主打先试后买的模式，打开后其实是一个订阅式搭配服务项目，为消费者提供专业的搭配建议。消费者支付 199 元的年费，就可以获得 6 次盒子专属搭配服务。这个服务还可以不花钱买，用 3888 积分兑换。

“不止盒子”的搭配师会一对一交流，为消费者进行量身定制，并以特制盒子包装发出。消费者有 5 天的时间试穿，并选择其中满意的衣款直接下单购买，不满意的则可以退回，往返包邮费的。

盒马鲜生在现场帮消费者加工食材，提供就餐场所，现场体验，并且追求半小时内送货上门，用快速满足要求来提升用户体验；孩子王，母婴产品一站式

购物中心，门店专门打造专属空间，让孩子来玩玩具，这就是更好的体验。

2. 用好互联网，建起虚拟大店，线上线下协同

过往，我们讨论更多的是线上对线下造成的冲击，以及是否会代替线下的问题。如今线上与线下越来越融合，并且通过流量反哺线下。因此，我们要抓住线上的各种机会，用好互联网的各种新武器。

借助互联网工具，虚拟店也要建起来。传统门店有两个问题：一是货架有限，展示产品有限；二是经营时间有限。提起虚拟店，很多企业说我建了网店，做了 App，搭了个官网。虚拟大店不是为消费者建的，而是为员工建的，即员工端的微店系统。

比如，梦天木门的云店，借助 SMI 智能营销系统，搭建了云店系统，上线了大量产品与空间图，导购可以通过手机、平板或交互屏等数字化终端，为消费者展示丰富的家居案例。在终端设备上更换木门、款式、风格等，提供场景化的家居设计效果图，给消费者带来更好的体验。

3. 从经营产品到经营用户

判断一个模式好不好，至少有两个标准：一是用户体验能否大幅度提高；二是行业和企业效率能否大幅度提高。在智慧消费的模式里，经营人与经营产品一样重要，有些商家会争取留下消费者的微信，邀请消费者加入社群，而不仅仅是办一张会员卡。建立多种联系，后续会继续运营，如搞活动、发粉丝福利等。

深度运营的会员制将更加普遍，如亚马逊，将 Prime 会员体系打造得颇为成功，会员每年需要缴纳 99 美元，获得众多权益；而 Prime 会员每年会花费 1300 美元左右，比非会员高出不少。在智慧消费时代，这种会员制将更为普遍。

2018 财年，宜家会员俱乐部的会员总数有 2200 多万，比 2017 财年增长 22%；还有将近 1550 万名粉丝通过社交媒体与宜家建立联系，比 2017 财年增长 72%。

京东的 PLUS 会员制度从 2016 年 3 月上线，到 2019 年 11 月，会员规模已经突破 1500 万名。35 岁以下的年轻会员占 65%，近 60%的会员居住在一二线城市，会员中 89%是本科及以上的高学历人群，会员中的忠诚型用户占比达 98%。

2020 年，京东推出 JDP 计划，与京东健康、京东读书、酷狗音乐达成合作，

实现权益互通。其中，京东健康为 PLUS 会员提供全年 12 次在线问诊，每月体检、口腔、眼科等产品买一送一等服务；京东读书则带来了 VIP 书库免费、专属身份铭牌等读书特权；酷狗音乐带来千万曲库、付费歌曲下载等音乐特权。

尼尔森的调查显示，接近 2/3 的中国消费者认为，“更好的服务”是他们期待的会员制能带来的收益。除此之外，“打折或免费产品”，以及“特殊购物优惠时段”分别对 62%和 51%的中国消费者比较重要。

以前的会员卡，报个手机号码就能打折，这已经落后了。必须把电子会员体系建起来，会员社群运营起来。什么是电子会员？没有实体店，在线认证成会员，可以在公众号上登录，也可以在小程序、App 等平台上登录，在会员离开门店后，也能方便地联系。

江南布衣，一个女装品牌，有 600 多万电子会员。到 2017 年年末，江南布衣线下渠道会员已超过 240 万人，微信账户订阅人数超过 190 万人，微博粉丝数逾 80 万人，天猫店铺关注粉丝数逾 230 万人。任意连续 180 天内有 2 次及以上消费的活跃会员账户数目逾 29 万个，消费总额超过 5000 元的会员账户数目逾 14 万个，其消费零售额达 16.7 亿元。到 2018 年上半年，会员贡献的零售额占总销售额的 67.4%，约 11 亿元。

2014 年 5 月起，全家公司陆续上线顾客忠诚管理（CRM）、铁杆粉丝经营（Fans）和顾客终身价值（CLV）管理体系，刚开始，全家发了 249 万张会员卡，有效注册会员约 208 万人，这让全家知道了消费者是谁，了解到消费者的一些信息，并通过标记消费者在全家便利店及合作商户的购买行为，逐渐完成消费标签的提炼，掌握一定时间段内消费者来过几次、花多少钱、多久没来等信息。

在会员运营上，用积分取代折扣，每消费 1 元赠送一定的积分，积分可以兑换商品。在会员制上线半年后，全家便利店的积分总数达 9.1 亿分，平均单店每日送出积分约 3710 分，兑换分数达 2.1 亿分。在积分制的激励下，早在 2014 年，全家便利店的会员消费占比达 23.5%，会员每月到店频次达 5.25 次，客单价达 13.5 元，高于非会员客单价 2.1 元。

2019 年 6 月，爱奇艺公布会员数量超过 1 亿人，其中，付费订阅会员人数在总订阅会员人数中所占比例为 98.9%。从 2011 年 5 月 18 日推出会员专区，爱奇艺用了 8 年时间培育用户付费看视频的习惯。

同样是 2019 年第二季度，腾讯公布的视频订购账户数同比增长 30%，已经达到 9690 万个。优酷虽未披露付费订阅会员数量，但阿里巴巴财报显示，优酷日均订阅用户数同比增长 40%。

企业要想从付费电子会员方面有所突破，就要在经营管理方面下功夫，重点考虑如何通过多种办法黏住会员，如更低的折扣、多种奖励回报、持续给会员提供温情服务、特殊节日提供特殊折扣、多倍积分、特别礼品等。

4. 专门机构负责，解决新的挑战与问题

要想抓住智慧消费的趋势，需要由专业的人去负责推动，有一支团队去钻研，推出对应的产品与方案。应该考虑公司有没有这样的人，有没有组建一个专业的小组或部门，去思考智慧消费的机会，去设计对应的市场开发方案。

在智慧消费的推动下，金融机构、供应链、工厂、学校、政府机构等所有的社会元素都在全面走向数字化和智能化，数据技术驱动经营管理，C2B 成为现实，那么公司该如何应对这些变化？

以往，企业通过促销、特价就可以吸引更多的消费者，但在商品极大丰富，并且消费者已掌握大量信息、拥有更多选择的环境下，大多数营销方式正在失效，品牌力也在弱化。与消费者的关系需要重构，如何与消费者建立终身关系，这都是我们需要去解决的。

以往，商家定义自己是商品的销售者，把商品卖给消费者，这种观点需要升级，零售不光是卖产品，还应该提供生活方案，创造一种生活方式，借此留住消费者。

消费者的购买方式、渠道等日渐复杂和多样化，从购买激发到最后转化，可能会经过多个不同的触点，消费者开始全面在线，零售企业必须具备将触点数字化的能力，只有这样才能做到有的放矢，将“鱼群引流到自家鱼塘里”，这就要求我们在了解、触达与留住消费者的方式上进行数字化转型升级。

中国的人口红利将逐渐消失，必须挖掘存量市场的价值。只有不断提升精细化运营、存量运营的能力，才能在拥挤的红海市场中脱颖而出。特别是在产品渗透率提升效应边际递减的情况下，品牌需要在提升品牌复购率、客单价和开发新的使用场景、延长产品生命周期等方面发力，而这些都离不开强大的数据运营能力。

大部分中国零售企业的数字化基础较弱，虽然通过众多平台积累了一定量的用户数据，但局限于孱弱的技术开发、客户服务和供应链等后端能力，仍然无法实现快速响应和创新。

大部分企业的部门之间相互隔绝，前台一点变化就会让后台搞不定，甚至需要几个月才能满足前台的业务需求。

流程驱动大多是好的，但靠人工驱动，如订货会等都是代理商报数，很难及时掌握终端的变化，有时也未能及时反馈到后台的生产部门，结果就是畅销款缺货而滞销款已经有一堆库存。

3.3.2 对消费者与社会发展的影响

智慧消费的繁荣，将带给消费者与社会众多影响，而且大多是正向的，如更方便的购物渠道、更美好的购物体验、更实惠且质量不错的产品、个性化需求会得到更好的满足。

对社会来讲，经济结构会发生变化，形成新的经济增长点，并且影响年轻人的消费观；中低收入阶层借助智慧消费，可能获得更高的生活品质。

下面具体介绍智慧消费是如何发挥影响力的。

1. 个性化需求得到更好的满足

从需求来看，年轻消费者越来越重视个性化，期望商品能够满足自己的具体需求，期望能买到自己非常满意的东西，例如，外观是自己喜欢的，功能是自己需要的，品牌档次符合自己的期望，于是，就有了定制，可以按照自己的期望去打造产品。

2. 方便的购物渠道及新的购物方式

以前，我们的购物渠道主要是超市、便利店、购物中心、卖场、街边店、社区店等实体场所，后来增加了淘宝、天猫、京东、苏宁易购、当当网、唯品会等线上电商平台，而后又增加了许多垂直领域的电商平台，如旅游类、白酒类、时尚类平台等。

伴随着智慧消费模式的成熟，探索进入深水期，购物渠道还在增加，线上线下深度融合，随时随地都可以购物，例如，看抖音短视频的时候，觉得某个道具或主播的衣服好看，可以直接选择购买；看直播的时候，直接下单，还能拿到专属折扣价；看到一篇喜欢的文章时，觉得里面涉及的产品不错，可以直接通过作者提供的链接下单。

3. 更美好的购物体验

线上线下的购物体验都在改善，这里有思维的变化，也有各种智能工具的使用。以线上为例，以前是“买买买”，只不过是买个东西，现在会习惯性地进App里去逛，不一定需要某个东西。很多人有空就打开App去逛，还可能在上面分享一些体验、照片等。

面对这种变化，很多品牌商家也在调整，提供更好的体验，例如，发布更多的内容资讯，让消费者看得更明白；录制短视频，让网友逛得有趣；搞直播，与粉丝、潜在客户互动交流，在直播间展示产品，并进行详细介绍，如果是服装、化妆品类产品，在直播间里真人使用，可以让大家看到效果。

线下的购物体验也在发生变化，配合线上工具，对顾客行为的采集与分析、门店动线的优化等，当顾客想买某件商品时，则更容易找到。因为商家已经分析了之前顾客的行为，知道大家想买什么，进店后怎么走，重点看哪些商品等，从而对原来的陈列做改进。

同时，购物愉悦感的营造被放到很重要的位置，比如，动听的音乐、清新的环境、放松的逛店过程，以及能参加一些免费活动，体验一些黑科技，更关键的是，店里的服务特别好。

情感化、边界化、平台化、互动性的线下场所成为方向，即沉浸式场景体验，让用户全身心沉浸在购物体验中，整个流程是完整流畅的，让用户在酷爽的感觉中完成购物。

例如，言几又、方所等，本来是书店，后来既做图书销售，又设置了展览、咖啡、简餐等多种业态，在里面可以看书、可以喝饮品，也可以听讲座、办展览。这种体验是传统书店没法比的。

4. 催生新的消费观念

当代年轻人的消费观发生了明显的变化，不论消费金额、消费模式还是消费产品等都发生了一定的改变，正引导着社会消费的变革、生活模式与商品种类的丰富与差异化。

线上购物（电商、直播、3D 购物）、颜值、国潮、定制、智能、健康等是当下的消费热点，也是未来消费的主要趋势。在智慧消费的浪潮下，更会与基于新技术的新商业模式相适应。例如，智能消费品的成交额将继续快速增长，家居的智能化升级成为新趋势；直播电商预计会有更大的发展空间；云旅游、云演唱会等进一步丰富消费者的文娱生活；生鲜电商、社区团购等到家经济，凭借便捷与性价比优势将长期处于风口。

另外，在线教育、影视、共享 KTV、电竞、动漫等都会被特定群体热捧；时尚的、带有黑科技的品牌更受青睐；重视经济管理和金融类知识，很早就参与理财；对知识产权的尊重更为明显。

5. 形成新的经济增长点

智慧消费的链条很长，出现了大量新工具、新思维与新业态，同消费人群一起，形成了消费新势力，这会带动新经济增长点的形成，有利于产业结构调整与科技进步，对新经济的发展有积极的推动作用。

大众化、个性化消费快速发展，品质化、品牌化消费显著增加，绿色消费、文明消费理念普遍形成，服务消费比重大幅度提高，城乡消费差距进一步缩小。

信用体系初步建立，产品追溯体系逐步完善，侵犯知识产权和制售假冒伪劣商品行为进一步减少，消费信心和消费者满意度进一步提高。

这对创业者来讲也是好事，传统消费比较饱和，想在里面找到商机比较困难，但智慧消费还属于比较新的市场，其中机会无限，可以找到新的用武之地。

一个共识是，为了推动经济快速增长，需要借助消费端来刺激。智慧消费的崛起，有潜力成为拉动经济的强大马车。

3.4 站在营销学的角度把握智慧消费

智慧消费时代的到来，企业营销也面临新的机会与挑战。

消费者行为产生明显变化，零售商必须提供更好的客户体验，从 4P 营销（产品、价格、促销、地点）转向 4C 营销（一致性、内容、便携性、贴切性），更有机会帮助自己脱颖而出。

科特勒提出了营销 4.0，认为消费行为正在数字化，商家应重点关注青少年、女性和网民。喜欢尝试新事物的青少年，通常是新产品和新服务的早期使用者，容易创造出流行趋势和话题声量；女性在消费前喜欢收集大量信息、比价并与他人分享，她们也是家庭采购的主要决策者；网民会为自己喜爱的品牌自发创作有趣的内容，这些内容会促进一般消费者对品牌的喜爱。

科特勒对应提出了他的 4C 营销理论，具体如下。

共同创造。在开发新产品的阶段，可以听取消费者的想法和建议，甚至可以为他们打造定制化的产品和服务。

浮动定价。科特勒建议，商家可以参考酒店业和航空业调整价格的做法，根据消费者过去购买过的东西、店铺的交通便利性提供不同的定价，让获利最大化。

共同启动，相当于共享经济，像爱彼迎和 Uber 那样，将消费者拥有的产品和服务提供给其他消费者，公司成为中间平台。

对话。过去，促销信息是公司单向传递给受众的，科特勒建议，公司可以利用社交媒体，使其不仅可以和公司直接沟通，还能与其他消费者进行对话和评论。

由云计算、大数据、物联网、人工智能、VR 等新一代信息技术组成的“Retail Tech”概念已经在国内外兴起，成为引领各行业创新的重要推动力。

Retail Tech 通过对传统零售行业生态进行重构，实现传统零售商与电商的融合，配合大数据的采集与应用，对客户进行个性、高效的服务，不再局限于强调产品的功能性，更多的是重视消费者体验。

线上对线下的赋能，让线下的营销越来越好，可参与度也越来越高。线下已经不再局限于一个售卖场所，它正在努力成为一个品牌与消费者交流和对话的场景，很多企业都在这么做。

AC 尼尔森对中国消费者的分析结果显示，中国消费者行为特征已转变为：需求个性化，购买社交化、口碑化、娱乐化，购买多品牌化、一体化，对商品质量、服务、性价比的要求不断提高，购买多渠道化、移动化、碎片化，以及购买和消费过程简单化、透明化、快速化。

下面，以小米之家为例，看看其是如何应对智慧消费，并在营销上实现突破的。

小米之家是小米公司自营连锁实体店，主要为消费者提供产品展示、科技体验、增值服务、商品销售、社交互动等多种创新零售业务，同时满足消费者智能物联、消费升级、极客酷玩等需求的智能科技产品平台。

2015 年 9 月，小米之家在北京当代商城开出首家商场门店，正式布局线下零售市场。2017 年，首个小米之家旗舰店落户深圳万象天地，截至 2018 年 9 月底，小米之家已经突破 500 家。从 2019 年新开的小米之家来看，将近一半进驻了购物中心。

2017 年，小米方面曾表示未来三年，也就是 2020 年打算把小米之家开到 1000 家，5 年内让小米之家的收入达到 700 亿元。2020 年 12 月，小米又表示，2021 年，让每个县城都有小米之家，让每个米粉身边都有小米之家。2021 年 4 月，在沈阳大悦城举办全国第 5000 家小米之家开业仪式。

据小米方面透露，在印度的小米之家开业第一天就来了一万多人，整个街道全部堵塞，第一天卖了约 5000 部手机。从这之后每天约卖 500 部。

在线下零售市场仍然低迷的大背景下，小米之家能够保持扩张，是如何在智慧消费时代为零售业态插上效率的翅膀的呢？

1. 独具特色的市场定位

小米之家最初的业务是售后服务，2015 年开始，小米之家开始尝试在店内做销售。2015 年 5 月，小米 Note 顶配版线下首发，为小米之家零售之路打开了思路，随后举办了小米 4C、九号平衡车的线下品鉴会，现场也支持直接购买。

在 2016 年年初的小米发布会上，小米宣布，小米之家从服务店转型为零售店，成为小米官方直营的线下体验店。

小米之家虽然以手机销售为主，但它并不是传统的手机卖场，店内陈列 300 多个 SKU，均是小米生态链中自主孵化的明星产品，包括小米笔记本、空气净化器、净水器等智能家居硬件，以及小米手环、移动电源等手机周边配件，普遍是主打高品质、高性价比的产品。

在定位小米之家时，有如下几点考虑。

一是差异化服务，提供展示、体验、购买等服务，尤其在体验环节，营造浸入式的体验环境，让消费者在无打扰的状态下体验科技乐趣，杜绝诱导购买、推销。

二是补充小米线下品牌展示的缺失，提高消费者对小米品牌的认知，满足线下购物消费需求，同时把那些不容易在线上产生交易的高客单价产品转移到线下，如平衡车、空气净化器、净水器等。

三是做米粉的家，打造家庭气氛，传递小米与用户交朋友的企业文化，从商品陈列、增值服务、互动活动等方面，让消费者感受到家一般的体贴服务，在设计和制造环节之外营造一种年轻人喜欢的氛围，如圆角过渡、材质选择等柔软、平和的设计语言，都是为了迎合情感化的诉求。

2. 商品组合与更新

多品类、广覆盖是小米之家的品类策略。不仅卖全系列手机，还有影音设备、智能家居产品、极客酷玩产品，以及手机、计算机的周边和配件，共有 20～30 类品类、超过 200 个 SKU。到 2021 年，部分店的 SKU 已有 700 多个，覆盖消费者个人、家庭、办公、出行、旅游等不同的使用场景和用途，满足消费升级需求，并且在店内局部空间模拟家庭厨房、客厅环境进行产品展示，增强体验和购买乐趣。

有位小米的高管曾表示：如果小米之家只卖手机、电视和路由器，那么用户平均可能要一年以上才会进店一次。因此小米之家的产品线也在不断拓宽，而其中更为关键的一环是“小米生态链”，也就是小米投资的一些公司，其生产的产品也会进入小米之家。

通过低频消费产品（如手机、电视）和高频消费产品（耳机、电池、牙刷等）相结合，以及基于小米生态链模式不断推出的新品、爆品，可以大幅度增加消费者的进店频次和消费意愿，同时产品品类覆盖了儿童、青少年、中老年等不同年龄段，有助于吸引家庭体验和购物。

这些产品具体包括手环、耳机、插座、电饭煲、平衡车、滑板车、移动电源、空气净化器、无人机、自拍杆、扫地机器人、签字笔、血压计、对讲机、摄像机等。

3. 高坪效

小米之家在新零售市场之所以表现如此出色，一个关键点在于它的坪效惊人，在 2016 中国（四川）电子商务发展峰会上，小米科技创始人、董事长兼 CEO 雷军表示，每个小米之家平均 200 多平方米，每个单店平均可以做到 7000 万元，坪效（每月每平米销售额）达 25 万元。此前中国零售店比较好的坪效大概是 1.2 万元，小米做到这个效率的 20 倍。

他认为，互联网本身最重要的其实是怎么改善效率。互联网不仅是一种技术，更可能是一种思想，你用一种先进的思想去重新回顾现有的业务，会发现线下零售店也有机会干出电商的效益。因为线下零售店还有很多电商无法比拟的优势，体验和快速购买收货，这是电商给不了的。

另外，小米之家在复购率和连带购买率方面做得不错，通过粉丝化客流提升转化。加之低频+高频的产品组合，进一步带动了客户的回头率，提高了客单价。

4. 高效运营，线上线下同价

小米自建基础能力包括仓储、物流、售后维修、客服等能力，有效地保证了小米商城的发展，同样的能力直接应用于小米之家。在选址上，小米之家获得了其他渠道的大量数据，从客流量、地理位置、显眼程度、客流人群消费能力等因素进行分析，帮助店面进行城市和具体地址的选择，优化品类。

此外，在选址时，小米之家往往会对标优衣库、星巴克、无印良品等快时尚品牌，主要选在核心商圈的购物中心。随着城镇化的发展，小米选择渠道下沉，去覆盖更多四五线城市。

店内侧重店员的服务能力考核，弱化销售能力评价，鼓励店员发挥创造力，发现服务盲点、解决服务弱点。例如，消费者在小米之家可以得到免费的手机系统更新、手机贴膜、产品刻字等增值服务。

第4章

解读智慧消费的八大模式

在活跃的线上消费带动下，智慧消费已至少形成八大主流模式，包括 C2B 定制消费、场景式消费、体验式消费、共享式消费、返利式消费、会员式消费、到家式消费、社交式消费，这些消费现象全部体现了智能科技的应用、大数据的落地，以及对新消费的拥抱。

4.1 C2B 定制消费

C2B（Customer to Business，消费者到企业）既是一种新的智慧消费方式，也是一种商业模式，先由消费者提出需求，随后企业按照这种需求组织生产。这种模式也叫 C2M（Customer to Manufacturer，用户直连制造），都是工厂直接对接消费者需求的。

个性化需求是 C2B 模式成长的土壤，它驱动消费者参与到个性化定制中，消费者的参与有助于发现、确认和购买真正符合自己需求的商品。在 C2B 模式的支持下，还能满足消费者对成就感等高层次需求的追求；对劳动乐趣的追求，如创造自己喜欢的东西。

这背后是温饱问题解决之后的需求升级，也是伴随着社会分工的细化，每个社会成员的个性都得到进一步强化和细分。

在这条路上已经有很多创新。在前端，企业吸引消费者参与到设计、生产环节中，或提供相对标准化的模块，供消费者组合选择。在内部，企业提高组织能力，调整组织结构，去对接个性化需求。在后端，企业调整供应链，使其具备更强的柔性化能力，甚至要为消费者的每一种个性化需求定制一条供应链。

早些年，某品牌举行潮流 T 恤设计大赛，吸引了大概 2000 名消费者，参赛作品近万件。在参赛人群里，有专业的服装设计师、涂鸦爱好者，而更多的是品牌的普通粉丝。该品牌将最终获胜的作品投入生产，部分作品销量相当不错。

2012 年 3 月，美国礼品定制商城 CafePress 在纳斯达克上市，它的主要业务就是为用户提供设计、购买及销售 T 恤衫、帽子、手袋、马克杯、汽车贴纸等个性化礼品。用户可买到由其他用户设计并授权出售的产品，也可以自己用 CafePress 的辅助设计工具设计和订购个性化的产品，它甚至允许用户在 CafePress 上建立专卖店，以出售自己设计的产品。

海尔也在行动，其允许各地精品店按照当地消费需求，向海尔下单定制家电产品。前几年，聚划算跟海尔合作推出了定制服务，用户采用预付定金的团购方式，购买人数越多，价格越便宜。大量天猫网友投票决定了彩电的定制要求：电视尺寸、边框、清晰度、能耗、色彩、接口等，海尔则根据投票结果安排生产。短短 5 小时，超过万人购买了定制的统帅彩电，成交额突破 2000 万元。

2019 年“双十一”期间，定制产品开始常态化，消费行业从自上而下的“以产定销”逐渐转变为“以销定产”。在 2019 年京东“双十一全球好物节”活动中，主流家电品牌为京东单独开设的 200 多条独立生产线，提供了超过 3000 万件新品家电，其中，1200 多万件为反向定制的“京品家电”。

近两年来，京东联合多个厂家推出了大量 C2B 定制产品，如与双立人公司推出的新款虾粉色 20cm 不粘奶锅，2020 年“6・18”首发上线成交超 1000 套，月访客近 20 万人，加购人数近 5000 人。

京东的 C2M 定制形成了五步工作法，包括需求报告、仿真试投、厂商研产、京东首发和精准营销，先是通过行业、市场、商品、价格、人群、营销的六维数据视角，交叉分析，识别潜力细分市场，挖掘消费关注点，提供定价及产品卖点洞察，提升产品命中市场的精准度，辅助打造爆款。

另外，聚划算宣布 2019 年“All in‘双十一’三箭计划”，联合 1000 个品牌定制 1000 款爆款商品。其中包括飞鹤、全棉时代等国产品牌，也包括卡特兔、先锋等新晋的产业带品牌。飞鹤为聚划算打造了从鲜奶到发货 7 日极致新鲜的奶粉；乳胶床垫品牌金橡树专门在泰国工厂开辟专供聚划算的生产线，并研发出 500 元档的天猫“双十一”专供床垫，以极致性价比吸引消费者。

以家电为例，拼多多此前通过“新品牌计划”与兆驰股份公司合作，为平台量身定制了多款 JVC 电视，该系列电视在保留 4K 高清、智能网络等核心功能的基础上，去除多余应用，价格比其他品牌同尺寸、同品质产品降低 1/3，深受消费者喜爱。截至 2019 年 7 月底，平台仅电视产品的销量就已突破 160 万台，相比 2018 年同期上涨超过 180%。

阿里巴巴承包美的、九阳、苏泊尔等 10 个品牌的 12 条生产线，运用 C2B 模式，专为天猫特供小家电，并通过掌握的交易数据及分析成果，去指导这些生产线的研发、设计、生产、定价，进而定制消费者最需要的产品。

天猫 C2B 模式的思路是：根据天猫多年来积累的消费数据，从价格分布、关键属性、流量、成交量、消费者评价等维度建模，挖掘功能卖点、主流价格段分布、消费者需求、增值卖点来指导厂家的研发、设计和生产。

苏宁的自有家电品牌松桥、沃尔玛的自有品牌惠宜等，都采用了 C2B 模式，卖场平台借助自身掌握的大量消费者交易数据，整合上游生产资源，以实现更大利润。

2016 年，京东发布“京制”战略，拆分为服装定制和个性定制两个业务维度，分别触达不同消费者，满足对个性化设计和体验式消费的双重需求。当时，用户可在京东定制平台上选择材质、领标、领撑、口袋、扣子等，然后提交定制信息，完成定制。如果不清楚自己需要哪种尺码，还可以预约量体师上门，或选择距离自己较近的门店量体，也可以自助量体，输入自己的体征数字，系统会自动匹配合适的尺码。

2016 年，上汽大通发布 C2B 战略，用户可根据自己的需求，从“智能定制”“极客定制”“互动选车”“热销推荐”等模式中选择一种，然后按照提示进行操作，最重要的就是对变速箱、驱动形式、座椅布局等必须配置的项目进行选择。全部设置完毕后，点击“下单”，一张定制汽车订单就被发往工厂。用户可以通过上汽大通的日历订车系统，在手机上实时查看车辆生产或运输状态，并且指定一个交车时间。

2018 年 8 月，上汽大通宣布 C2B 大规模个性化智能定制模式进化到 2.0 阶段，包括全尺寸互联网 SUV D90、互联网 MPV G10 PLUS、宽体轻客车型 V80、皮卡 T60 在内的所有上汽大通在售车型，以及 MPV G50，都加入 C2B 定制行列。如果选车时有疑问，可咨询“蜘蛛智选”的 169 位工程师，另外还特设首席用户官、“后悔药”功能等，在限定的时间内，抽取一部分已经购买 D90 的车主，对他们不满意的配置提供限时免费改动，初期支持座椅布局变更、四驱功能升级、加装差速锁、饰条套装升级、加装方向盘加热功能、斑马系统升级、ADAS 功能升级。

上汽大通宣称，2017 年上市的 D90，其多达 70%的订单来自线上用户的自主定制，官方数据显示，“我行 MAXUS”平台粉丝总数达 500 万人（不计算重复用户），用户提出建议及问题总数达 1.5 万条。

2019 年 11 月 1 日，上汽大通发布了 2019 年前十个月的业绩表现，全系销量 9.2 万辆，同比增长 15.89%，超越 2018 年全年销量的 8.4 万辆。其中，2019 年 10 月销量为 1.14 万辆，同比增长 78.58%。分析认为，C2B 模式对上汽大通的业绩颇有贡献。

截至 2019 年 11 月初，上汽大通在“蜘蛛智选”平台上，支持包括 SUV、MPV、皮卡、轻客、微客、房车全系产品的个性化定制。

2021 年 4 月，上汽大通继续推行定制路线，推出四款新产品，其中，G50 Plus 是一款标准的家用 MPV，其定制车型的售价区间为 10.98 万元到 16.58 万元，用户可在“蜘蛛定制”上根据自己的需求进行个性化定制。

另外，2020 年上汽大通在国内市场售出新车 115322 辆，同比增幅达 17.22%，其中，MPV 家族车型销量为 44542 辆。这份成绩离不开独特的定制化模式。

埃沃男装、植物语和奥克斯空调等都是模块化定制领域的先行者。

埃沃男装的创始人何冠斌注意到，大部分中国男性白领并不需要复杂的个性化定制。为此，他们把一件衬衫分解为领口、袖子、版身、后摆等部分，按照流行样式在每个部分中推出不同样式供选择和组合。此外，埃沃还把定制所需的复杂信息做了简化，顾客只需填写几个关于体型的问题，并对图画中的身形进行选择，计算机系统就会基于存储的会员信息自动生成数据，完成前期定制。在后端与供应商衔接时，埃沃的计算机系统会把每个部分的尺寸、用料信息发给供应商，供应商接到订单信息后，采用相应的原料即可生产。在埃沃定制一件衬衫只需一周。

植物语的“*N*+1”护肤模式也有些类似，它把护肤品的成分分为两种，一种是主料（1），另一种是配料（*N*）。配料有 40 余种，其功效分别是美白、保湿、控油等，消费者可以根据需要自主调配主料和辅料。

聚划算与奥克斯曾发起“空调玩定制，万人大团购”活动，数万名用户在 6 天内以选票形式决定了空调的外观、功能、功率等特性。

定制家居则是 C2B 消费的一个高峰，目前已有 9 大定制家居企业成功上市，部分公司营收已突破 100 亿元，每年服务几十万客户，用户在店里或线上提交订单信息，然后由工厂安排合适的基地按需生产，接着就是发货、送货到家，由门店提供安装与售后服务。

4.2 场景式消费

场景式消费的核心是以商品主导变成以空间主导。在构建场景中，各种线上线下技术都可以被运用，包括五感提升、动线设计、虚拟现实、增强现实等，但线上和线下不是割裂的，而是要让消费者产生逛店与欣赏产品的愉悦感。

这里有一个要点，即场景消费的核心就是不仅让消费者得到物质上的满足，而且能收获精神层面的满足，继而在情景中激发消费需求。

还有一种说法是，以情景为背景、以服务为手段、以商品为道具，通过对环境、氛围的营造，让消费者在购买过程中口、耳、鼻、眼、心同时感受到“情感共振”式的体验，通过情景来打动消费者的购买欲望，从而激发消费者的共鸣，进而促进产品的销售。

在这种情况下，厂商通过场景打造，吸引更多的消费者，提高消费者成交的转化率，同时让消费者获得更好的用户体验。

下面是几个场景消费与零售的例子。

Hello Kitty 的授权店一开业就火遍上海，二楼充满 Hello Kitty 的元素，可以照相，服务员也是清一色的日式服装，还有一个 VIP 包间可以用来办活动。

粥星星是上海首家周星驰电影主题香港粥铺茶餐厅，在这里，可全方位感受周星驰电影文化，店里菜品大多以周星驰电影元素为灵感而命名，如唐伯虎烤鸡翅、牛魔王菠萝包、黯然销魂饭、超级无敌海景佛跳墙、星仔咖喱撒尿牛丸、紫霞仙子厚多士等。店里也是复古装修，让食客仿佛置身老香港，门店外招牌也醒目地写着“做人如果没梦想、跟咸鱼有什么区别”，激励着食客们继续去做那些年还未来得及做的事情。天顶区环形悬挂着复古海报、经典香港店招装饰、精致花砖地贴，就连周星驰崇拜的偶像李小龙雕塑，在这里也能被找到。餐厅玻璃上写着经典电影台词，是一碗热热的“心灵鸡汤”。

排队、拍照、发朋友圈、享用——这是拥趸们面对市场上各种“网红”食品的消费过程。在这些消费行为中，“拍照、发朋友圈”是最大的特点，也被业内人士称为“场景消费”的一种体现。

在场景消费中，你必须给顾客建立一个打动他的场景，以氛围来烘托，打动他内心的情感，促成交易便是顺理成章的事情。

例如，去宜家买东西，如果单件家居产品堆成山放在一边，可能你连挑选的欲望都没有；可如果把沙发、靠枕、茶几、杯盏装饰成一间客厅，你身临其境，就会觉得这几件物品搭配起来竟然那么漂亮，购买的欲望可能就产生了。这就是商家给消费者构建了一个场景，通过这个场景来触发消费者的购买欲望，而消费者也获得了更好的体验。

宜家一直是场景化营销的赢家，随意走进任何一家宜家门店，已经布置好的“客厅、卧室、厨房”等样板间里恰当地配置着宜家全套商品。从色彩缤纷的客厅，到风情万种的卧室，还有宜家随着季节不断变化的样板间产品，让消费者体验到家的美好，发现原来家可以这样布置。

大量样板间呈现在几万平方米的卖场里，各种风格、氛围，顾客可以随意坐卧体验，还能在宜家布置好的客厅里看书、在开放式厨房的吧台上小酌一杯，与产品的零距离互动，把生活的体验完全带进商场。

每次开业前，宜家会在新开店城市的较中心位置设立一个“体验中心”，将宜家的样板间和小件商品搬入这个体验中心内，让这个城市的消费者以最直接的方式快速了解宜家的产品和风格。

此外，宜家将场景体验摆到了公共场所，宜家法国公司和 Ubi Bene 广告公司在巴黎 Auber 地铁站的中转大厅，建造了一所 54 平方米的“宜家公寓”。5 名 28～34 周岁、来自不同背景的“室友”，在这间小公寓里共同生活了整整一周，任由往来人群驻足观看。他们每天生活的内容被录制下来，上传至 YouTube 与网友分享，引发大量关注。

在法国，宜家还改造了公交车站，用带有价格标签的沙发替代巴士站的长椅，或在街头设立一面近三层楼高，用床、书架、桌椅等家具作为“岩石”的攀岩墙。在巴黎圣拉扎尔车站前的广告牌上布置“浴室”，采用“真人秀”形式，让一名女演员站在高高的广告牌上，旁若无人地在“宜家浴室”的布景中擦头发、修指甲等，一切就像在自己家中一样。

通过这种做法，宜家把家的氛围搬到公共环境里，当人们熟悉的事情转移到不同或截然相反的环境里时，熟悉的陌生感便会激发起人们的好奇心，很多人愿意拍照，然后发布到社交网站上。

在场景消费中还有一种现象，品牌会选择一个能够击中消费者心智的标签，不仅在名称上采用独具识别性的标签引发消费者好奇，还将产品和标签高度融合，让人们在使用该产品时进一步加深对产品的认知和记忆，让场景式消费拥有独特的标签。

在购物中心、大型商场里，场景式消费也是目前的热点，建筑立面、装饰、绿化、水景、音响、灯光、标识、互动媒体等，都是营造场景体验视觉效果的重要组成元素。人文艺术、绿色生态、民俗风情等元素被购物中心巧妙地运用到场景设计中，甚至将大型的人造景观搬进商场，以吸引消费者。

购物中心把多种跨界元素整合起来，围绕同一个特定的主题共同营造体验性场所。这里不仅要动用很多新技术，还要考虑引进众多文化元素。这意味着，商场不再是单一的购物中心，而是集购物、休闲、社交、情感交流等于一体的领域。

The Lab 是一处经典的反购物中心案例。它原先是一个废弃厂房，由纽约的建筑事务所 Pompei AD 进行厂房改造后，成为完全敞开的商业区。其以年轻人为主力客群，采用冷冽且带着疏离感的后工业风进行装修。不仅卖东西，还举办艺术展、摇滚音乐会，甚至举行婚礼。

曾打造了茑屋书店的日本 Klein Dytham 建筑事务所，在曼谷顶级百货商场 Central Embassy 中大显身手，创造了充满设计感的复合式阅读空间 Open House。

在 Open House 开放式的双层场地里，餐厅、酒吧、艺廊、书店、共同工作空间等功能属性自由穿插，流动的空间里漂浮着一座座提供美食、咖啡和甜点的小岛，两层楼高的书墙都是各国艺术设计类出版物，空间中的大量沙发提供了舒适的阅读体验，即使不消费也能使用。无论是工作、休闲还是吃吃喝喝，都有舒服的角落可以待着。

武汉的群星城采纳建筑师团队的“峡谷”主题，以湖北三峡为原型，将森林、峡谷、河流等自然元素融入建筑，使大型音乐喷泉、多重水景、溪谷动线、四季花园和幻彩灯光表演有机结合，营造出绿色生态型的购物场景。选择多个节点，组织特定的场景活动，如圣诞节，群星城从北欧引入武汉最大的“活体”圣诞树，打造北欧圣诞创意市集。在春节的时候，以柳树与鲜花绿植的组合进行陈列装饰，与水景相映成趣，形成一组城市春光美景。还有像“蜡笔魔法剧”“女王花车”“伦敦雨境”“CKU 全犬种冠军展”“圣诞点灯仪式”等活动首秀，都在为场景消费加分。

商业的边界正在消失，我们看到了新零售下的商业姿态，创造出更多好玩的场景，为参与其中的人们提供有趣的体验。

数字化场景搭建与运营，在物联网技术的推动下变得更加普遍。客户想要的东西会由某个服务商主动推荐过来。你的设备，可能比你自己更了解自己。比如，总是想不起一首歌，但在搜索里居然看到了。在追剧过程中，对某个角色或场所很感兴趣，后期可能会收到关于这方面的信息。

当人们的行为被记录成数据时，人工智能就可以通过它们精准地刻画用户画像，将亿万信息精准匹配到对应的用户。在物联网时代，一切都可以媒体化，连接终端、用户和场景，智能终端收集人们所处的环境、状态等数据，将信息推送精准度从“每个人”提升至“每个人的每个场景”。

此时，那些沉浸在场景中的用户收到这些推送，并不会觉得是骚扰，而是感到获得了有益的精准资讯，提升了购物效率，节省了时间，并提高了生活品质。

移动互联网为用户提供了丰富的选择，方便了用户，同时也容易导致时间的浪费与无效工作，而物联网时代的到来，将帮助用户提升选择的效率：不再守着屏幕等用户来，而是让信息追着用户跑。未来，很有可能在一个人的生活中，所有的时间都会被智能终端的精准推送所影响。

场景式消费正在改变传统实体店，即使最传统的生意，也需要考虑如何与场景融合，进一步增强目标客户的黏性。

4.3　体验式消费

2001 年 5 月，第一家苹果零售体验店在弗吉尼亚州一个高端购物中心开业，其采用现代简约设计且位于闹市区，因此吸引了大批顾客前来体验，一周的客流量达到 5400 人。

近几年，各大品牌体验店如雨后春笋般纷纷冒头，不仅手机等电子产品开起了体验店，一些家居品牌也通过营造家居展区让顾客尽情体验家居产品。

看到体验式营销带来的好处后，很多公司开始看好这种方向。经过较长时间的探索，以及更多实用技术的应用、工具的部署，体验式消费被频繁提及，成为整个消费趋势里的主流。

体验式消费之所以广受欢迎，最根本的原因是它可以让顾客对产品产生更直观的认知和感受，同时让顾客在体验的过程中获取产品知识等附加价值。

体验式消费具有活动娱乐性强、产品体验性高、集客能力强的特点，消费者在体验中感到产品效果好，进而产生消费兴趣。因此我们能看到，国内不少知名实体企业开始搭建免费 Wi-Fi、Beacon 等信息化基础设施，推出停车、找店、排队、观影等智慧服务。

消费者除了参与促销活动，还能获得智能化的购物服务、智能停车不排队等，使得购物更流畅轻松，同时还有 AR 游戏、免费活动、机器人服务等，为购物过程增加趣味。

河南的胖东来公司在部分细节上，将体验做得很好。该公司的产品组合，

50%围绕生活需求、50%追求个性，并坚持质量好、时尚、实用、价格实惠的基本原则，不搞规模扩张，而是做精做细，从环境、商品、管理到人员的精神面貌、专业能力入手进行打造。在胖东来的店里，用服务提升购物体验的做法很多，包括多个试吃点；不满意就退货；服务不满意，投诉后能领 500 元奖励；顾客留言簿；服装部免费熨烫修；免费存车、捆绑、提供修车工具；比较大的婴儿哺乳室；专门的儿童卫生间；中西方文化墙；免费医疗急救箱；爱心轮椅，服务老年顾客；免费充电宝、免费雨伞；免费煎中药；免费报刊阅览栏；商品货架上的放大镜；拿放生鲜商品的一次性手套等。

网易考拉（2019 年被阿里巴巴收购，改为考拉海购）的线下店也做足了体验，在选品方面，通过大数据分析精选上千件爆款，帮助用户在琳琅满目的商品中快速找到喜爱的商品。请来知名设计团队，采用“隐”的理念，化繁为简地隐藏空间设计，让商品成为空间的主角，让顾客的注意力更聚焦于商品，同时将颜色美学做足，让顾客在店里购物成为一种享受。同时，网易考拉还为消费者准备了智能试衣镜、自助咖啡区、美妆体验台等，优化用户的体验。智能试衣镜采用智能终端代替传统试衣镜，购物者通过与屏幕的交互即可看见虚拟试衣效果，无须多次换装，就能获得完美的试衣体验，解决了购物者在线下试衣场景中的一系列痛点。美妆体验台提供雅诗兰黛、兰蔻、澳尔滨等品牌护肤品的免费试用，对在线下店购物的顾客，网易考拉提供 5 千米范围内的免费当日达服务，消费者购物后可选择自行带走或由网易考拉免费配送。

在多个行业，从 2019 年开始，借助科技手段搭建智慧门店，进而改善顾客体验的做法，变得更加普遍。在智慧门店中会采取一些新的技术，如人脸识别、智能推荐、大屏、3D 云设计软件、云货架、VR 场景漫游等，这样的案例越来越多，如劳卡、曲美、靓家居、箭牌等企业开的智慧门店。

还有一种做法是，借助有更大空间、更多体验环节和体验场景的大店，向消费者提供增值服务，打造更全面、极致的消费体验，例如，奥普开了千平米智能家居大店，恒洁也开了 3000 平方米旗舰店，玛格开出 4000 平方米体验馆等，里面展出了全品类的产品与大量样板间，以便顾客能感受到所见即所得的场景。

在体验式消费走俏之前，体验营销已经出现，并且出现了大量的研究者，如营销学家施密特等人在《体验营销》一书中指出，体验营销一般由 5 个部分组成，即感官体验、情感体验、思考体验、行动体验和关联体验，这些体验正是消费中非常重视的。

企业为顾客创造、提供良好的品牌体验，可以促进顾客品牌忠诚度的提升，进而提高顾客的回购率和推荐率等。

在实践中运用体验营销为顾客创造良好的体验，应该注意以下三点。

第一，在体验中传递情感。人是感性动物，虽然经济学中假定消费者都是理性的，但研究表明在实际消费中，往往都是感性因素促使消费者做出购买决策的。

在这一点上，海底捞广受好评。海底捞不仅为等待的顾客提供美甲、护理等服务，还会为独自用餐的顾客贴心地摆上一个玩偶小熊陪伴，过生日的顾客可以收到来自海底捞的意外惊喜。

因此企业在体验式消费的过程中，应尽力与消费者建立情感纽带，如通过可靠的产品与消费者之间建立信任，或者通过贴心的服务为消费者传递关怀等。

第二，在体验中传递认知价值。企业在照顾到消费者的情感感受之后，也要试图抓住消费者的理智，这一点可以通过价值的创造和传递来实现。

例如，在美妆产品的销售过程中，消费者不仅可以现场体验美妆产品的效果，还可以从导购人员的口中获得许多美妆知识。如此一来，消费者心目中所感知到的产品价值就在无形中得到了提升。

第三，在体验中传递文化和价值观。

在广州开店的某餐饮品牌，其门店内的场景、产品和服务均进行了升级迭代，提炼出山西太行山和古院落元素，以文化为引、山水旧居为境，为消费者营造了沉浸式的文化消费体验，借此制造新鲜的用餐体验，甚至成了“网红打卡点”，吸引食客拍照晒朋友圈，从而产生了很好的传播效应，进而带动新客进店体验。

还有一家餐饮品牌，门店共设计了 3 种装修风格，每一次都能给消费者带来新鲜感。1.0 版的风格色彩丰富绚丽；2.0 版是霓虹迷幻风，店内氛围颇似酒吧，看起来动感十足；3.0 版则是黑金炫酷风，精致温暖，风格更商务一些。每次都用“酷感”抓住年轻人的眼球。2.0 版霓虹迷幻风门店主要开在年轻人出入的潮流聚集地，3.0 版的黑金炫酷风门店主要开在城市 CBD 类高端商务区。

在传递文化这一点上，星巴克咖啡是比较好的案例。很多人说，星巴克卖的不是咖啡，是“第三空间”，是生活方式，是精英文化。借助文化氛围的营造及文化定位的渲染，吸引了大量商务人士在星巴克聚会、商谈与交流。

4.4　共享式消费

共享式消费其实是分享经济的一端，它代表了需求，而另一端是供给，正因为有了消费需求，又有了供给，所以才构成了庞大的分享经济市场。

这种消费模式的本质是，通过整合线下的闲散物品或服务者，让他们在特定时间段，以较低的价格提供产品或服务，让渡物品的使用权，获得一定的回报；而消费者可以通过租赁的方式暂时使用这些产品，需求方不拥有物品的所有权，而以租的方式实现共享。

目前来看，共享式消费主要有这样几个方向：共享单车、共享汽车、共享充电宝、共享住宿、共享办公、共享知识技能、共享医疗等。

先来看共享出行市场，包括网约车、共享汽车、共享单车等，国家信息中心数据显示，2020 年中国人均出行消费支出为 2311 元，其中，共享型人均消费支出为 261.7 元，占人均出行消费支出的 11.3%。CNNI 数据显示，2016—2020 年我国网约车用户规模呈波动增长态势，2018 年达到峰值，近几年来有所下降。截至 2020 年 12 月 31 日，我国网约车用户规模为 3.65 亿人。

以 Uber、滴滴为例，其将线下闲置车辆资源聚合到平台上，通过 LBS 定位技术、算法等，将平台上需要用车的乘客和距离最近的司机进行匹配，进而实现车辆资源的共享。

中国汽车工程学会和滴滴发展研究院共同发布的《中国汽车共享出行消费者调查报告》显示，中国共享经济高速增长，2017 年共享经济交易额约 4.92 万亿元，同比增长 47.2%，其中，交通领域共享出行市场的交易额为 2010 亿元，同比增长 56.8%。国家信息中心数据显示，2020 年共享出行市场规模为 2276 亿元，同比下降 15.70%，主要受新冠肺炎疫情影响，人们出行活动减少，导致共享出行市场规模首次出现下降。2019 年其市场规模曾高达 2700 亿元。

2015 年，中国汽车共享出行用户直接需求约 816 万次/天，2018 年增长到 3700 万次/天，潜在市场容量达 1.8 万亿元。

iiMedia Research（艾媒咨询）数据显示，2018 年中国网约出租车客运量达 200 亿人次，占所有出租车客运总量的 36.3%。这一数据相较于 2015 年同期提高了 26.8%，网约车已成为城市居民出行消费的重要部分。

共享单车市场从 2016 年兴起，发展出很多个品牌，只不过，这种共享单车的供给方不是社会，而是企业，然后采取按时间计费的方式租给用户使用。

易观的统计数据显示，2018 年，中国共享单车市场规模达 108 亿元，主要来自二、三线及以下城市的扩张。2019 年，共享单车活跃用户人均月度使用次数及使用时长增长显著，分别增长约 43.6%与 180%，意味着城市居民使用共享单车出行的消费习惯逐步养成。

2019 年 1—6 月，共享单车领域独立 App 端的活跃用户规模为 3000 万人左右。

共享单车市场目前存在一些痛点，正处于优化中。例如，早期单车公司为吸引用户，推出大量补贴，用车接近免费，难以覆盖经营成本；单车数量饱和，投放规模非常大，已超过需求量，单车日均使用频次低；线下运营维护跟不上，车辆检修不及时，车辆潮汐现象严重等；早期投放的单车缺乏精准定位功能，难以及时找回，损坏率比较高；用户增长放缓，已进入存量市场。

从 2018 年 2 月开始，多家公司陆续取消补贴，如取消 1 元折扣月卡活动，恢复月卡原价；随后又上调价格，如青桔、小蓝、摩拜从原来的 1 元/小时，调到 15 分钟 1 元。调研显示，仅 34.8%的受访者表示不太接受价格调整；33.7%的受访者基本接受，另有 31.5%的受访者完全接受。

面对用户规模增速放缓慢的现象，共享单车企业经营重心转向拼服务品质，以此留住用户。

接下来看共享汽车领域，截至 2018 年年末，中国共享汽车市场规模达 23.7 亿元，并且还在稳步增长。

2019 年 8 月，共享汽车 App 月活排行前五名的为 GoFun、EVCARD、盼达用车、联动云租车、摩范出行。

再看共享住宿，2018 年 11 月，中国共享住宿领域首个行业自律标准《共享住宿服务规范》发布，近几年，这一领域出现了很多探索者，如小猪短租、爱彼迎、途家、榛果民宿等，其做法是，业主把自己的房间分享出来，有需要的旅客可以订购。

国家信息中心分享经济研究中心发布的《中国共享住宿发展报告（2018）》显示，2017 年，中国共享住宿交易规模约 145 亿元，比上年增长 70.6%，当年共享住宿的参与者约为 7800 万人，主要共享住宿平台的国内房源约 300 万套。到 2018 年，共享住宿业交易额已增长到 165 亿元，同比增长 37.5%，占全部住宿业客房收入的 6.1%，参与者达 1.3 亿人，其中服务提供者超过 400 万人。

从整体上看，目前共享住宿的用户群以大学生、年轻白领等年轻人群为主。美团榛果民宿发布的《2019 城市民宿创业数据报告》显示，“90 后”及“95 后”民宿用户占比达 65%。

参与共享住宿的房东具有年轻化、高学历等特点，且随着用户数量的不断增加，需求也变得更为多元化，以往是旅游，现在还包括聚会、出差、求学、求医等。除了一线城市和新一线城市具有强大的民宿消费潜力，一些二、三线城市的共享住宿市场也在崛起。榛果民宿发布的数据显示，2018 年比 2017 年民宿消费日间夜量增速前十的城市分别是潍坊、阳江、太原等非一线城市。

2020年，国家信息中心分享经济研究中心发布的《中国共享经济发展报告（2020）》显示，2019年共享住宿交易规模为225亿元，比2018年增长36.4%。共享住宿市场互联网用户渗透率逐渐提高。2016—2019年，共享住宿用户普及率由5%提高到9.7%，收入也处于上升期，2019年共享住宿收入占全国住宿业客房收入的比重达7.3%，比2018年提高1.6个百分点。

在共享消费的发展过程中，人工智能技术正成为重要的推动力，一方面，人工智能技术的深度应用，可以推动共享平台整合海量资源、实现供需精准匹配和资源的高效利用，进而驱动新产品开发和服务创新。另一方面，共享经济为人工智能技术的新应用提供丰富的场景，驱动深度学习、自动驾驶、无人机配送等前沿技术的发展。

人工智能技术逐步在共享经济领域落地，可有效改进平台算法，捕捉用户的需求和兴趣，提升用户体验，进而促进用户点击量和订单量的提升。此外，人工智能技术的应用，还有助于释放共享平台上海量数据的潜在价值，进一步促进新业态、新模式与经济社会活动的融合发展。

以共享出行为例，展开深度学习、自然语音识别与处理、计算机视觉、自动驾驶等前瞻性研究，应用于预估到达时间、智能派单、大规模车流管理等方面，不断改善人们叫车体验。例如，智能派单利用强化学习技术构建派单算法，在预测全大供需和出行行为的基础上，优化和提升派单效率，既能提升用户出行体验，也能增加司机的收入。

在共享物流领域，运满满研发了“全国公路干线物流智能调度系统”，实现服务车主与货主的智能车货匹配，形成大空间尺度下车货路径优化及物流信息的全程追踪、可视化，将调度有效率提高到95%，干线物流空驶率降低10%，显著提升公路干线物流运输的效率。

国家信息中心分享经济研究中心发布的《中国共享经济发展年度报告（2019）》显示，2018年共享经济市场交易额为29420亿元，比2017年增长41.6%；平台员工数为598万人，比2017年增长7.5%；共享经济参与者约7.6亿人，其中，提供服务者约7500万人，同比增长7.1%。

2015—2018年，出行、住宿、餐饮等领域的共享经济新业态对行业增长的拉动作用分别为每年1.6个、2.1个和1.6个百分点。生活服务、生产能力、交通出行三个领域共享经济交易规模位列前三。

2015—2018年，网约出租车客运量占出租车总客运量的比重从9.5%提高到36.3%，收入年均增速为35.3%，是巡游出租车服务的2.7倍；共享住宿收入占住宿业客房收入的比重从 2.3%提高到 6.1%，收入年均增速约 45.7%，是传统住宿业客房收入的 12.7 倍；网约车用户在网民中的普及率由 26.3%提高到 43.2%；共享住宿用户普及率由 1.5%提高到 9.9%；共享医疗用户普及率由 11.1%提高到 19.9%。

4.5　返利式消费

“消费返利”是常见的企业营销手段，商家将自己的部分利润返还给销售方，商家设定一个消费梯度，满额有返利，相当于变相打折，这不仅可以激励消费方提升重复消费的欲望，而且还是一种很有效的针对上游企业的控制手段。

还有一种专门的返利平台，如返利网、淘宝联盟等，这些平台整合了大量商家的低价产品与优惠券，通过渠道佣金返利的方式将佣金返还给购买者，让购买者能够享受到推广利润分成，其核心就是个人流量变现。

作为一个推广返佣平台，买家在淘宝联盟上购买商品，相当于从自己推广的渠道购买，其中产生的推广佣金会返还到买家账户，一般返佣比例在 10%左右，部分类目商品返佣比例甚至高达 20%～30%。

返利网已在全球范围内与超过 2500 家商城和平台、逾 5 万家品牌商户合作，目前沉淀了超过 3000 万名最具消费动力的网购达人。最近，返利网计划投入 2 亿元打造“会买侠”原创扶持计划，鼓励更多用户产出深度优质内容，激活互动机制，全面串联种草、长草、拔草的消费路径，在返利网的内容生态中创作内容、实现价值。

返利网上有超级返、淘宝返利、商城返利、旅行返利、9 块 9 等栏目，很多商城在返利网上有商品展示，并且突出了返利优势，例如，淘宝返利最高达 48%，苏宁易购返利最高达 4%，京东返利最高达 36%，考拉海购返利最高达 2.1%，唯品会返利最高达 5.6%，国美电器返利最高达 36%，当当网返利最高达 4.2%，GAP 全场返 15%，爱彼迎全场返 3%，拼多多返利最高达 45%等。

如何识别“消费返利”是否暗含陷阱？

方法一：看返现比例。正常、正规的消费返现比例不会太高，毕竟商家还要赚钱，而“高额返现”本身不具有持续的可操作性，试想如果人人都买多少返多少，那么商家的利润从哪里来？

方法二：看返现有无时间差。某些“高额返现”不会当场兑现，而是承诺在未来相当长的一段时间内逐步按比例返还，与消费行为之间存在较长的时间差，这样就留下了操作空间。

2018年4月，中国银行保险监督管理委员会、工业和信息化部、人民银行等六部委联合发布公告，提醒消费者注意近期一些第三方平台以承诺高额甚至全额返还消费款、加盟费等吸引消费者、商家投入资金的行为。公告称，此类“消费返利”不同于正常商家返利促销活动，存在较大风险。

这些第三方平台打着“创业”“创新”的旗号，以“购物返本”“消费等于赚钱”“你消费我还钱”为噱头，吸引消费者、商家投入资金。公告指出，此类“消费返利”中存在以下问题。

第一，高额返利难以实现。返利资金主要来源于商品溢价收入、会员和加盟商缴纳的费用，多数平台不存在与其承诺回报相匹配的正当实体经济和收益，资金运转和高额返利难以长期维系。

第二，资金安全无法保障。一些平台通过线上、线下途径，以“预付消费”“充值”等方式吸收公众和商家资金，大量资金由平台控制，存在转移资金、卷款跑路的风险。

第三，运营模式存在违法风险。一些平台虚构盈利前景、承诺高额回报，授意或默许会员、加盟商虚构商品交易，直接向平台缴纳一定比例费用，谋取高额返利，平台则通过此种方式达到快速吸收公众资金的目的。部分平台还采用传销的手法，以所谓“动态收益”为诱饵，要求加入者缴纳入门费并“拉人头”发展人员加入，靠发展下线获取提成。平台及参与人员的上述行为具有非法集资、传销等违法行为的特征。

此类平台运营模式违背价值规律，一旦资金链断裂，参与者将面临严重损失。按照有关规定，参与非法集资不受法律保护，风险自担，责任自负；参与传销属违法行为，将依法承担相应责任。

4.6 会员式消费

去实体商家如理发店、美容店消费，工作人员会拉着消费者办卡充值，享受折扣；到超市、餐厅等地消费，也可以办会员卡，带来一定的优惠和消费积分。

这种会员制无论是在国外，还是在国内，都是普遍现象。会员能带来更高频的消费，以及更强的依赖性与信任度。

以电商平台为例，京东有PLUS会员、唯品会有超级VIP、网易考拉有黑卡会员、每日优鲜有优享会员、苏宁易购有SUPER会员、小红书有小红卡会员，淘宝推出了88超级会员，亚马逊更是在2005年就推出了Prime会员。

会员体系最为常见的有积分与层级体系、付费会员体系、慈善会员体系、联盟会员体系、社群会员体系等。

4.6.1　积分与层级体系

积分与层级体系是比较简单的一种体系，其建立在会员基础上，顾客不需要单独购买会员资格，只需在店里充值或消费就能成为会员。每消费 *X* 元得到 *Y* 积分，花得越多，积分越高，享受的权益越多。这种积分体系可以通过积分让消费者愿意继续到店消费。基于这种逻辑，就会出现多层级的会员体系，其特点在于，消费者消费越多，获得的权益就越多，大家耳熟能详的星巴克采用的正是这种多层级体系。

星巴克在 2010 年推出自己的会员计划——星享俱乐部，获得了非常好的市场反馈。到 2016 年，星巴克全球会员数已达 1300 万名，与 2015 年相比年增长 11%。

2017 年第二季度，星巴克会员的消费占整体营收的 36%，会员平均每单消费金额是非会员的 3 倍。

星巴克的会员分为银星、玉星和金星三个等级，在不同等级下可以享有不同的买赠和特殊节日的会员特权。每累积消费 50 元可以获得一颗星，星星越多就能升级越高的会员等级。

星巴克会跟进会员的消费行为，在关键时间节点发送通知。不断提示消费者还需要消费多少杯咖啡，就可以晋级到下一个等级，能够免费获得某些赠送，同时也会提醒保持某个级别需要再消费多少杯咖啡。

4.6.2　付费会员体系

付费会员体系需要顾客付费购买会员资格，例如，支付月费或年费成为 VIP。

对企业来讲，一般要建立坚实的消费者基础，才能吸引一定数量的付费会员，毕竟很难让一个新用户在刚接触的情况下就成为付费会员，这种付费体系基本是用来维系资深用户的。

如亚马逊的 Prime 会员，年费为 119 美元，以前只需要 79 美元，但是当年只解决 1 个问题，即保证 2 日内免费送达。Prime 中又被免费添加了诸多功能，如亚马逊音乐、亚马逊照片（无限量存储照片）、亚马逊视频（各类电影、剧集随意看）等。2018 年，JP Morgan 的数据显示，这个 119 美元的年费会员价值约 784 美元，可以说是非常超值了。

4.6.3 慈善会员体系

慈善会员体系常见的方式在于，企业拿收入的一个百分比做慈善，如将这笔钱捐给慈善机构、疾病研究机构、动物保护组织等。企业会给消费者列出几个可选的捐助机构，由消费者来选择愿意捐助的机构。

美国的 The Body Shop 就是这样，它将动物福利引入自己的会员体系。消费者除获得奖励和 VIP 待遇外，还可以选择将自己消费额的百分比捐给动物福利机构 Born Free USA。在这种会员体系下，企业与消费者不仅仅是商品、服务的交流，还是价值观的融合。

4.6.4 联盟会员体系

联盟会员体系相当于异业合作，发一张联盟的卡，消费者可以用它来买家具建材、买鞋、买零食、就餐等，只要是联盟成员，就可以通用。公开资料显示，通过 T 卡系统，茑屋书店的母公司打通日本 179 家企业的 88.7 万家店铺，实现积分通用；京东 PLUS 会员可以获赠爱奇艺会员，这就是双方数据的打通和流量共享。

4.6.5 社群会员体系

有些公司不仅建立了积分制、层级制的会员体系，而且建立了社群，把各类会员拉到群里举办活动、推送最新优惠信息等，这里就涉及社群会员体系。一般有如下几种办法：①搭建一个交流平台，粉丝可以相互交流，除了在网上交流，还可以举行线下沙龙。②以学习为目标的社群，分享课程，组织学习打卡，不时组织讨论。③股东制的社群，一个群就是一个店，通过社群卖东西，根据入会时间长短、消费数额等定级别。

以小米社群为例，聚集粉丝在社群中交流、提需求。例如，在开发 MIUI 时，让“米粉”参与其中，提出建议和要求，由工程师改进。此外，通过爆米花论坛、米粉节、同城会等活动，让用户参与进来。

爆米花是小米的官方活动，规模在 300～1000 人，曾经每个月两场，全年 24 场。同城会由“米粉”自己发起，规模在 50 人左右，全国有 300 多个。MIUI 社区的活动也是小米的官方活动，规模不等，是一种热衷手机技术研究的极客聚会，以小范围座谈研讨的形式举办。

“赚到”与“爽感”是刺激用户为会员买单的直接理由，然而在这背后，企业同样需要思考如何在满足用户需求的同时，又让自己的支出不至于太高，毕竟要盈利。阿里巴巴的 88VIP 和京东 PLUS 会员制都在不断变换、调整权益，目的是以尽量低的成本创造更大的价值。

4.7　到家式消费

所谓到家式消费，简单来讲，就是下单之后，商家把东西送到家里。一般是通过 App、小程序、公众号、微商城等某种线上渠道下单，商家收到订单之后安排送货。送货速度非常快，以前是次日达，后来变成当日达，现在已经缩短到 1 小时，甚至 30 分钟，送货速度越来越快。

一个明显的现象是，近几年消费升级拉动便捷的即时消费模式快速发展，足不出户的“1 小时购物”快速席卷全国。京东到家发布的数据显示，“1 小时购物”正式迈向全品类、全场景、全客群，并在低线城市获得了快速发展，二三线城市的 GMV 增速已超过一线城市。

2018 年，京东到家在售商品 SKU 数量增长超过 59%，消费者从习惯在即时消费平台买生鲜迈向了买一切。消费者从只在家中进行“1 小时购物”转向了全场景使用：收货地址为酒店的订单量增长达 70%，收货地址为写字楼等办公区域的订单量增长超过 110%。

在活跃用户占比上，90 后用户占比由 2017 年的 17%上升至 21%，也是在各个年龄段的用户中增长最多的。2018 年，二、三线城市的 GMV 增长速度已经超过一线城市，增速前十位的城市分别为南宁、绵阳、惠州、贵阳、温州、昆明、无锡、太原、济南、东莞。

到家消费有几种模式：平台模式、便利店模式、超市快送模式和前置仓模式等。

平台模式的代表是京东到家，邀请门店入驻平台，在消费者购物后，配送员到店取货送给消费者。平台模式落地后，发现其对商品管控力弱，不能保障消费体验。商品是否适合线上销售、商品是否丰富、消费者下单后是否有货、送货是否准时、到货后品质是否有保障、售后服务是否让消费者满意，这些问题平台模式很难解决。

便利店模式的代表是爱鲜蜂等，商品来源是便利店，消费者在 App 中下单，配送员快速送货给消费者。

超市快送模式，如物美打造的多点、永辉生活 App 等，不过单店的到家业务量不太大。盒马鲜生是店仓一体化方案，其单店线上订单占比甚至超过 70%。

前置仓模式，即纯仓库，没有门店。2014年年末，来自联想佳沃集团的高管创办了每日优鲜，主打“城市分选中心+社区配送中心”的物流体系，从传统次日达变成2小时内送达，再到目前的1小时极速达，通过干线物流的集约化运输，大幅度降低了履约成本。

从前置仓模式的经营特点来看，其选品与社区生鲜超市、菜市场类似，但前置仓模式的优势在于免费配送、价格优惠。目前每日优鲜2.0、美团买菜、永辉卫星仓、盒马小站等都在做前置仓模式，流量和成本等问题依然是前置仓模式面临的挑战。

4.8 社交式消费

社交式消费也是在分享与被分享中完成购物的，这种消费行为主要受身边的口碑、社交媒体上的信息、社群里的分享等因素影响。例如，社交电商就是典型的社交式消费，它基于人际关系网络，利用互联网社交工具，从事商品交易或服务提供的经营活动，同时，消费者受人际关系网络的影响，通过互联网社交工具消费。

“拼团”“砍价”“竞猜”“秒杀”“SNS红包”等创意购物因为符合社交网络的特点而备受用户群体喜爱。

中国互联网协会发布的《2019中国社交电商行业发展报告》显示，2019年社交电商市场规模达2万亿元，2019年社交电商消费者人数已达5.12亿人。

人们把大部分闲余时间用在社交平台上，已经没有太多精力去关注、记住某品牌卖什么东西。很多App或公众号都是先聚集一群人，然后围绕这群有共同特点的人卖给他们东西，而且这些东西可以跨越品类。

以前，消费者先产生需求然后才会有购买行为，也就是说，到门店或上网购买之前，消费者已大概想好了所要购买的东西，只是买什么品牌不确定，需要看一看、比较一下才能定下来。

如果是在网上买，消费者会根据关键信息在同类产品中搜索，这时进行交叉营销和培养忠诚度是比较难的。如果是去店里买，消费者可能会多逛几家店，听导购介绍，也可能在网上做比较，再决定怎么买。

社交式消费则不同，不论是基于兴趣而撮合起来的社群，还是基于社交关系所建立的平台，某些产品经过一些达人推荐之后便从模糊的消费意识转为购买行为。

目前的网红电商就是非常典型的社交式消费。2016 年至今是网红电商的爆发期，微信、微博、抖音、快手、小红书、淘宝直播、一直播等平台对民众生活的渗透不断深化，形成了庞大的社交消费市场，同时，网红日益职业化，出现了一批专业的原创社交内容生产者。

在小红书、抖音、快手、微博等平台上，有大量达人在分享服饰搭配、美妆教程、旅游攻略、美食测评等，这些人及他们输出的内容正在影响人们的消费决策。

以小红书为例，截至 2019 年 3 月，小红书用户已经突破 2.2 亿人，70%都是 90 后。到 2019 年 11 月，月活用户超过 1 亿人，每天产生超过 30 亿篇的笔记曝光。大量用户在上面分享各种笔记，有文字，也有图片，还有 Vlog（视频网络日志）。到 2019 年 11 月，每个月有近 1 亿人观看小红书上的 Vlog。

到 2019 年 11 月，小红书上学习相关话题下聚合了 12.4 万篇笔记，带来 1.9 亿次的阅读量。2019 年 10 月中旬，社区发起“Vlog 我的自律生活”话题，随后一个月时间有 1.5 万人的参与量和 2700 万次的浏览量。

也正是 2019 年 11 月，小红书宣布推出“创作者 123 计划”，将帮助超过 10 万名创作者粉丝过万，1 万名创作者收入过万，而这些创作者，就是社交消费里的带动者。

小红书还推出“小红心”评分体系，以小红书真实体验用户和“一人一票，每票同权”为原则，用评分还原 3000 余款单品的用户口碑。“小红心”的评分每月根据用户口碑的回收不断更新，随着社区的高速增长及相应交易端供应品类的扩大，“小红心”覆盖的单品和品类还会不断迭代。

通过把普通消费者的真实使用体验和评价转化为产品的参数，“小红心”将帮助用户做出更高效的消费决策。

小红书平台上产生了大量分享达人，影响着人们的消费决策，例如，某位宝妈在小红书上陆续分享了几十套儿童绘本。刚开始她只是记录孩子读绘本的瞬间，收获了很多妈妈的关注，之后调整方式，尽量把绘本拍得高清，撰写长文笔记，教新手妈妈们如何挑选适合自己孩子的绘本，从而收获了大量粉丝与买家。

某网友自称“小红书上的试衣间博主”，亲自去试衣间试衣，然后分享给网友。分享穿搭经验，并且帮助更多男生找到自己的穿衣风格，这让他觉得满足，而这种社交分享方式，影响了很多浏览者的穿衣选择，这正是社交消费的鲜明表现。

伴随着社交消费的火热、社交电商的繁荣，这种社交内容分享既赢得了用户的欢迎，同时孵化了大量的从业者，截至2019年10月，小红书活跃的KOL总数在5000位左右，其中粉丝数量超过百万量级的接近100位，粉丝数量在50～100万量级的接近150位，在10～50万量级的接近1500位，在1～10万量级的接近3500位。

淘宝、京东、苏宁易购等综合电商平台也在探索通过社交内容与社交电商平台去影响消费，同时加速社交消费生态的布局，如淘宝直播、淘宝达人、京东直播、京东京喜、京品推荐官、苏宁苏小团等。

以淘宝直播为例，2018年12月，淘宝方面表示，未来三年，淘宝直播将带动5000亿元规模的成交。2018年“双十二”当天，7万多场直播引导的成交额比2017年同期增长了160%；淘宝上月收入达百万级的主播超过百人，粉丝逾百万的主播超过1200人。

2019年“双十一”，淘宝直播带动的成交额近200亿元，超过10个直播间引导成交额过亿，超过50%的商家通过直播获得新增长，直播成为美妆、服饰、食品、家电、汽车等行业的标配。

以汽车行业为例，沃尔沃等十多个汽车品牌赶在天猫“双十一”开始了淘宝直播，上千家汽车4S店涌入，2000多名金牌导购转型成淘宝主播。

2020年天猫“双十一”预售第一天，欧莱雅店铺直播17小时，吸引近百万人观看，帮助品牌增加上万名新粉丝，效率远高于传统线下专柜。小米从2020年10月21日开始推出连续22天直播，首日开播10小时就吸引近20万人观看，预售订单总金额超过5000万元。芝华仕沙发2小时卖出两万件，部分型号2小时就超过2019年“双十一”销售总量。

京东推进红人孵化计划，并将为此投入至少10亿元资源，最终孵化出不超过5位的超级网红，成为京东专属“京品推荐官”。在京东App上可以看到，京东专门为“京品推荐官”搭建了专属页面，该页面分为直播会场和短视频板块。短视频板块让消费者了解各类好货，而网红们在特定的时间会进行直播比赛。京东已经通过抖音、今日头条、微博、什么值得买等内容平台，推进全域视频“种草”。

京喜是京东专门搭建的社交电商平台，主打低价、高频的日常消费品，以拼团为主，吸引用户主动分享，通过拼购价及社交玩法，刺激用户多级分享裂变，同时上线工厂直购，保证价格的优势与品质。

社交消费的趋势将表现为以下几点。

消费者受社交媒体的影响将更加深刻，购买更加碎片化，可能在社交媒体看一下视频或读一篇文章，购买决策就被影响了。

全民带货时代到来，“网红 KOL+明星入场+素人”共同参与到营销中来，既是消费者，也是带货人。营销平台多元化布局从微博、微信、抖音等社交平台转移到直播和短视频平台。

在娱乐中消费，在拼团、抢红包、返现等活动中，全民参与，集体狂欢。商家需要不断适应消费者的互动化和娱乐化消费习惯。

消费圈层化，在社交消费的背后，出现了典型的群体聚合，不同消费者群体有不同的利益点与主张，共同的圈层有共同的兴趣爱好与消费诉求，消费者可能受身边圈层或社交媒体上圈层的影响。

第5章

如何借助智慧消费提振服务、文化等新消费

服务消费、文化消费、时尚消费等都是当前重点发展的对象。从近几年的情况看，这三大消费的增速非常可观，发展前景广阔。

此外，政府出台了众多政策予以推动，不少龙头企业也在这些方向加码，市场孵化出数以万计家公司，另一个值得注意的现象是，智慧消费的繁荣，正在带动服务、文化与时尚消费的新一轮发展。

5.1 如何提质扩容服务性消费

从概念上讲，服务性消费支出是用于人们支付社会提供的各种文化和生活方面的非商品性服务的费用，可分为餐饮服务、衣着加工服务、家庭服务、医疗服务、交通通信服务、教育文化娱乐服务、居住服务和其他服务八大类别。

近年来，服务性消费的增长速度非常可观，以2019年第一季度为例，中国社会消费品零售总额同比名义增长8.3%，比2018年年末小幅回落了0.7个百分点，但同期全国居民人均服务性消费支出却增长了11.9%，比人均居民消费支出增速高出4.6个百分点。相应地，中国居民服务性消费支出占消费总支出的比重升至47.7%，较2018年同期提高1.4个百分点。这些都显示，中国居民消费升级趋势继续强化。

2019年5月的《经济日报》评论，中国服务性消费还有巨大的扩容与升级空间，从消费支出结构来看，中国居民服务性消费支出占比为47.7%，同欧美日等发达经济体还有不小差距。从时间维度来看，目前中国服务性消费占比仅相当于美国20世纪60年代末期及欧盟20世纪70年代中期的水平，后续上

升空间不言而喻[1]。

再从人均收入角度来看，国际经验表明，当人均 GDP 达到 8500 美元以后，消费升级与服务性消费占比将进入加速阶段。中国人均 GDP 已达 9780 美元，服务性消费占比提升具有强大上升动力。

在服务性消费的增长动力里，智慧消费扮演着非常关键的角色，因为有很多服务需要新的技术，尤其是智能技术、信息技术的支持，如个性化定制离不开前后端打通的成套系统；房屋的维修服务，要想激活局部翻新与快装市场，必须要有更先进的施工方式，同时还需要借助 3D 技术与 VR 体验，以激发更迫切的购买愿望。

在推动服务性消费增长方面，相关的政策也不少，如中共中央 国务院颁布实施的《关于完善促进消费体制机制进一步激发居民消费潜力的若干意见》在"总体目标"中明确要求，居民消费结构持续优化升级，服务消费占比稳步提高，全国居民恩格尔系数逐步下降。

从现实情况看，服务性消费正在快速增长。以 2018 年为例，消费观念进一步从"占有商品"向"享受服务"转变，医疗、餐饮、家政、旅游等服务供给水平持续提升，带动中国服务性消费支出快速增长。2018 年全国居民人均服务性消费支出 8781 元，占居民消费支出的比重为 44.2%，比 2017 年提升 1.6 个百分点。其中，人均饮食服务支出增长 21.7%，家庭服务支出增长 32.1%，医疗服务支出增长 20.5%，包含旅馆住宿等在内的其他服务支出增长 14.9%。

某些地方的服务性消费表现出色，如北京 2018 年实现服务性消费额近 1.37 万亿元，占市场总消费额过半，对总消费增长的贡献率达 82.6%，成为带动消费增长的主要力量。居民消费持续升级，北京全年居民人均服务性消费支出为 2.2 万元，增长 11.4%，占消费支出的比重为 54.9%。在北京新设立的企业中，信息服务业、科技服务业企业合计近 7.1 万家，注册资本达 7311.4 亿元。

从 2019 年上半年人均消费榜来看，教育、文化娱乐消费增长最快，约 10.9%，食品、烟酒消费最多。另外，居住消费支出占比也较大。居民服务性消费需求潜力正在逐步释放。

国家统计局综合司相关负责人表示，从初步核算来看，服务性消费占居民消费的比重已经接近 50%，这说明在实物性商品消费得到基本满足以后，消费者更多地向服务性消费转变。

按照国家统计局住户调查办公室的分析，2019 年上半年，居民人均教育、

① 引自经济日报：服务消费扩容升级离不开政策支持。

文化娱乐支出增长10.9%，主要是教育培训增长较快，带动教育支出增长17.4%。居民人均医疗保健支出增长9.5%，其主要原因是2018年财政补助标准进一步提高、报销药品目录扩大、异地就医直接结算更加便利、群众享受的医疗服务增多。

罗兰贝格、无冕财经等公司联合发布的《2019生活服务创新趋势报告》中指出，从消费结构看，未来教育、健康、娱乐等服务性消费将进一步扩大，而食品饮料、服装等基础物质消费支出占比逐渐缩小。收入上升使人们更加注重精神和健康需求，加上技术的进步，带动服务性消费增长。服务性消费主要向节约时间、提升体验两大方向升级。

毫无疑问，14亿人的大市场蕴藏着巨大的内需潜力，这是中国最大的潜力和底气。要使潜在的增长动力转变成现实的增长动力，关键在于抓住中国城乡居民消费结构由物质型向服务型升级的大趋势，通过改革创新破除体制机制障碍，有效扩大服务性消费的供给。

从目前服务性消费的变化来看，一方面，物质型消费在得到基本满足后，增速放缓；另一方面，全社会信息、教育、养老、健康、文化等服务性消费需求快速增长。同时呈现几个特点：从生存型到发展型，服务性消费持续升级；从同质、单一到个性、多元，服务性消费品质化特征显著；从无到有，互联网经济开辟服务性消费新领域；而互联网、人工智能、大数据等技术的普及，正推动服务性消费的智慧化发展。

经过70多年的发展，特别是改革开放40多年来，新的商业组织形式和经营方式得到快速发展，连锁经营、专业店、专卖店、仓储式商场、便利店、网上销售、各类商品交易市场、城市商业综合体等陆续出现，商业综合服务能力不断提高。目前，新技术的产生使得智慧型服务消费正快速增长，甚至有可能成为推动消费增长的中坚力量。

当前，服务性消费"有需求、缺供给"的矛盾比较突出，需求外流比较明显，这也是中国服务贸易逆差的一个重要原因。以健康产业为例，中国健康产业占GDP的比重仅为4%～5%，其供给与城乡居民对大健康的需求不相适应。

在教育培训托幼消费上，优质教育供给还相当短缺。这些都说明，服务性消费的供给短缺是制约其需求释放十分重要的原因。能否适应消费结构升级的趋势，扩大服务业的有效供给，成为改革的重要任务之一。

从现实情况看，要打破服务性消费供给短缺的状况，重点在于加快开放服务业领域市场。过去几年，中国在服务业市场开放上明显提速，在一些领域有比较大的进展，这是助推服务性消费快速增长的重要原因。同时我们也要看到，一些服务业领域的开放仍有较大的空间。如果未来几年能基本形成服务业市场开放的新格局，就可以为释放服务性消费奠定坚实的制度基础和体制保障。

5.2　如何升级时尚消费

时尚消费是一种消费行为，是一种生活方式，更是一种消费文化。在消费活动中，它体现大众对某种物质或非物质对象的追随和模仿，是消费行为，也是流行的生活方式。

时尚在消费群体中以几何级数传播，就像“病毒”，开始的时候数量很少，而后感染大量的人，直到成为一种流行趋势。例如，有些消费者希望与众不同，有些消费者追求某种突然兴起的产品。

时尚在一开始被亚文化群体接纳，再在整个社会扩散。它有两种表现：一种是示同，就是借消费来表现与自己所认同的某个社会阶层的一致性，获得一种群体成员感，也可能让消费者拥有一种进入某个圈子的感觉；另一种是示异，借消费显示与其他社会阶层的差异性。

时尚消费往往表现为很多具体的活动，如时尚品牌的消费，有珠宝、服装、化妆品等，也有看画展、参观博物馆、听音乐会、玩游戏、泡吧、护肤等。

尼尔森发布的《2019 年第三季度中国消费趋势指数报告》显示，三线城市的消费者追求潮流与时尚，56%的三线城市消费者喜欢被认为是时髦的人，明显高于一、二线城市的 44%；54%的三线城市消费者认为“我喜欢追求流行/时髦与新奇的东西”，高于一、二线城市的 48%。三线城市的消费者更愿意尝试新产品。63%的三线城市消费者对新商品或新式服务有强烈的兴趣，高于一、二线城市的 55%，56%的三线城市消费者表示自己通常是新产品的早期使用者，而一、二线城市的这一比例为 48%。此外，三线城市的消费者也更愿意为明星代言买单。44%的三线城市消费者表示会购买自己喜欢的偶像明星穿着或代言的品牌，高于一、二线城市的 38%。

2018 年麦肯锡发布的《中国时尚消费者的六大新趋势》认为，中国早已成为全球时尚品牌的必争之地，而需求不断升级、变化的中国时尚消费者，正给这个市场注入新鲜的血液和源源不断的活力。

新浪时尚发布的《2020 年当代年轻人消费数据报告》显示，出生于 20 世纪 90 年代中叶至 2010 年的年轻群体是当代潮流消费主力。关注度最高的两个潮流品类是服饰和球鞋；其次是箱包、美妆、珠宝首饰。

趋势 1：需求多样化，品味越来越个性化。

品牌知名度、体现个人品味的设计、制作精良等是消费者决定购买的首要因素。在品牌选择上，消费者更注重个人感受，开始从深层次思考品牌和个人价值的连接。

在对待国际品牌这件事情上，超过 90%的人认为“拥有国际品牌能让我跻身于某个特定群体”，他们大多是中等收入的普通白领。

趋势 2：诉求悦己化，寻求自我表达和价值观认同。

通过选择不同的国际品牌来满足和表达自己的诉求，购买不再只是单纯的货品和金钱交换，而是品牌故事和价值观的态度表达。

趋势 3：体验消费，愿意为更好的购物体验和休闲娱乐服务支付溢价。

一些商场会增加更多侧重生活方式体验的业态，如 DIY 工作坊、休闲食品和酒吧等。此外，还有一些商场则免费提供展示空间。

趋势 4：信息扁平化。

消费者获取信息的方式已经由过去单向的品牌推送，转变为由用户口碑引导的消费，消费者和品牌的接触点越来越多，其中，用户主导的信息渠道越来越重要，如亲朋推荐、用户评价、网红推广和社交媒体介绍。

新浪发布的《当代年轻人潮流消费调查问卷》显示，社交媒体和潮流 App 逐渐成为年轻一代获取潮流信息的主要渠道。社交媒体是他们连接世界、分享生活、展现自我的平台，也是学习交流、获取资讯的重要工具。另外，潮流论坛、品牌官网、代购、时尚杂志等，也是年轻人获取潮流信息的渠道。

趋势 5：决策冲动化。

消费者购买前考虑的时间越来越短，纳入考量的品牌数量却有所增多。

趋势 6：渠道合一化。

尽管绝大多数最终购买仍然在线下实现，但消费者决策历程已经全渠道化，并对在线购买国际品牌兴趣浓厚。

在太平鸟与《华丽志》联合完成的中国新生代时尚消费研究里，对中国时尚消费有这样一些分析：越年轻的消费者，越在意他人对自己穿搭的评价；男性消费者偏爱动态视觉的时尚资讯；线下体验对于培养 95 后的品牌认知至关重要；中国文化强势回归；艺术、街头潮流和娱乐化元素各有拥趸。只有牢牢抓住这些趋势，积极布局，才能扩大时尚消费的成果，从而推动时尚消费的升级。

多家时尚公司在探索新的方向与路径，如服饰行业，通过重新创建新品牌、开发新产品线等方式，为后续增长蓄力。比音勒芬推出度假旅游系列威尼斯品牌试运营店，调整产品定位和价位，主打旅游系列，推出亲子装、情侣装等，瞄准大众市场，提升销量。歌力思通过外延并购等策略，完成对海外品牌的收购，并已收购完成 4 个品牌，同时延伸亲民的产品线，较低的价格，放在一、二线城市的主品牌门店销售，丰富了产品的多样性；在三、四线城市开设专卖店，与主品牌错开，从而扩大销量。还有一些公司提供高性价比的产品，通过打造规模化及快速反应的高效供应链，获取终端销售数据，进而为生产提供指引，面向市场提供更适合的产品；渠道端跟随客流变化，布局开发新兴渠道；品牌端通过营销、跨界合作等，增强品牌影响力。例如，太平鸟推出 TOC 管理模式，打造快速反应的产业链，更高效地打造爆款，及时减少滞销品的生产量，最终达到提升售罄率的目的。

看完服饰行业的情况，再来了解一下时尚消费的重要业态——化妆品。

天猫美妆发布的数据显示，2018 年，天猫美妆销售总额同比增速超过 60%。中国美妆网、ECdataway 数据威的统计数据显示，2020 年 1—12 月，三大主流电商平台淘宝、天猫、京东的美容化妆品（特指美容护肤/美体/精油、彩妆/香水/美妆工具、美发护发/假发、美容美体仪器、个人护理/保健/按摩器材，以下同）创下了 4000 亿元以上的销售额，相较 2019 年增长 15.2%。

另据国盛证券研究所的分析，超过 80%的 90 后、接近 60%的 95 后、超过 20%的 00 后（不含 05 后）等，在天猫渠道购买过美妆品牌。预期原有线上美妆消费者将保持购买，未来 5 年该群体将新增 8000 万人至 1 亿人。因此线上美妆消费人数仍将以 5%左右的增速扩张。

跨界美妆的案例频出，体现出一些新的时尚消费趋势，例如，农夫山泉的母公司养生堂，跨界做面膜；网易严选与淘宝心选等渠道开发化妆品；出现了故宫彩妆、大白兔润唇、旺旺雪饼气垫等产品。

逐鹿美妆赛道，要想占得更大的份额，必须深挖电商渠道的价值，已经有不少公司大获成功。例如，雅诗兰黛 2019 财年前三季度亚太地区电商销售额占比超过 50%；欧莱雅 2018 年中国区电商销售额占比超过 35%；珀莱雅 2018 年全品牌电商销售额占比为 43.57%；佰草集的电商销售额占比超过 30%，高夫的电商销售额占比超过 60%；玉泽的电商销售额占比为 70%。

品牌营销也是时尚消费升级的一种推动力，如 2017—2018 年异军突起的两家国产品牌，一个是护肤品 HomeFacialPro（以下简称 HFP），另一个是彩妆品牌完美日记，在国际大牌环伺的天猫美妆平台迅速跻身前十强。

两个品牌的创始人都出自被誉为“营销黄埔军校”的宝洁公司，HFP 的成功来自微信平台，据国盛证券的统计，HFP 累计投放公众号文章 6 万多篇，每年的“种草”类营销费用为 2 亿～3 亿元（不含“硬广”等）。

完美日记的成功离不开小红书的推动，截至 2019 年 5 月，完美日记的官方号在小红书上拥有 158.8 万名粉丝，是很多知名品牌的几十倍，发表笔记 376 篇，获赞 122.3 万次。小红书平台上包含“完美日记”关键词的笔记超过 10 万篇。

5.3 如何扩大文化消费

2016 年，原文化部和财政部在全国选择了北京、上海、天津、重庆等 45 个城市，实施“扩大城乡居民文化消费试点”工作。

到 2018 年 9 月，中共中央 国务院印发《关于完善促进消费体制机制 进一步激发居民消费潜力的若干意见》，强调要“总结推广引导城乡居民扩大文化消费试点工作经验和有效模式”。之后，又有《完善促进消费体制机制实施方案（2018—2020 年）》《关于进一步激发居民文化和旅游消费潜力的意见》等文件出台。

武汉大学课题组数据显示，2017 年，全国 45 个文化消费试点城市累计投入财政资金 13.3945 亿元。2018 年，全国 45 个试点城市相关活动总参与达 53477.23 万人次，单人次获得财政补贴 1.45 元，居民平均单次消费约 7.63 元，居民单次消费平均拉动比为 1∶5.26。

截至 2018 年年末，全国 45 个文化消费试点城市累计吸引居民消费约 6 亿人次，实现文化消费约 1500 亿元，参与试点公共文化机构数量达 8344 家，参与试点企业、商户数量为 31544 家。各试点城市纷纷以扩大文化消费为抓手，动员文化企业和公共文化机构参与，抓住机遇补齐文化消费、公共服务效率的“短板”，全面提升公共文化服务效率，促进文化市场的发展。

2020 年 12 月，文化和旅游部官方网站公布第一批国家文化和旅游消费示范城市、国家文化和旅游消费试点城市名单，其中包括河北省廊坊市、内蒙古自治区鄂尔多斯市、吉林省长春市、上海市徐汇区、四川省成都市、云南省昆明市、湖北省武汉市等。

大部分试点城市以消费连接文化事业和文化产业，例如，长沙市每年投入 2000 万元用于政府购买公共文化服务，通过发放消费券等方式，培育文化消费市场。昆明市从 2017 年成为国家文化消费试点城市以来，先后出台引导城乡居民扩大文化消费、促进夜间经济发展、提振文旅消费等政策，三年投入近 1.5 亿元，有效拉动文旅消费 6.5 亿元，并培育了 30 多个活动品牌，每年举办各类文化活动超过 1.4 万场，承办大型体育竞赛 10 余项。

一些试点城市充分发挥自身旅游资源优势，将旅游与文化消费有机结合起来，如重庆市连续举办文化旅游惠民消费季、冬季旅游节等。还有如甘肃的肃南县，组织村民对自家住房进行旅游民宿改造，以旅游业带动农家乐的经营和蔬菜、牲畜等农牧产品的销售。2018 年，肃南县游客人数已达 75402 人次，其中，到访西柳沟村的游客已突破 3 万人次。

部分试点城市借助移动互联网和大数据技术，创造了“需求引导供给，供给创造需求”的循环机制，依托数字信息技术，充分挖掘公众潜在需求，进而使买方市场的供给端通过数据分析准确地做出市场预判，并在新的信息机制下创造与需求变化同步的供给。

这种借助互联网与大数据技术的做法正是智慧文化消费的表现。

武汉借助“文惠通”微信公众平台，连通居民个人、文化场馆、文旅企业和政府职能部门，建立起居民文化评价积分，用居民手机中的“积分+消费补贴”连接起文旅事业与文旅市场两端，并将演艺场所、书店、旅游主题公园、电影院和文创产品五大文化部类纳入政策激励范围。

截至 2020 年 12 月，“文惠通”注册用户达 114.03 万人，粉丝数达 71.8 万人，上线企业累计 72 家，累计店铺数达 199 家，其中，民企 32 家，占比为 44.7%，国企 40 家，占比为 55.3%，用户核销 4379.11 万元，财政已发放补贴 3890.53 万元，直接拉动消费金额 2.18 亿元，直接拉动比为 1∶5.6，带动相关领域消费比例达 1∶9，有效实现了文化消费群体和文化消费企业的双赢。

借助数字信息平台的价值链接功能，试点城市建立了多方主体的价值链接。

第一，文化产品和服务供给方、需求方之间形成了价值链接。平台在发放消费积分的同时，也在供给者与消费者之间形成了多重信息反馈回路。

第二，在不同供给主体之间形成价值链接。事业型文化供给单位和市场型文化供给机构通过消费平台链接在一起，借助评价积分实现连通，形成新的共生格局。

第三，在文化行业与城市整体发展间形成价值链接。文化和旅游消费与城市智慧公共场馆、智慧城市管理链接，游客信息和客流数据等的汇集有利于推进智慧城市建设。

南京市对演艺行业采取消费积分补贴和奖励补贴两种方式，消费者在享受直接消费补贴后，票款剩余部分形成积分，在消费者再次购买政府指定剧目时可作现金抵用，双重补贴叠加最高可达40%。2017年，南京市落实了1500万元专项资金用于推进演艺消费，分5批次遴选出139部251场剧目予以补贴。

从市场现状来看，文化消费增长形势非常不错。国家统计局发布的对全国5.8万家规模以上文化及相关产业企业调查结果显示，2019年，上述企业实现营业收入86624亿元，按可比口径计算比上年增长7.0%，保持平稳、较快增长。文化及相关产业9个行业的营业收入均实现增长。

具体来看，新闻信息服务营业收入为6800亿元，比2018年增长23.0%；文化投资运营收入为221亿元，同比增长13.8%；创意设计服务收入为12276亿元，同比增长11.3%。

在产业类型上，文化制造业营业收入为36739亿元，比2018年增长3.2%；文化批发和零售业收入为14726亿元，同比增长4.4%；文化服务业收入为35159亿元，同比增长12.4%。

几个具体文化领域的消费情况如下。

电影：2019年，全国票房为642.66亿元，较2018年同比增长5.4%，其中，国产片份额达64.07%。票房前10名的影片中有8部为国产影片，票房过10亿元的15部影片中有10部为国产影片。同年，全国新增银幕9708块，银幕总数达69787块，银幕总数全球领先的地位更加巩固。全国观影人次达17.27亿人次，较2018年略有增长。

二次元：原本小众的“二次元”文化创造了巨大的经济价值。2019年在上海举办的第十五届中国国际动漫游戏博览会吸引了350余家海内外企业参展，中外参观者多达24.1万人次，现场交易额逾2.57亿元，创历届新高。

《2019—2020中国二次元视频行业专题研究报告》显示，中国二次元市场规模正在逐步扩大，2019年中国二次元用户规模约3.32亿，预计2021年将突破4亿人。另外，《2020快手内容生态半年报》显示，截至2020年6月，快手二次元日活用户达到5000万人。

要想继续提振文化消费，有必要深入了解消费者是怎么想的，他们还需要什么，还有哪些方面没有做好，进而有针对性地提供文化产品与服务。2019年上半年，中国旅游研究院与上海创图公共文化和休闲实验室联合展开一项研究，其中一些消费数据显示：51.78%的受访者认为“文化消费能提高人的生活质量和幸福感，比衣食住行更重要”，38.74%的受访者认为“文化消费属于生活必需品，跟衣食住行一样重要”。在文化活动形式的选择方面，受访者选择“参观博物馆或文化古迹”的比重最高，达到 44.81%。对于“三馆”（图书馆、科技馆、纪念馆）、影剧院等文化活动的参与频率普遍为“半年一两次”。

从消费动机来看，城镇居民对于增长知识、提升修养和亲子育儿的文化体验需求更高，愿意为更高的文化体验需求买单，城镇居民文化消费 500～1000 元的占比为 37.27%，1000 元以上消费占比为 22.83%。农村居民文化消费 500～1000 元的占比为 30.84%，1000 元以上消费占比为 15.90%，100 元以下消费占比为 18.82%。

在文化体验的意愿方面，选择“现代科技文化”的受访者较多，占比为 50.32%，其次是“传统民族文化”“红色军旅文化”等项目。在对网络平台消费项目的调查中，受访者更多倾向于选择“公益文化活动”（占比为 60.80%），其次为“培训课程”（占比为 45.19%）和“文创商品”项目（占比为 43.55%）。

文化消费的信息获取渠道主要是“微博、微信等朋友圈”，占比为 54.59%，其次为“广播、电视等传统媒体”和“添加关注的各地文化云等信息发布平台”。文化消费的预订渠道主要是“手机端”，占比为 61.59%。文化消费的支付方式主要是“移动支付”，占比为 49.68%，其次为“现金”和“刷卡”。这意味着，我们在做文化产品的推广时，有必要重点利用好这些渠道。

在扩大文化消费的办法上，以书店为例，以前的书店就是卖书，而现在已经成了多元业态，成为文化空间，如言几又，店里不仅卖书，还有咖啡馆、主题餐厅、创客空间、儿童乐园等多文化互动项目。有些店还结合了超市、冰激凌店、美容美发店、照相馆等多种生活业态。

言几又在十年前做书店时，就已在全国积攒了 20 万喜欢读书的会员。当社群运营被逐渐重视后，其通过线上线下运作，进行一些粉丝活动，包括组织会员的群、会员聚会等。线下活动大多是手工体验、文创类的。言几又不遗余力地挖掘出很多手工品牌、匠人品牌，建立匠人和消费者的连接。近几年，言几又已在北京、上海、成都、西安开设分店，成为各大购物中心人流量排行前列的文创品牌，正被打造成城市文化空间。

正是这些积极的改变，才让书店这种文化消费得以延续。综合来看，书店这种消费形态的变化具体包括以下几点。

（1）书店进行场景变革，颠覆了以往的传统，如长沙 BOOLINK 书店、江苏南京凤凰云书坊、上海光的空间、文轩 BOOKS、萧山零点书房、沈阳生态主题书店等，都是颜值和人气超高的“网红”书店。

（2）除颜值不断提升外，新概念、新科技层出不穷。例如，“快闪书店”思南书局、主打“共享”概念的合肥三孝口新华书店、天猫首家无人书店——志达书店等；北京发行集团和浙江新华书店还通过智能售书机器人在技术驱动方面做出了新尝试。

（3）社会资本、金融资本、电商、出版社纷纷进军书店领域。现在，不少新开业的购物中心都会布局一家书店，如西西弗、钟书阁、言几又或其他品牌书店。民营上市书企新经典收购 PAGEONE，当当、京东和天猫纷纷布局线下实体书店。

（4）书店要连接多种生活空间。上海三联书店出版社与亚朵酒店达成战略合作，在酒店大堂打造“上海三联 24 小时阅读空间”，住店客人可以在亚朵酒店的 200 多家门店实现借书、还书；文轩 BOOKS 与宜家进行跨界合作，将图书元素植入宜家样板间中。

以前读者去书店，更多的是买书和选书；而现在，大家会买杯咖啡，在书店里安静地看书，有时候甚至可以在书店里待一整天；周末也常去书店参加一些分享会和讲座，丰富自己的业余生活；在逛街时路过书店，进去看看，有心仪的文创产品顺手就买了。

在目前的环境下，书店不仅是卖书场所，而且是流量入口，衍生出“书店+商场”的模式，在书店里看书不花钱，但在商场里能吃饭、购物，产生消费。

智慧消费还体现在一个关键点上，即书店开始细分人群，根据周边人群的消费数据与构成，突出对应的选品。例如，西西弗在深圳运营的 1234space 店和万象城店，1234space 店偏向平民化，偏重大众喜爱的文学、心理、励志类图书；万象城店的主力客群则是中产家庭与精英，同时家庭型用户较多，倾向于中高品质的亲子阅读产品，增加了“7&12 阅听课”儿童特色区，满足家庭客群对儿童阅读的需求。

以新华文轩为例，旗下实体书店品牌矩阵包括满足学生、儿童和家庭用户刚性需求的“新华文轩”、都市白领慢读生活体验地“轩客会”、聚焦 80 后家庭和 90 后年轻人的“文轩 BOOKS”、服务于政府公共文化体系的“读读书吧”等；广州新华“约阅 bookbar”以大学城校园社区为立足点，精准定位大学生群体。

在政策方面，主管部门持续对文化旅游的智慧消费提供激励，2019 年 12 月，文化和旅游部召开第四季度例行新闻发布会，文化和旅游部产业发展司负责人表示，改善文化和旅游消费环境，对传统演出场所和博物馆进行设施改造提升，推进文体商旅综合体、具有文旅特色的高品质步行街建设，引导演出、文化娱乐、景区景点等场所广泛应用互联网售票、二维码验票等。

第6章

消费金融激活智慧消费

随着中国经济的持续发展、居民收入水平的持续提高，以及提前消费意识的觉醒，中国消费金融市场规模持续扩大，用户量快速增长。中国银行业协会发布的《中国消费金融公司发展报告（2019）》显示，截至2019年9月底，中国消费金融公司贷款余额为4604亿元，累计服务客户超过1亿人次。截至2020年6月底，26家持牌消费金融公司的贷款余额为4686.1亿元，服务客户数达1.4亿人。2010—2018年，消费贷款规模实现4倍增长；消费贷款占总贷款余额比重逐年上升，由2010年的23%增至2018年的35%。

截至2019年9月底，消费贷款高达13.34万亿元，同比增长17.4%。消费金融渗透率快速提升，由2016年的20.2%迅速提升至2018年的34.6%。同时，监管趋严、经营成本提高，使得消费金融市场竞争更为激烈，部分公司退出市场。

北大光华和度小满金融科技联合实验室发布的《2019年中国消费金融年度报告》显示，90后、00后人口超过3亿人，逐步成长为消费主力，同时，年轻群体倾向于信用消费，对生活品质与休闲娱乐的追求又进一步促进信用消费需求。

下沉市场拥有庞大的人口基数及更强的消费意愿：二、三线城市消费意愿超过一线城市，特别是三线城市消费趋势指数增长显著。下沉市场已成消费金融线上、线下必争之地。中金公司的分析认为，在下沉市场中，24岁以下人群关注消费金融，截至2019年4月中旬，消费金融类App总历史存量为5730个，其中，已下架数量达4637个，目前在线数量为1093个，有效包体（2018—2019年有更新的）为461个。

6.1 消费金融的业务模式与场景产品

在电商购物中，消费分期、商城白条等已经接近标配。市场上有需求建立消费金融产品的电商主要分两种：一种希望能够通过消费金融来扩大营业额，从而巩固电商交易业务；另一种则愿意从 0 做起，自建消费金融产品，从电商体系内演化出新的金融业务。

电商平台引入消费金融功能，主要从三个方面考虑。

（1）从电商业务发展角度看，通过分期消费可以降低支付门槛，不仅可以提升老用户的复购率，同时可以挖掘更多潜在消费者，最终提高电商成交量与营业额。

（2）从跨界流量变现角度看，可以将流量从交易场景切入金融服务。成熟的消费分期产品不仅能实现流量变现，而且有可能利用消费分期，交叉营销出更多新的金融业务。

（3）从同业竞争角度来看，目前的分期功能已经是主流电商收银台的重要支付方式。即便是中小型电商也有必要配置消费分期功能，这也是增加同业竞争力的方式。

蚂蚁金服推出的“花呗”，从促进电商销售、增加用户数量、提高金融利润等方面都是业界的典型案例。公开数据显示，花呗的用户早在 2017 年就已经突破 1 亿人，其中 90 后有 4500 万人，创造年净利润高达 34 亿元。

以贝贝网为例，贝贝网是国内领先的家庭消费电商，其推出的“贝分期”产品支持免息购物，灵活多期还款。面向用户提供消费分期功能，用户可以在购买阶段填写资料获得消费额度，分期支付。另外，老客户可以通过系统后台直接激活免息购物额度。

海尔消费金融推出“家电贷”产品，凡购买过或计划购买海尔系列品牌家电的用户，都可申请额度最高达 20 万元的信用贷款。额度可供用户在嗨付 App 线上家电商城及顺逛商城上分期购买家电，或在海尔线下专卖店扫码贷款买家电。同时，海尔还连接了红星美凯龙、电信、有住、橙家等商户，为用户构建家居分期、家装分期、旅行分期、教育分期、医美分期等多个消费场景。

海尔消费金融推出的嗨付 App 是承接线上信用借款、商品分期、会员服务，以及线下扫码分期的金融服务平台。用户可进行线上申请额度、支用额度、自主提额、主动还款、积分兑换等，也可以在 App 的分期商城中购买 3～12 期免息分期商品。嗨付还连接了用户与线下消费场景，用户通过 App 扫描商户二维码即可自助在线提交资料完成申请，改变了人们对线下消费分期手续多、资料繁杂、审批慢、流程长的印象。

在海尔消费金融旗下还有一个够花 App，是海尔消费金融为年轻白领用户群体打造的轻量化信用借款产品，注册、额度申请、激活、支用、还款等皆可在线办理，借款日息低至万分之四。

FinX 金融统计显示，截至 2018 年年末，邮储银行、建设银行、工商银行、农业银行、招商银行和平安银行公布了个人消费贷业务数据（不含信用卡和房贷），个人消费贷款余额总规模达 1.3 万亿元。除工商银行在贷余额缩减 517 亿元外，其他 5 家银行合计增长 1275 亿元。

到 2018 年年末，邮储银行的个人消费贷余额为 2755 亿元，代表产品是邮薪贷。建设银行的个人消费贷余额为 2101 亿元，代表产品是快贷。工商银行的个人消费贷余额为 2042 亿元，代表产品是融 e 借。农业银行的个人消费贷余额为 1580 亿元，代表产品是网捷贷。招商银行的个人消费贷余额为 1546 亿元，代表产品是闪电贷。平安银行的个人消费贷余额为 3257 亿元，代表产品是新一贷。

中信银行的“信秒贷”累计接入公积金和税金直连式数据、非直连式数据渠道逾 140 家。中国银行推出虚拟信用卡，以及易分享自动分期、优客分期、汽车衍生消费分期等消费分期产品，开展二手车、汽车租赁、婚育等分期试点。

根据中国邮储银行的 2020 年年报，个人消费贷款余额为 2.36 万亿元，较 2019 年年末增加 3456.01 亿元。交通银行业绩报告显示，截至 2021 年上半年，交通银行线上个人消费信贷产品“惠民贷”累计申请数达 634 万户，累计发放贷款 1736.68 亿元。截至 2021 年 9 月末，平安银行个人贷款余额约为 1.836 万亿元，比 2020 年年末增长 14.4%。

值得注意的是，互联网消费金融的快速发展与普及，对消费潜力的激活作用非常明显。2019 年，北大光华、度小满金融科技联合实验室发布《2019 年中国消费金融年度报告》，其中提到消费贷款规模超过 13 万亿元，新消费主义崛起，90 后、00 后成长为消费新势力。到 2021 年，南方财经全媒体集团旗下智库 21 世纪资管研究院发布《中国消费金融行业可持续发展报告》，其中提到，央行数据统计显示，狭义消费贷款规模从 2015 年年末的 4.78 万亿元增加到 2020 年年末的 15.13 万亿元，5 年间增加了 10.35 万亿元。中国银行业协会发布的《中国消费金融公司发展报告（2021）》数据显示，截至 2020 年年末，消费金融公司资产规模首次突破 5000 亿元，达 5246.49 亿元，同比增长 5.18%；贷款余额为 4927.8 亿元，同比增长 4.34%；累计服务客户 16339.47 万人（为各家机构数据加总，并未剔除重复情形），同比增长 28.37%。

6.2 如何带动智慧消费

在中国经济转型、为实体经济寻找新的可持续增长内生动力的当下，消费对实体经济的拉动作用愈发重要，而消费金融正成为服务实体经济增长的一大推进器。

从2011年起，消费对中国GDP增长的贡献率一直超过50%，经常会比投资高几十个百分点，稳居三驾马车之首。

消费积极增长的势头既与经济转型政策有关，也与消费能力、消费观念等挂钩。在影响消费能力、消费观念的因素中，消费金融作为新的经济模式功不可没，消费金融也在发挥着提速消费增长、促进实体经济的推动作用。

带动市场规模扩张的是消费支出的增加，国家统计局发布的数据显示，2018年最终消费支出对经济增长的贡献率达76.2%，消费的规模增长和结构升级带动了消费贷款的发展。同时，截至2018年12月末，全部金融机构人民币消费贷款余额达37.79万亿元，增加了6.27万亿元。其中，个人短期消费贷款余额达8.8万亿元。

消费增长的效果传导到实体经济层面，其表现形式就是消费对国民生产总值的增长贡献率增加。2019年上半年，消费支出增长对经济增长的贡献率高达60.1%，在全部居民最终消费支出中，服务消费占比为49.4%，比2018年同期提高0.6个百分点。

社会普遍对“消费支出”发挥着经济运行的“压舱石”“稳定器”作用予以肯定，如何让这个“中国经济增长主引擎”持续发挥作用也是一大课题。消费支出的增长背后其实也有消费金融的促进作用。中国人民银行发布的《金融机构贷款投向统计报告》显示，2019年年末，住户消费性贷款余额为43.98万亿元，同比增长16.3%，全年增加6.17万亿元。到2020年年末，住户消费性贷款余额为49.57万亿元，同比增长12.7%。

虽然监管部门加强对个人消费贷款的监管，引导金融机构强化消费贷款用途监测，消费贷款增速确实有所放缓，但依旧保持增长。预计未来一段时间，得益于消费升级及新兴领域消费持续带来的巨大动能，消费贷款仍能保持较快的增长。

有研究学者指出，消费金融可以化解供给和需求、生产和消费之间时间差距、购买力差距等阻碍，使现时购买力不足的潜在消费者转化为现实消费者，将社会远期购买力变为即期购买力，从而解决生产力闲置、购买需求存在而购买力不匹配等问题。

中国社会科学院学部委员、国家金融与发展实验室理事长李扬在接受采访时曾表示，消费的增长和消费金融的蓬勃发展是相辅相成的，消费金融的发展让广大低收入民众有了使用金融手段提升自己现实消费水平的机会。

中国银保监会办公厅发布的《关于进一步做好信贷工作提升服务实体经济质效的通知》曾特别提及："积极发展消费金融，增强消费对经济的拉动作用，适应多样化多层次消费需求，提供和改进差异化金融产品与服务。"显然，监管部门对消费金融的正向支持有利于行业进一步健康发展。

在接受《投资时报》记者采访时，经济学家宋清辉曾表示，管理层在有关文件中提出的"积极发展消费金融，增强消费对经济的拉动作用"向外释放了消费金融将会大步向前的信号。当前，消费市场已经成为中国经济增长最大的动力源，在消费金融的加码作用下，消费将持续为国民生产总值做出贡献。

互联网消费金融贴近消费者，可以通过对消费品灵活多样的定价与支付模式设计出更符合市场预期的消费信贷产品，深受广大长尾用户喜爱。尤其是对长尾人群消费的刺激和拉动非常明显。另外，与垂直行业的深入结合，如在旅游、教育、租房、购物等领域的渗透，可利用信用贷款购买的服务种类日益增多，进一步激活了消费。再者，信息技术与消费信贷业务的深度融合，使得消费者基本不受金融机构营业时间和办理空间的限制，用户在线提交身份信息后，平台可基于大数据做出审核，快速完成判断，及时授予信用额度。

接下来看几款互联网消费金融产品的情况，从中能看出对消费的促进。

1. 京东白条

京东白条 2014 年上线，增长快速，截至 2017 年 6 月末、2017 年年末及 2018 年年底，京东白条应收账款余额分别为 256.04 亿元、330 亿元、344.49 亿元。到 2019 年 6 月末，京东白条应收账款余额已增长到 411.32 亿元。

2019 年"双十一"时，京东白条交易额仅仅用了 10 秒便成功破亿元。

到 2020 年年末，京东白条应收账款余额增长至 592.42 亿元，同比增长 34.27%；不良率为 0.51%，较 2019 年年末下降 0.06%；逾期率为 1.24%，较 2019 年年末下降 0.69%。

京东在白条的机制设计上，由此前的预筛选白名单模式转变成面向全部用户开放，在场景布局上，白条已走出京东体系，覆盖装修、租房、车险、驾校等大众消费领域。

京东白条业务采用了全流程数据驱动风控系统，该系统包含风险数据集市、评分模型、风险策略和风险决策引擎等主要模块。其中，风险数据集市包含丰富的客户数据，包括消费数据、物流数据、支付数据。

贷前阶段，京东白条主要以白名单模型为主，通过风险数据集市中的相应模型识别出欺诈、批量注册、恶意抢购、售后恶意退货返修、信贷不良等用户，对优质用户进行筛选，生成白名单，配合相应营销模型进行营销。

对经过贷前筛选的申请用户，将使用申请评分模型对用户进行打分，并将申请用户按照分数归类，决策引擎配合相应管理策略规则对优质用户实行自动通过处理，对关注客户向管理员发出提醒，对劣质客户将直接自动拒绝。同时，额度测算模型将对已准入的客户进行购买力评估，给出相应的白条额度。

京东的消费金融信贷产品已形成体系，包括京东白条、消费分期贷款及金条等。

零壹财经的分析显示，从笔数来看，京东白条业务借款金额集中在0～1000元，占比达94.24%。从OPB（单笔入池应收账款未偿本金余额）来看，京东白条业务借款金额集中在0～5000元，占比达92.31%。

2. 蚂蚁花呗

阿里巴巴的蚂蚁花呗于2015年上线，之后快速崛起。不过也经历了众多风波，如2015年5月，花呗团队通过严格的风控模型筛选出一批规模约为两三千万名用户，为他们在支付链上提供“快速开通”功能，但“默认开通”的操作印象让消费者感到了安全危机，花呗因此受到监管问责罚款，在内部拿到阿里巴巴专门颁给服务不到位团队的“烂草莓奖”。

2015年是花呗上线后经历的第一个“双十一”，当年数据显示，花呗交易总笔数为6048万，占支付宝整体交易额的8.5%；2016年的“双十一”，这一数据提升至2.1亿笔，占比达20%，直接撬动消费高达268亿元。到2017年，花呗交易额在手机端的占比已经超过4成，但之后的数据就较少公开。

据财新网消息，2017年6月蚂蚁金服高管在蚂蚁开放日表示，蚂蚁花呗用户规模超过1亿人，其中90后用户占47.25%。花呗分期服务的线上线下商家数量已扩展至240万家，后续将通过与独立软件开发商的合作覆盖约400万家商户。在2017年5月份的品牌手机线上交易中，超过1/4的交易选择了花呗分期。

2019年11月，支付宝花呗宣布取消账号限制，新增支持“多个账户开通花呗”的功能。在完成实名认证的基础上，一个身份证最多可开通 3 个花呗，但实际能否开通，需由系统进行综合评估。

在花呗多个账户开通的情况下，账户采取分开管理的方式，即账户之间独立消费、分开还款，而根据“多个账户开通花呗使用指南”显示，未来不同花呗账户之间的额度可以实现分享，如 A 账户可以将额度分享给 B 账户，也可以选择回收。

零壹财经分析显示，从授信融资余额来看，蚂蚁花呗借款金额主要集中在 0～6000 元，其中，账单分期借款业务的借款金额主要集中在 0～3000 元，占比达 75.39%，交易分期借款业务的借款金额主要集中在 0～6000 元，占比达 95.70%。

要想借助消费金融带动智慧消费，有必要了解目前的消费市场情况、用户构成情况及变化。

苏宁金融研究院发布的《90 后人群消费趋势研究报告》显示，2018 年，中国 90 后短期消费贷款超过 3 万亿元，约占 2018 年短期贷款总规模的 1/3。90 后已逐步成为社会发展的中坚力量，消费能力日渐提升。90 后群体约 1.75 亿人，占全国总人口比重约 13.1%，贷款需求大。

这一代人出生在相对舒适的家庭环境中，自幼学习条件较好，受到的关爱较多，往往不需要担心经济问题，因而更加偏向超前消费。

支付宝的数据显示，早在 2017 年，中国近 1.7 亿的 90 后中，有超过 4500 万人开通了花呗，意味着平均每 4 个 90 后中就有 1 个在使用花呗的信用消费服务。

京东白条分期也是如此，是 90 后热衷的支付方式之一，占比达京东 90 后用户的 55%，平均每人分期数达到 4.27 期。

尼尔森曾发布《中国消费年轻人负债状况报告》，其是根据 2019 年 9—10 月 3036 名中国年轻消费者的在线访问得出的报告，其中提到，在中国的年轻人中，总体信贷产品的渗透率达 86.6%，而近一半的人把信贷产品当作支付工具使用，扣除这部分人群，中国年轻人实质负债约占整体的 44.5%。

互联网分期消费产品使用率高达 60.9%（信用卡为 45.5%）。62%的使用者会将互联网分期消费用于基本生活，而非追求“伪精致”。23.5%的年轻人对信贷产品态度谨慎，通常在关键时刻才使用，反映出年轻人的分期行为比较理性。

6.3 各行业消费金融激活的消费潜能

下面根据具体的行业来看消费金融在激活消费潜能方面的表现。从中长期来看，国家重点推动健康养老消费与吃穿用消费、住行消费、信息消费、文旅消费、教育消费等，消费金融在其中会扮演重要角色。

6.3.1 旅游消费金融

旅游消费金融是以旅游为消费场景，对具有旅游消费需求方提供的贷款产品，在出游前、中、后，很多用户或多或少都有旅游金融方面的需求。

旅游消费金融产业链包括消费供给方、消费金融服务平台、消费需求方、外围服务方等。供给方主要是旅游服务方，包括酒店、景区、餐厅、购物及在线旅游平台等。消费金融服务平台指旅游消费资金的借出方，包括银行、消费金融公司、小额贷款公司、电商消费金融平台、在线旅游金融平台等。需求方是指那些有旅游消费需求的用户。外围服务方是指围绕旅游消费金融的核心业务，增强核心业务运转效率，提升核心业务质量的服务方，如征信机构及催收公司等。

旅游消费金融主要是指旅行分期，当消费者购买旅行产品时，由旅游消费金融服务平台提供旅行分期产品，如途牛网，用户支付首付款，即可出发看世界，余款分期支付，可享受 3 期、6 期、9 期、12 期等多种期限选择，最高有 2.5 万元的信用额度。京东金融和蚂蚁花呗也纷纷抢占旅游消费市场，花呗和飞猪合作推出旅游分期产品、京东推出“旅游白条”。

从市场情况看，旅游分期热度不断攀升，越来越多的消费者选择分期出行，这不仅降低了旅游的门槛，同时提升了消费者的旅游体验，也带动了经济的增长。

来自携程金融的数据显示，2020 年端午节放假期间，有超过 400 万名用户成功提高了临时旅游消费额度，提额总额超过 110 亿元，其中超半数是 90 后用户。整体来看，95 后、90 后用户分期率更高，其客单价相较于整体的订单客单价更高。

要想进一步借助消费金融提振旅游消费，还可以从以下几个角度入手。

（1）推动旅游消费的多样性，尤其是推动度假旅游高速发展，只有单笔消费规模变大了，才会给消费金融带来更大的市场空间。

（2）只有提供一站式、全方位的旅游消费金融服务，才有可能创造更大的价值和效应，在旅游消费的各个环节嵌入金融支持，并且不光是提供旅游消费信贷，还要提供保险、理财、外汇服务、购物退税等。

6.3.2　教育消费金融

在新兴的消费金融市场上，教育分期既不是起步最早的，也不是体量最大的，但它非常显眼，出现至今多次占据消费金融的热榜。

教育分期的初衷或产品理念其实是相当不错的，有需求的用户可以采用分期或贷款的方式学习。相比那些以消费类为主的 3C 分期、医美分期，教育分期类个人发展投资型的分期产品应该更有价值。百度金融，也就是后来的度小满金融，早期曾大力推动教育分期产品。

德勤中国发布的数据显示，2018 年中国教育整体规模达 2.68 万亿元，其中，民营教育市场规模达 1.6 万亿元，并以每年 9%的速度增长。

不断增长的市场吸引了越来越多的持牌金融机构、互联网公司争相涌入这片市场。苏宁消费金融与新世界教育合作推出了“任性学”教育分期服务；招联消费金融与美联英语、华尔街英语、七田真国际早教中心合作，用户可申请信用额度分期缴纳课程费用；品钛与阿凡题达成合作，主要服务阿凡题旗下的在线 1 对 1 教育产品。

与此同时，越来越多的人也倾向于用分期付款的方式支付学费。

然而，教育机构为学员办理贷款之后经营失败、学员无法办理退课、负债性质无法改变等一系列问题，让教育分期这种风光的产品一下子跌到了谷底。

目前市场上的教育分期主要是面向大学生和初入职场人士的职业培训，培训机构根据市场热度，设计一些职业培训课程，然后大学生或职场人士在接受培训邀约之后，向培训机构支付学费。

在这个支付环节，因为这部分目标人群要么没有支付能力，要么支付能力较差，分期给他们带来巨大的便利，同时大大降低了接受培训的门槛，在整个闭环中，金融机构获取了金融的利息收益，培训机构扩大了学员人群规模，消费者也拥有了可承受的支付方式。但这种看起来“三赢”的生意，背后却存在问题：金融机构为了不断扩大自己的市场份额，降低了对培训机构的风控力度，甚至金融机构几乎对培训机构没有风控。而培训机构在拥有金融机构一次性的学费保证之后，不断丰富自己的产品类型，吸引更多的人报名学习、接受培训，而这些学员在签订培训合同的同时也办理了分期产品。一旦培训机构遇到经营问题，如开不了课、关停歇业等，就会出现学员无学可上，但消费贷还得偿还的状况。

要想教育消费金融获得更大的发展空间，必须想办法破解上述困境，在培训机构筛选与学员的权益保障上展开更多有效创新。即使消费金融带动市场成熟，但也要注意严控风险。消费金融用户的画像逐渐清晰，理性的消费观与正确的信用意识成为每个人的必修课。从信用与消费管理的角度来说，要避免过度消费、珍惜个人信用记录、注意个人信息安全等。在未来的消费金融中，每个人都需珍惜个人信用，形成理性的消费观。

第 7 章

智慧消费时代的产品策略

智慧消费时代，做产品有一条主线，即借助大数据技术，精准把握细分客群的需求，进而提供符合期望的产品。同时，产品不仅要满足用户的基本需要，更要让用户有体验、效率和情感上的满足。

对企业来讲，推出一个新品、爆品相对容易，但困难的是持续推出多款爆品。新品创新力已成为企业的核心竞争力，更快的新品开发速度、更高的新品成功率将成为品牌业绩持续增长的发动机。在智慧消费时代，这要依靠对产品的数字化管理，其中包括围绕消费者需求而非产能来进行新品规划；基于全域消费者洞察，让新品精准地找到对其感兴趣的消费者。

在智慧消费时代，围绕产品运营，企业的销售、营销、设计、研发、生产和供应链部门有必要全面走向数字化，合力推进新品创新。

7.1 重塑产品与人的关系

7.1.1 以技术为桥梁重塑产品与人的关系

无论是传统零售时代，还是电子商务时代、智慧消费时代，产品与人的关系一直都是核心所在。如何通过新的方式更好地处理产品与人之间的关系，如何借助新的手段完成产品与人之间的高效对接，是智慧消费力图解决的问题。

在电子商务时代，人们的消费需求是买到性价比更高的商品，而在智慧消费时代，消费者期望值更高，他们不仅要求性价比，同时追求商品的个性化、多样化，追求更好的消费体验与服务。

电商平台的出现改变了消费者需要逛街才能看到产品、了解产品的传统模式，在互联网技术的支持下，人们可以在网上找到一切他们所需要的产品。然而，随着B端供应和C端供应的持续增长，电商平台的商品供应越来越多样化。例如，2020年10月，京东升级“造新”计划，声称“双十一”将带来超3亿件新品。阿里研究院发布的数据显示，仅2020年，天猫发布新品的数量就超过2亿款，其中，“双十一”期间新品的数量达到3000万款。这种海量产品的发售模式使消费者需要反复筛选才能找到自己心仪的产品，而这对人们来说无疑是一件很麻烦的事情。

如何让消费者在海量产品资源中快速找到真正需要的产品，以及如何准确预知消费者的需求，已经成为智能零售需要解决的问题之一，这也是智慧消费的魅力所在。

因此，在智慧消费时代，赢得消费者青睐的关键在于实现产品与人的精准对应，重塑产品与人之间的关系。那么该如何实现这一转变呢？答案是采用大数据、物联网、人工智能等技术手段。

当前，技术的创新与发展速度越来越快，为智能零售时代的到来奠定了基础。事实上，科技的进步不仅是推动智能零售向前的动力，从某种程度上讲，技术也是产品与人之间的一种渠道与媒介，通过技术的连接，产品与人之间的关系被重塑。

1. 通过大数据技术，实现商品与人的直接连通

在传统零售时代，消费者通过商店、超市等渠道与商品产生联系；而在电商时代，消费者通过互联网的方式与产品产生联系，但这些联系方式改变的都只是消费者购物的渠道，并没有在产品研发与设计环节跟消费者产生联系。

当我们进入智慧消费时代时，产品与人的关系可以通过大数据的方式进行连接。所有数据来自商品自身，通过数据我们可以描绘出产品的基本模型，甚至还能实现产品数据与人的数据之间的对应。

借助大数据计划，让消费者买到最适合自己的产品。京东零售集团负责人曾介绍过一个洗发水的例子，市面上已经有很多高中低档、不同功能定位的洗发水，京东与联合利华合作，针对运动后快速去油的需求，迅速研发了运动专研系列洗发露，于2019年8月上线，在京东“双十一”期间，其销量环比增长58倍。

这是怎么做到的呢？通过与品牌商紧密合作，京东对超10亿条消费行为数据、150万条外部舆情进行多维数据交叉分析，仅用3周时间，就为男性消费者专属定制了运动专研系列洗发露，并在产品配方中加入创新的“深海海盐”成

分，结果很受消费者的欢迎，品牌商也很满意。

如果没有技术提供支撑，就不可能在这么短的时间内实现这么好的销售业绩。

在大数据的帮助下，产品与人能够实现直接连通，产品与人之间不再只是供需关系，而成为一种互动的有机整体。

以名创优品为例，这家企业近年来成长快速，曾经用 3 年时间在全球开店 1800 家。在商业模式方面，名创优品控制了商品的设计核心力，制造环节通过寻找代工厂的方式完成，对代工厂的高标准要求保障了产品的高质量。为了进一步保证产品质量，在通常情况下，名创优品对新产品进行小批量试产，然后投放到部分店铺进行短期的试销；再根据消费者的购买情况与反馈，决定产品是否需要调整，以及是否大批量投放到市场。

此外，为了保证产品品质，名创优品通过店铺、200 多名买手和数据化管理平台，对后台海量消费数据进行扫描分析，通过大数据对消费者的消费喜好、消费模式等进行洞察，让产品的开发更加具有针对性。之后，再向 800 余家供应商下达订单，通过以量制价、买断供应，以及均摊、降低生产成本等方式，让优质低价成为消费者对名创优品的标签定位，最后通过规模经济效应获得持续发展。

2. 通过虚拟现实技术，为商品与人创造更多接触机会

在电商时代，消费者了解或接触某个产品，大多是以图片、文字的方式来呈现的，现在又增加了短视频。

进入移动互联网时代，消费者了解产品的方式更为丰富，短视频和直播的方式让商品与人接触的方式有了比较大的转变，同时，仍然在探索新的媒介与内容形式，以进一步实现购买体验的提升。

虚拟现实、3D 场景漫游等新技术，提供了更有意思的体验。它不再只是改善图像效果，而是动态地、三维地、交互地提供产品信息。逼真的 3D 模型能让消费者感到身临其境，非常直观和饶有兴趣的互动方式可以把复杂的产品内部模拟出来。

如家具行业，消费者在家具卖场、门店看到漂亮的家具，也能看到大量漂亮的效果图，但真正摆到家里之后，跟预期相比差别较大，导致消费者产生心理落差。虚拟现实技术的一大优势就是，让家具像试穿衣服一样，可以先试再买。VR 工具可以帮助展示无死角的全屋效果，消费者能提前看到家具摆放到家里的效果。

早在 2016 年，阿里巴巴就宣布了虚拟现实（VR）战略，并成立 VR 实验室。在随后的这些年里，虚拟现实设备技术不断进步，已经可以通过一副虚拟现实眼镜身临其境地观看三维空间内的商品展示。

2016 年，阿里巴巴还参与投资了 Magic Leap 公司，Magic Leap 致力于 AR（增强现实）领域。

2020 年 9 月，阿里巴巴国际站在 9 月采购节上线 3D Virtual Home（三维虚拟家装）特色会场，通过 3D 云设计工具和 AI 算法等技术，展示了不同的家装商品摆在一个“家”里的样子。在该会场中，商家可以用鼠标挪动商品、替换商品以达到买家想要的效果。

上海云绅智能科技有限公司研发了一种云绅全息屋，采用多台投影仪投射到多个墙面及地面，借助人工智能算法进行图像融合，用裸眼 3D 技术实现 1∶1 呈现，让用户能够身临其境地感受家居设计效果。同时，利用 UWB 定位技术实现了视觉跟随，实时捕捉用户位置，并更新出最符合用户当前位置的 3D 透视视角的画面。

这种尖端技术帮助商家在有限空间展示无限数量的商品，并为设计师提供设计方案的定制转换工具，让消费者真切地体验和感受海量设计方案。

未来将有更多、更先进的技术出现，将有诸多元素加入改变产品与人接触媒介的过程中，从而给人们的购物方式带来革命性的转变。

3. 通过人工智能技术，提升商品与人对接的效率

目前，产品的生产大多还是以人工为主。随着人力成本的增加，通过人工进行生产无法满足节省成本、提高效率、提升生产质量的需求。随着人工智能技术的发展，引进智能机器人能完成大量标准化的工作，而让人去从事更具创造性的工作。这种做法成为提升产品与人对接效率的关键所在。

在产品生产之外，人工智能技术还可以在商品的生产方式、运输方式等诸多方面为人们带来便利。

4. 智慧消费时代的产品都是“交心”的

正如北大国家发展研究院教授陈春花所讲，产品只是一个载体，真正内涵是你和顾客之间的共鸣。到底是什么成就了那些有影响力的公司？最重要的是这些大公司与我们的生活在一起，让我们的生活有了彻底改变。不融于生活的企业最终会被淘汰。

在智慧消费时代，我们应该提供生活方案，满足某种生活方式，而不仅仅是销售商品。大部分技术的发展都是为了营造更舒适的生活方式。

这个时代的品牌不是看做了多少广告，而是看与顾客能否产生共鸣。最好的产品都是与人“交心”的：信任、爱、惊喜、依靠等。在智慧消费的舞台上，我们应该创造出更多交心的产品，拓宽商业想象空间。

7.1.2　用户需要的好产品是如何炼成的

站在用户的角度来看，好的产品胜过好的渠道；而站在商家的立场，好的产品则是黏住用户的核心利器。

事实上，只有好的产品才能带来用户体验及口碑传播。那么如何才能打造出用户需要的好产品呢?

1. 做好消费者洞察

一般来讲，消费者需求分为显性需求与隐性需求。显性需求比较容易被满足，也容易被发现。很多满足显性需求的产品都是供大于求的，同质化竞争严重。然而，消费者内心深处的隐性需求却容易被商家忽视。在商业竞争中，消费者的隐性需求才是商家掌握主动权的关键所在。

一些商家在做消费者洞察时，引进了“萨提亚冰山”理论，这个理论是指一个人的“自我”就像一座冰山，我们能看到的只是表面很小的一部分，如行为，而更大一部分的内在世界却藏在更深层次，不为人所见，恰如冰山。

这一理论告诉我们，一款好的产品，在研发的时候必须重视消费者的隐性需求。在产品的特征与功能设计中，渗透消费者的理念、期望与自我价值，只有这样的产品才能被更多消费者发自内心地接受。

2. 关注消费者核心需求

当商家掌握消费者隐性需求之后，同样不能忘记消费群体规模的重要性。当商家所面对的消费群体规模越来越大时就会出现一种现象：消费者更具个性化的隐形需求无法得到真正满足，商家精心打造的差异化产品可能变为普通产品。

宝洁公司旗下的“飘柔”曾经实施“大品牌”战略，后来的经历告诉我们，满足更多消费者需求或许是徒劳无功的。当你想做得越多时，品牌也就越脆弱；追求产品功能的全面或许并不能打开市场。当“飘柔”意识到这个问题后，还是回归到“柔顺洗发水”行列。

3. 打造功能特性与愉悦特性兼备的产品

一般来讲，产品拥有三种特性，包括基本特性、功能特性与愉悦特性。基本特性是一件产品进入市场的准入证，功能特性是产品与其他对手竞争的制胜关键，而愉悦特性则是帮助功能特性征服消费者的润滑剂。

一款新产品要想获得消费者的喜爱，不仅在功能特性上要有优异表现，同时还必须在愉悦特性上做文章，让消费者感到爱不释手。现在的很多产品，不仅要在功能上追求优秀，而且要在外观设计上做到高颜值。

4. 始终坚持产品定位与特色

在产品开发过程中，部分企业容易见异思迁，看到什么流行就做什么。这种跟随时代变化、紧抓流行趋势的做法看起来并没有错，但产品丧失了自己的明确特色、缺乏清晰的定位，忘了产品所代表的品牌价值，最后可能并不能吸引消费者。

宝马品牌很多人都知道，但大家不知道的是，宝马“驾驶乐趣”的定位坚持了很多年。此外，在品牌个性上，宝马也同样很有个性。以车灯为例，前大灯有四个圆形轮廓灯，在夜间行驶时，从远处一眼就能辨认出它是宝马。

5. 耐心坚守度过“需求鸿沟”

当一件产品进入市场后，往往会遭遇市场需求的“断档”现象。在营销领域，这种现象被称为“需求鸿沟”。

当一件产品刚刚上市时，销售表现可能比较好，但是经过一段时间之后，商家就会发现这种产品可能卖不动了。其实，并不是说这件产品没有市场需求，而是产品陷入“需求鸿沟”，也就是新的消费群体没有跟上。

这要从消费者的构成来讲，大致可以分为四大类，包括实用型、保守型、怀疑型和先锋型。当一款产品上市后，先锋型消费者会踊跃尝试，但实用型消费者却没有及时赶上，依然处在观望阶段。在这一时期，商家需要拿出足够的耐心，通过进一步的推广宣传活动，再结合先锋型客户的口碑评价，顺利度过“需求鸿沟”。

6. 进行有效的产品管理

当一件产品在战略上取得成功之后，商家在执行层面必须坚持周全的产品管理，才能帮助产品获得持续的成功。

有些商家会推出很多新产品，但是正因为缺乏产品管理，越做越糟糕，越做越赔钱。据悉，某食品企业，一年营业额只有 10 亿元，产品 SKU 却多达 300 多种，其中真正赚钱的产品不超过 10 个，其余产品全部赔钱。

其实，对一个品牌的发展而言，SKU 的多少与销量的大小没有直接关系。加多宝一年的营业额上百亿元，但 SKU 不多。由此可见，在进行产品管理时，一定要有一套完整的组织保障，通过有效的管理，确保产品的竞争力和可持续发展。

7.1.3　智慧消费时代的产品特征

在各种智能技术的促进下，智慧消费市场走向成熟，对产品的影响也是明显的，并呈现明显的新特征。

1. 个性化

传统零售的特征是商家生产什么卖什么，智能零售则追求个性化定制，根据某个顾客的需求定制产品，或者根据某个深度细分群体提供定制的产品。

近几年，个性化定制成为消费潮流，如定制家具，可以按照自己的需求与房屋的户型尺寸等，让厂家定制衣柜、橱柜等，但在定制过程中依然有很多瓶颈，也有很多产品无法实现个性化。

在智慧消费的推动下，借助智能技术与工具，并基于新零售终端大数据的反馈，消费者要什么就生产什么，从而满足每个顾客的个性化需求。

2. 更高的品质化

毫无疑问，品质在任何一个时代都是最重要的，但每个时代关注点各有不同。传统零售时代倡导关注的质量本身是最低标准保障，与品质有一定的差距。电商时代倡导的是“产品为王”，关注的是产品“极致”“快速迭代”。

智慧消费时代的产品对其品质提出了更高要求，不仅重视产品的功能，而且更加注重产品的体验感、用户的口碑，要求产品场景化，通过对产品使用场景的营造，增强用户体验。

3. 性价比

在智能零售的环境下，消费者会追求大品牌，但越来越多的人不会盲目认为高价的产品就一定代表高档次，更多人在意知名品牌的性价比。

性价比高不代表纯粹的低价，价格只是一个因素，更重要的还是品牌、设计、性能、品质等。如果产品只是一味地追求低价，而没有恪守更为本质的性能、质量、使用体验等方面的要求，那么性价比也就无从谈起。

值得注意的一种消费偏好是，低价的性价比只是一部分用户的追求，只能在短期内吸引价格敏感型客户，更多用户追求的是好品牌、好产品与好价格。

4. IP 化

IP 化就是让产品具备独立人格，有粉丝社群，有参与感，变现转化率高，它的目标是追求文化认同，例如，有些品牌让消费者联想到快乐，有些品牌借助超高的设计品质让消费者联想到颜值。

在智能零售时代，产品不再只是产品，更是一种文化的输出、情感的交流，消费者不再只满足于产品的“使用价值”，同时要满足“情感体验”。一款产品可以成为一种潮流与时尚的象征，也可能成为一种热门的社会现象。好产品，其本身就是一种流量入口，背后会有大量粉丝。

商家应以消费者为中心，围绕自身定位，借助营销技术与手段将产品 IP 化，通过 IP 化赋予商品更多的内涵，借助 IP 化聚集一群拥有共同认知的群体，激发或满足 IP 群体的需求。

5. 社交化

在电商零售时代，产品社交化的特征已经变得极为重要，只不过电商零售需要购买后再发送到社交媒体上，或者部分人在购买前看社交媒体上的评价。而在智能零售时代，大多数人可能活跃在社交媒体上边看直播边购物，边看文章边购物；围绕产品形成特定的社群；分享变得无处不在，人们可能边逛店边分享，也可能购买后发表评价。

6. 新品提速，电商引爆

在智慧消费时代，新品迭代会变得更为重要，成为影响企业营收的关键因素，其迭代频次会加快、把握市场需求的精准度会提高。同时，更多新品会借助电商平台发布，并成功引爆销售。

阿里巴巴平台上的新品供给数量从 2016 年的 400 万件增加到 2018 年的 5000 万件，截至 2019 年 9 月，这个数字已达 9000 万件，2019 年天猫“双十一”期间有 100 万件新品亮相，总的成交额为 2684 亿元，其中，400 多亿元由新品贡献。

2019 年 9 月，T-STAGE 天猫新品管理平台正式上线，5000 个品牌成为首批用户。天猫小黑盒也成为全球品牌发布新品的首选产品频道。

阿里研究院发布的《2020 新品消费趋势报告》显示，在 2020 年，天猫新品供给及成交量持续增长，全年发新量超过 2 亿件，尤其在“双十一”期间新品在线数量达到 3000 万件，这些加速诞生的新品成为拉动国内消费市场的关键力量。

2019 年 11 月 19 日，在京东 2019 年全球科技探索者大会上，京东零售集团相关负责人发表演讲称，未来京东将发布一亿种新品及 C2M 产品，创新含量高的品类占比达 70%。另外，在 2019 年 5 月的京东全球品牌峰会上，京东零售集团相关负责人透露，2018 年，京东已成新品首发高地，新品成交额超过 3000 亿元。同时，90%的核心品牌在 2019 年京东“6・18”上发布新品。

针对新品孵化，京东打造了超级新计划，当时就有 100 多家品牌加入，并有针对性地推出新品首发频道“京东小魔方”，并推出“超级新品日”。按照京东的做法，打造了“种草（上市预热）—拔草（上市&首发）—养（持续&转化）”的全生命周期解决方案，联动线上和线下多种媒体渠道最大限度地进行新品曝光，邀请明星代言人或策划专项营销事件，在微信、微博、抖音等平台展开新品互动，为新品上市进行造势，即种草。

新品经过一段时间预热已经积蓄了大量关注与热度，接着京东通过超级新品日整合站内优质资源进行新品首发，并在站内各黄金流程设置新品超级身份标识，让消费者享受配送、售后等方面的独有权益，让新品的热度“爆表”，完成拔草过程。

随后，京东将通过精准营销产品及站内营销玩法持续推动新品及品牌曝光度，不断培育新一轮消费者种草、拔草，延长新品热度，即为养草。

一整套“组合拳”打下来，京东新品的业绩出众。2020 年京东“双十一”媒体开放日上，据京东公布的数据，截至 2020 年 11 月 11 日中午 12 点，京东售出近 3 亿件新品。另外，2020 年“6・18”期间，新品成交额占总成交额的比重约为 35%，“双十一”前夕突破 40%。2020 年，单月新品发布量超 2018 年全年。2020 年上市的新品中，有 85%以上在几个月内迅速热卖。

7.2 从“货场人”到“人货场”

“人”指消费者，“货”指商品和服务，“场”就是消费的场所或场景。

传统的生意是“货场人”，即首先研发、设计与制造产品，然后找到销售的场所（渠道），再通过广告、促销等方式销售给消费者。

现在的生意是“人货场”，不是先搞研发、制造产品，而是想好服务对象，知道用户是谁？怎么连接用户和经营用户？再根据目标客群的需求研发、制造产品，甚至先获得订单，再根据每位客户的需求实现一对一生产。

最后才是构建销售场景，这个场景不仅仅是传统意义上的销售渠道，而是要按生活场景去营造购物氛围，让用户获得美好体验。

在百货商场和连锁店时代，“人货场”突出的是“货”，货品全，品质好，价格优惠；而到了超级购物中心时代，“人货场”突出的是“场”，在超级购物场所，可以进行一站式购物，也可以“吃穿娱”一体，所以“场”的概念被强化了。

再到智慧消费、智慧零售时代，“人货场”强调的是“人”，强调人的购物体验，尤其是在大数据技术下，人和货都可以被数字化记录、存储和分析，基于大数据得出结果，从而为消费者提供个性化的产品和服务，因而智慧零售强调消费者的价值和体验，人的重要性高于货和场。

1. 人的变化：从被动到主动，从脆弱关系到深度连接

新零售首先以消费者为中心和出发点，因此“人”的变化在于消费者由被动变为主动，具体体现为从“受品牌商引导的被动需求和单纯的商品购买者”转变为“从自身主动需求出发而牵引品牌商进行研发生产的参与者”。

之所以会发生这样的转变，原因在于新时代下消费需求和购物行为的变化。新时代消费者追求品质感与精致化、细分化与个性化、便利性、体验和参与。

“人”成为“货”和“场”的核心。货的供应由人的需求决定，场的配置围绕货的特点改造。

在智慧零售时代，顾客与商家的关系发生了更丰富的变化。

一是随机关系，顾客买完即走，商家跟顾客的关系断了，不会再联系顾客，或者很难联系到顾客。

二是弱关系，通过短信、微信等方式联系顾客。

三是强关系，即商家与顾客间建立通道，如成为会员、关注公众号、经常举行会员或粉丝活动，商家可随时随地触达消费者，消费者也可随时参加商家的活动。

2. 货的变化：由单一的有形商品，向有形与无形相结合的“产品+”转变

智慧零售环境下的货，直接反映了消费者需求的变化，其最显著的特征是由单一的有形实体商品向“产品+体验”“产品+服务”“产品+社交”等结合的有形与无形双重形式融合的“产品+”转变。

货的变化还体现在货权、货期和货品属性 3 个方面。

（1）货权的变化：传统零售商家都是卖店铺内的现货，很难满足消费者的个性化需求，而智慧零售商家既可以卖自家货，也可以卖别人的货，可以整合第三方供应链，销售多种产品。

（2）货期的变化：传统零售商家一般是卖现货的，而在智慧零售背景下，商家可提供现货、预售、定制等多种服务，由于技术的改进，即使是临时预订，交付期也不长。

（3）货品属性的变化：消费者不再只是简单购买商品，而是需要商家提供一体化服务，从购买单品到购买生活解决方案，包括实物商品、虚拟商品和服务商品等。

智慧零售以顾客为中心，将“商家卖什么”转变为“顾客要什么”，据此进行供应链重塑。重构货就是打破产品的品类边界，优化重组商品与服务的产业链，为顾客提供更好的生活解决方案。

大工业时代奉行的商业法则是“大生产+大零售+大渠道+大品牌+大物流”，为的就是无限降低企业的生产成本，但现在，随着经济和生活水平的持续升级，在控制价格的基础上，还要想办法满足消费者个性化的需求，大众化消费时代正进入小众化消费时代，商品趋于个性化，并赋予其更多的情感交流。从生产的源头开始，“人”的需求会被更好地满足。

零售商需依托大数据，对顾客进行精准分析及需求描绘。以 ODM 模式为例，ODM 平台直接与精选出的大牌制造商对接，制造商负责设计与生产，OMD 平台负责采购、品控、物流、销售及售后等环节，并将消费大数据反馈给制造商以调整、优化生产制造。

C2M 平台通过消费大数据分析或客户的定制订单，精准把握消费需求，引导制造商的研发、设计、生产及库存安排，从而提供更能满足消费者个性化、定制化需求的商品。

3. 场的变化：从单一渠道向全渠道融合，激发全场景消费体验

经过单一线下渠道、线上线下多渠道的变革历程，智慧零售下“场”的变化

体现在消费旅程各个环节上的全渠道融合。从横向来看，可以将消费旅程分解为6个部分：搜索、比较、购买、支付、配送及售后。从纵向来看，可以观察到实体门店、电商计算机端、电商移动端及信息媒介的全渠道融合。全渠道融合体现在消费旅程的每一个环节中。

新零售背景下，在消费旅程的全流程中，线上线下各个“场”之间的界限已然模糊，赋予消费者自如地在各个场之间灵活切换。

新零售规避了以往线上线下渠道之间相对独立，且容易产生渠道利益冲突的障碍。取而代之的是全渠道深度融合，通过多个场景的营销实现渠道间的相互引流和助益，同时在消费旅程的各个环节上实现多个“场”之间的无缝对接，从而全面优化消费体验。

要抓住智慧零售时代的机会，充分获取智慧消费的红利，该如何重构“人货场”？

首先要进行思维升级，注意以人为中心，货和场围绕人来调整布局，强调人的购物体验、物流的配送效率、购买的便利性。只有改变思维，才可能展开战略上的规划、战术上的落地。

其次是通过多种方式深刻理解人、尊重人，让人参与进来。

（1）用户画像精准识别用户。互联网技术让企业在跟用户进行交互的过程中，可以详细记录用户的各种行为数据、浏览数据、购买数据、咨询数据，并且企业可以将自己的数据和其他平台数据进行整合打通，从而对用户进行多维度的用户画像识别。由于数据量庞大，分析工具先进，因此画像更精准。

（2）提高消费的便利性。通过互联网技术，提升用户的消费便利性，如移动支付、扫码支付、无人超市、人脸识别等技术，都在一定程度上提升了用户的消费体验，提高了效率，并且可以多次生成用户数据，进而丰富用户画像。

（3）以消费者为中心的全流程用户体验构建。消费者也不再是传统零售意义上只购买商品完成交易即可的了，产品销售的完成是跟用户交互的开始，如成为会员、加入社群等，进一步了解消费者的深层次需求，从而为后期产品和服务的升级迭代提供用户基础。

以消费者为中心的全流程用户体验，要求企业越来越重视消费者的感受，重视消费者的意见，重视消费者的个性化需求，满足消费者一站式购物、娱乐、餐饮、休闲、社交的体验。

以华为的智能家居为例，其不是靠一个产品单打独斗，而是以消费者为中心，围绕全场景智能体验战略，打造全连接的无缝智能生活体验的，其中包括智能家居和智能硬件、云服务等，是一个“航母战斗群”，有巡洋舰、驱逐舰和护卫舰。

再次是货的配送。

“货”即企业生产的产品、销售的商品。在传统零售中，通常的做法是企业生产什么，市场就卖什么，消费者就买什么。只有少部分企业愿意为消费者的需求做出改变，比拼的是性价比。

在智慧零售时代，用户的参与度越来越高，用户的需求越来越个性化，要想获得规模化用户的认可，企业就得更加重视用户的需求与意见。

商品的价值也不再单纯指给用户带来的使用价值，还包含用户为产品所付出的情感，以及产品给用户带来的便利、社交、自我价值体现与其他感受等。

小米手机刚开始提出“为发烧而生”，通过聚集粉丝用户，让用户通过给小米手机提修改意见，对小米手机的软件系统和硬件进行优化建议，小米公司在跟用户沟通的过程中，既获取了用户最直接的优化建议，又能将优质的建议吸收消化，支持后期的产品迭代。这种做法，有助于在用户中形成口碑宣传，从而增加用户对产品的参与感与好感。

另外，在智慧消费时代，用户对产品的颜值提出了更高要求，不仅仅指产品自身的颜值，还包括产品在环境中的颜值，即产品的“静销力”。像家具、食品、手机等，它们往往被做成了艺术品，静静地摆放在那里，更能形成吸引力。

货的配送效率还会继续提升，智慧零售的底层能力是物流的配送效率。1小时送达、半小时送达、29分钟送达等，对消费者的吸引力是比较大的，能够明显改善用户体验，这是对货的一个有力支持。

最后是场的塑造。

智慧零售环境里的场是消费场所中的消费场景和所带来的体验。

人们的需求已不仅仅停留在买到所需商品的层面，特别是对于那些越来越年轻化、社交需求越来越高的中青年消费群体来说，他们既希望购买到高品质的商品，又希望在消费场所中能有其他场景满足其社交、娱乐、休闲、商务等需求。

现在，一个卖东西的地方不仅是商品销售的场所，而且是餐饮的场所、咖啡茶饮的场所、电影娱乐的场所，全方位满足消费者的多元需求。

在这种需求环境下，我们需要对部分环境做改造，增加“场”的多功能场景，提升“场”对消费者的体验和黏性。利用新技术，增加“场”的科技感，提高“场”的智能化，如智慧门店的出现，会配置以往没有的工具，包括人脸识别、智能推荐、大屏、3D 云设计软件、云货架、VR 场景漫游等。借助这些设备，消费者可以通过进入云屏体验 VR 效果。部分商品带有 AR 标识，在扫码后，能将商品以大概 1∶1 的效果投身在周围，还能查看详细信息、播放视频。

“场”的新塑造还要走线上线下结合的路线，打破线下“场”的空间限制，拓展“场”的商品品类，消除零售边界。可以打通线上线下，通过二维码、电子大屏等信息化手段，在实体店引入电商平台数据，展示尽可能多的产品款式，让用户在实体店可以选择公司的所有产品，并且线上线下价格同步、售后服务统一，从而实现线上线下的无缝融合，在减小实体店库存压力的同时，还能为客户提供尽可能多的选择。

7.3 打造有黏性的爆品

任何时期，只要能够打造出让消费者尖叫的爆品，就有机会在某个时间段内占领市场。在智慧消费时代，同样如此。

苹果手机就是一个典型的案例，它通过几款产品，就达到 1 亿～2 亿部的年销售量。过去很多人都不敢想象，单靠一个产品能够产生这么大的市场爆发力，通过这个例子可以发现，产品的聚焦既能实现规模化销售，又能提升创新效率。

再如爆品小米空气净化器，其销量非常好，当销量到了 500 万台的时候，小米开始对它进行迭代，在细分上不断优化，将净化器推向更小体积、更安静、更高性能，同时又具备更强悍的净化能力。

产品进化的思路一直按照简洁、精致、强大和人性的方向推进，这时会发现，当爆品出现时，你的创新思维就不会左右摇摆，而是始终一致地向那个方向演变。

打造爆品的背后是一种做事方式的改变，用很收敛的方法做产品，就好像用针尖的方式往一个领域里扎，产品卖得好，规模大，整个系统跑得顺，员工成就感更高，接下来会更聚焦，从而研究更好的产品。

反之，如果一开始就出 10 个方案去试错，结果可能是负反馈，因为你很难获得一个爆品、很难获得市场的正向反馈、很难为员工产生非常好的价值成就感。

如何打造一款有黏性的爆品，以适应智慧消费时代的到来？

7.3.1 定位依然重要

即使在智慧消费时代，定位也至关重要。准备服务哪些客户、使用人群是谁、独特记忆点是什么、核心卖点是什么，这些都要考虑清楚。

在艾·里斯、杰克·特劳特所著的《定位》一书中，对定位的说法是，让你在潜在客户的心智中与众不同。这一概念，在智慧消费时代，也是非常精准的。

举个例子，传统的牙膏都是靠功效区分的，如止血、美白、清新口气等。当功效变成基本值之后，大家都在这么做，同质化了，这时要想脱颖而出，做出一个新的产品形态是关键。

有一种热卖产品——燕窝牙膏，其将传统牙膏的味觉感官做了改变，以前传统的牙膏都是在化学配方和体系内去做牙膏，而它跳出这个壁垒，从口香糖里面的香料、食品饮料的香料中找配方，试口感，试刷完牙以后残留在口腔内的味道。因为在所有的日化产品里，牙膏是唯一入嘴的东西，其他产品强调嗅觉和肤感，但牙膏是入嘴的，它会带来味觉记忆。最终，使用这款牙膏之后的口感跟传统牙膏差别比较大，这是带来复购和传播的核心点。

你可以做钉子型的产品，主打一个功能，做得很锐利，顶部很尖，像一个钉子，从小点慢慢突破，很可能把市场越钻越大。如果你一开始就做棒槌型产品，功能很多，但每个都做得很一般，而功能堆起来使得顶端跟棒槌一样粗，这种情况下估计很难打开局面。

另外一种就是盾构机型，这是有前提的，企业有一定的历史积累，产品也经历了几轮迭代，拥有了比较庞大的用户群体，尽管它的功能很多，堆在一起，但由于知名度高、母体输血足够，就像一台看似笨重但威力巨大的盾构机，非常厉害，如支付宝、微信，这些产品就像盾构机。

还有一个关键点是，我们要从洞察隐性需求的角度去定义品牌，密切关联用户，而不仅仅是看到明显的消费需求，更大的挑战是看清楚隐藏的需求、未来的需求。

7.3.2　产品再创造，打造极致消费体验

在传统零售市场，好的产品是销售成功的关键，而在智慧消费时代，销售的成功不仅取决于好的产品，还会受到消费体验的影响。

当消费者不止追求优质的好产品，更追求良好的消费体验时，零售商需要再创造商品，以此来吸引消费者，让消费者有兴趣来感受产品的真正价值。

方法一：细分用户群体，突出产品的差异性

说起差异性，其实讲了很多年。差异性的本质，就是要求自家的产品跟其他品牌的要有区别，能让目标客户看到、感受到，并且予以认可，最好还能被津津乐道，那就厉害了。

智慧消费的大数据可以帮助企业对用户进行深度理解、精准细分，然后针对每个群体的具体需求，提供个性化的产品与服务，并采用独特的营销方式。

在传统零售时代，根据用户喜好为他们推荐各种活动或应用可以说是极其困难的。然而，通过关联算法、情感分析等智能算法，以及数据挖掘技术的帮助，可以更为准确地抓住目标客群的消费偏好与消费趋势。

比如，钟薛高的秸秆可降解棒签、瓦片雪糕、钟薛高的糕、非常苦的抹茶雪糕等，都区别于很多同行。以“钟薛高的糕”为例，其进军家庭仓储式甜品消费场景，并且定期推出新品，与第三方进行合作，在不同节日推出适销的产品。产品不仅好吃，同时从话题角度切入，借助产品吸引消费者分享。

还有如植观的榴莲洗发水，当刚听说这种洗发水时，很多人的反应是，谁会把榴莲味放在头发上？经过一番研究后发现，榴莲有人爱有人恨，具有很强的冲突性和话题性，市场上也没有此类产品，加之榴莲的功能性很强，非常滋养，于是产品研发团队开始调香，前调是榴莲香，中调是果香，后调是奶香。洗头时闻起来是榴莲味，洗完后留下的是奶香，不会带来任何社交障碍。

方法二：放到场景下打造产品

在设计产品的时候，首先要想清楚产品的使用场景。任何产品都是在特定场景下被使用的，往往拥有多个场景。

要想提升产品的体验与认可度，有必要把产品使用的各种场景考虑进来，不要出现遗漏。因为一旦出现遗漏，就意味着用户在使用产品时可能出现尴尬的情况，进而导致用户的失望。

不同场景的需求又会催生不同产品。以水为例，不同需要对水的要求是不一样的，催生了净水机、茶吧机、直饮机等多种产品。想要自己的产品解决什么问题、适用于什么样的场景，就对应地设计产品外观与功能等。

方法三：用故事的方式介绍产品

给产品创造一个故事，帮助用户像阅读故事一样理解产品，沉浸到故事所营造的氛围里，进而接受与喜欢产品。

这个故事要让用户看到，企业的产品能帮助他解决问题、实现目标。当然，企业需要提前了解用户遇到了什么问题、想要什么、为什么需要这样的产品，以及对产品的预期是什么。要让用户清晰地看到，你的产品就是为了解决这个问题而生的。

方法四：持续快速迭代

任何产品的极致体验都不可能是永远的。用户的需求在变化，要求在提高，尤其是在智慧消费时代，这种节奏还会继续加快。因此，产品的快速迭代变得非常关键，天下武功，唯快不破。

企业必须借助先进的智能工具，高效、快速地收集用户反馈与需求的变化迹象，找出用户面临的微痛点，进而长久、持续并快速地迭代产品。

以企业微信为例。2020 年，企业微信更新 27 个版本，迭代 1000 多次，新增 150 个开放接口。这个速度超过以前 3 年的总和。元气森林推出新品的速度一直在加快，从燃茶开始，每日茶、气泡水、宠肌水、健美轻茶、乳茶、外星人功能饮料等，主打产品推出的时间间隔大致是 16 个月、10 个月、7 个月、6 个月、4 个月等。

方法五：方便的全渠道购买体验

产品购物是否方便，以及综合购物体验，都会影响一款产品最终带给人的感受，方便、可靠、有保障、快速等都是非常关键的环节。

线上线下购物渠道的融合、门店场景的提升、送货及取货方式的多元化等，都是智慧消费的标配。

具体来讲，通过对搜索信息、购物信息等数据的分析，平台智能推荐消费者所需要的商品；在商品浏览、图文视频信息呈现等方面，进一步提升界面的友好度；消费者在线上了解商品信息、领取优惠券，再到店里消费；消费者使用零售商的网上销售平台，可以在线下单，在空闲时间到零售店提货，零售店也可以配送到家；在送货时间上，从以前的 1 小时压缩到半小时，甚至更短，进一步提升速度；实体店里更舒适、愉悦的购物场景等。这些都是进一步提升全渠道购买体验的详细做法。

7.3.3　做到专注，少就是多，全力以赴

在中国市场上，有种情况是有些比较小的公司涉足多个品牌，做了很多产品，销量却一般，而有些比较大的公司，品类不多，产品款式也只有十几种，却能打造一些非常走俏的爆品。

所有的爆品背后，一定有爆破的执行。好的创意、好的产品，再加上强大的执行，如苹果的 iPhone、小米的红米等。智慧消费时代的爆品的超标准会更高，不仅销量可观，同时能够成为热点话题、为品牌带来庞大的流量，并且代表一种消费趋势，用产品匹配用户的喜好与消费走向。

尤其是在公司不是特别大的情况下，除了要站得高、看得远，还要喊得响，更要干得狠。很多公司一开始就想做平台、做多产品组合，基本上都没成功，其

实开始应该制定一个小目标去执行，在创业的起步，最好是坚持聚焦。

很多创业者不成功，不是因为他的想法太少，而是他的想法太多、太贪婪。在创业早期，最好奉行单品突破原则。只有一步一步地去引爆、夯实，才更有未来。

企业在执行上要聚焦，就是每段时间只做最核心的一件事，而不是什么事都做，要设定阶段性的目标，集中力量把一款产品做好，用一根针去捅开市场，而不是用一个拳头。以小米为例，在打造爆款时会聚焦大部分人的刚性需求，并锁定社会级的痛点进行研究，筛选其中的部分功能，不仅精简成本，让产品用途变得更简单，同时能满足大众市场的刚需。

对绝大多数企业来讲，打造爆品的早期，可以采用一把伞的模式：靠伞的伞柄，也就是伞棒，戳在地上，戳出一个坑，以单一功能、单一产品做的伞棒便立足了，然后围绕这一点不断地去发展，用户才能不断地增长，影响力才能不断地扩大。等有了一定的基础之后把这把伞打开，才会变成一个更大的伞面。

小米一直是“爆款制造机”，旗下打造了多个热销的产品，在小米生态链上，100 万件销量、10 亿元营收的单品，才能称为爆品的及格线，如小米 11，售价 3999 元起，仅小米京东自营旗舰店，预约人数就超过 85 万人。

值得注意的是，小米在打造爆品时提出了“三高定律”，包括高科技、高颜值、高性价比。真正的科技不是营销概念，而是用户听得懂、感受得到、用得上，用数据的方式把科技的价值告诉用户，让用户看到数字背后的意义，并且主打极简设计的风格，满足大多数目标用户的需求。在设计产品的时候，对准“高频汰换、刚需、海量”的标准，刚需、海量可以帮你一次性找到最多的使用者市场，再加上高频汰换，才能让消费者不断换新，不断二次消费。

搞爆品就是要做减法，聚焦、抓住大多数人的刚性需求，并且做足高科技、高颜值、高性价比这三点竞争力。

第8章

智慧消费的供应链策略

供应链是生产流通过程中，围绕“将产品或服务送达最终用户”这一过程的上下游企业形成的网链结构，归根到底离不开其中的商流、物流、信息流和资金流。

智慧消费的发展，离不开智慧供应链的推动。毕竟，如果还像以前一样对市场变动和消费者喜好反应迟缓，就肯定谈不上智慧消费。

最近数年里，快时尚品牌的供应链反应速度备受认可，把速度视为战略要点，试图以快过其他任何厂商的速度为客户提供想要的商品，如ZARA，从设计到把成衣摆上柜台出售的时间，最短为7天，一般为12天，一年大约推出1.2万款时装。

不仅是服装行业，像家居、食品饮料、餐饮等几乎所有行业，都在追求更高效的供应链，它们以物流互联网和物流大数据为依托、以增强客户价值为导向，通过协同共享、创新模式和人工智能等技术，实现产品设计、采购、生产、销售、服务等全过程高效协同的组织形态。

其智慧表现在：供应链全程运作可实现可视化、可感知和可调节；以顾客为核心，以市场需求为原动力；利用信息系统优化运作效率；合作伙伴之间共担风险、共享利益；缩短产品设计与生产时间，使生产尽量贴近实时需求；打通数据中台和业务中台，整合各渠道多源头数据，结合算法和模型，为正在运行的业务提供预测和辅助；追求零库存，减少资金压力。

在智慧供应链管理方面，已有企业利用技术溯源产品的产地、保质期，追踪库存来确保订货的实时性，也能追踪上游生产商的进度等，这都有利于供应链的管控，降低成本，同时可以提高资金的使用效率。

另外，在下游的产品销售和门店管理层面，对库存的监控，以及对消费者购买偏好，畅销、滞销产品的分析，都有利于门店管理的精细化，实时向总部反馈终端销售数据，调整后端生产可能遇到的问题，帮助企业最大限度地规避经营风险。

8.1 智慧零售时代的供应链挑战与变革

在智慧零售的推动下，无论企业规模、经营水平如何，都必须积极进行自我革新，通过一系列有效措施提升供应链水平，确保不被时代淘汰。这个变革过程，就是整个零售业向智慧零售新供应链系统迈进的过程。

在智慧零售业态的探索与设计中，企业通过对新技术的应用，努力打通线上线下资源链接，促进供应链流程创新、数据化管理，实现供应链全面升级、降低成本、提升效率，从而打造更智慧的供应链运营模式。

在传统供应链中，因为数据不流通，导致很多壁垒未被打通。

一是研发数据与 C 端数据不流通。目前很多研发决策是主观的定性决策，无法实现定量或定量辅助的智慧决策。

二是订单数据不流通。由于上流供应商数据与 C 端数据不流通，所以订单预测不准确，长尾效应长期存在，在这种现状下，库存管理一直是痛点。

三是由于多个环节的数据不流通，没有形成实时共享，所以导致各环节人员的工作效率低，沟通成本比较大，响应速度迟缓，从上流供应商到 C 端客户的供应成本高，服务水平提升也面临制约。

挑战一：消费需求升级带来的品质挑战

消费者对于产品的“鲜”及“无添加”等要求越来越高，商品的保质期越来越短。以前鲜奶的保质期是 21 天，现在缩短到 15 天、7 天，以后估计还会继续缩短。谁在这方面做得更好，对消费者的吸引力就会更大。

现在我们吃到的一些冰激凌，需要严格的温度控制，物流基础设施在这方面比较欠缺，如何保证不同口味、不同成分的冰激凌的存放也是供应链面临的一大挑战。

借助信息技术工具，以及更快速的流程，推行严格的保质期出入库管理，减少停留和中转，推行先进先出，设定严格的时间限制等，这些措施正在解决供应链面临的难题。在解决保质期问题上有所突破，如打造冰激凌专用温区。

高颜值、有个性、特色鲜明的包装往往更能吸引顾客，但这种需求对供应链提出了新的挑战，即漂亮的商品包装与物流包装的协同，与运输、配送、存储的平衡。

当然，也有一些公司在打造包装实验室，如做一些包装测试和研发工作，包括跌落、冲击、振动、保温性能、承重、物流测试等。以往主要研究如何在物流过程中保证商品的品质，现在同时专注于商品包装，如确保漂亮包装的完好率等。

挑战二：需求与供应协同有待加强

随着外部市场多变和业内竞争加剧，企业要想准确预测需求走向，并根据市场条件不断调整供应能力，面临很大挑战。进一步提升客户洞察能力、增强市场细分的精准度，提高需求预测的准确性，与供应技术能力有效协同，有利于企业平衡成本和服务水平，从而提高对市场的响应速度。

以新产品研发为例，由于缺乏一定时间的消费数据积累，对市场情况摸得不透，往往很难预知它的销量如何，其有可能爆发式销售，导致供应链跟不上，也可能卖得不好，提前备了很多货，结果库存高企，生产、库存准备的数据并不能和销售订单相匹配，造成资源的浪费。

在这种情况下，如何借助智慧供应链的支持，更有效地做好分仓备货、安全库存、补货，是一项巨大的挑战。

目前在进行一些探索，例如，增强与客户的协同，一起打造大数据体系，以应对销售高峰期资源储备；在计划上进行高频互动、快速响应，以降低信息传递时间带来的成本损失；探索 C2B 的按需定制，按实时订单供货。

挑战三：物流配送和客户服务待提升

物流配送效率的高低是企业竞争优势的一大评估要素，随着竞争加剧，如何在合理的物流成本之下，及时、准确地将商品送达客户，对企业的仓储物流管理能力提出了新的挑战。

一些供应链服务商正在借助自己掌握的数据，为客户的物流提供指南，如每日优鲜的 29 分钟送达商品，在运输过程中每一个渠道的包装成本不同，包装形式也不一样。九曳包装实验室分析了一套数据，可在包装过程中精确为客户提供可靠的包装产品方案，降低商品的损耗及包装成本。同时，该包装实验室还积极关注先进保鲜技术、包装发展趋势，发展绿色包装，为客户提供高品质服务。

不仅如此，在信息链路追溯方面，供应链也有了进步，毕竟消费者希望在网购时清晰地看到产品配送路径的链路，商家当然也想看到。有些供应链服务商已经可以做到对线路进行智能规划，在配送过程中将运输数据包括路径和产品温度信息提供给消费者和商家。

这就需要企业打造追溯和监控可视化平台，在进行后端物流管理时，把所有的后端业务数据通过商家工作台，将库存、有效期、批次等信息放入平台中，使所有订单一目了然，并且温度和位置的监控可以通过手机端进行查询。

挑战四：供应链信息化、互联网化升级，要求更灵活、更敏捷的供应链

国内企业的供应链信息化建设正跨过初期的ERP建设，向更智慧、更智能的方向升级，封闭的信息系统越来越难以支撑高速增长的互联互通业务发展。企业必须通过信息化建立供应链绩效的可视化，提升企业风险管理水平。

目前，制造商生产的产品款式越来越多，需求碎片化使得生产也变得碎片化，这就要求供应链的灵活程度必须提高。敏捷的供应链可以快速研发、生产、补货，并及时配送。传统供应链开发一个系列的产品可能需要数月时间，而数字化手段可以把研发周期进一步缩短。

此外，全渠道经营的品牌商越来越多，供应链需要适应电商和线下销售两个渠道不同的节奏。

供应链的前端改造空间还非常大。以品牌商为中心，前端供应链包含设计、原材料、生产制造三种职能，后端供应链则指分销/批发、零售、广告营销等。后端供应链互联网化已经成熟，而前端供应链才刚刚开始。目前，大多数企业的精力集中在靠近消费者的供应链后端，对前端的智能化升级投入不够。只有少数规模比较大的公司对前端的智能化升级的重视程度才更高一些。

未来产品设计与开发、供应商合规、原材料采购、工厂采购与生产控制、配送中心与货运代理、批发、增值服务等，都是数字化的潜在空间。现在有些消费品企业，通过电子标签做到了供应链全程可视可追踪，可以更好地分析和把握产品销售情况，指导生产和新品开发，这就是信息化、互联网化带来的好处。

挑战五：供应链的精细化运营能力需提升

按不同行业来区分运输方式的颗粒度已经不够了，从一个SKU角度考虑不同产品性质也已经不够了，甚至需要考虑产品的成分。在产品包装设计的时候就要考虑这个包装能否跟物流特性相契合。

比如说房地产市场，精装修房交付比例的提高，正倒逼家居建材企业的供应链精细化提升。因为精装修房的供货是大批量、相对的少品种，与零售不一样，零售是多品种，一个店面有几百个单品。

再就是强调计划，要求交付期准。零售计划性不强，消费者随机购买，交付期也是一个大概的日期；精装修房对交付时间的准确性要求比较高，这对供应链提出了更高的精细化要求。

三是重服务，精装修房对服务的要求更高一些，例如，要求准确知道货到了哪里、谁来卸货、怎么签收、工程进度怎么样、什么时候下货付钱、材料施工完给多少钱、验收完给多少钱等，服务链要精准掌握。

四是供应链要求低成本，产品成本、运输成本都要严格控制。在零售市场上，一片砖或一桶漆多几块钱少几块钱消费者不会很敏感，但是当批量交付时，哪怕几角钱一片、几块钱一桶的差价都会影响一个项目能否成交。

挑战六：销售范围和物流链条覆盖范围的挑战

有一个现象是，目前有些新锐黑马品牌，它们往往很快就能覆盖全国市场，而不是局限于某个城市。互联网是“平”的，而物流资源在国内却是不均衡的。目前有些省还没有进入“包邮区”，县和乡镇一级的城市配送量仍然较少，很多不在次日达的时效范围内。西北和西南地区的干线调拨成本依然高于沿海城市。

在智慧供应链时代，这些问题能不能得到更好的解决？既然是智慧，在拓宽物流覆盖范围这件事情上应该有所贡献才行。

在传统零售业态下，供应链问题主要体现在采购、生产、物流等职能的不足，造成消费者、销售渠道协同的不足，导致孤岛现象出现等。

在智慧零售时代，供应链不再仅仅是人、流程、硬件设施等要素的简单叠加与堆砌，而要实现供应链数字化与技术化的变革，让供应链变得更加智能化。

1. 智慧供应链的组成

要发展智慧供应链，创新是必然选择，但创新的前提是对智慧供应链有清晰的了解。《学习时报》上刊登了一篇蔡进的文章，其中提到，智慧供应链并不是一个简单的结构，它由技术、功能、环节等方面构成，技术层面包括感知技术、导航定位、移动互联、云计算、大数据等；功能上分成智慧化平台、数字化运营、自动化作业等；环节则包括智慧采购、智能制造、智慧物流、智慧消费等。

下面来看其技术构成：感知技术包括射频识别、产品电子代码、传感器、无线传感等，主要用于对物联网中物体进行标识和位置信息的获取。可视化技术具体包括科学计算可视化、数据可视化和信息可视化，其核心是给用户提供空间信息直观的、可交互的可视化环境。可视化把数据转换成图形，更能帮助人们理解正在发生的事情。导航定位技术主要是给物体定位。云计算帮助智慧供应链拥有强大的运算能力。大数据为企业经营提供信息与决策支持，涉及获取数据—分析数据—建立模型—预测未来—支持决策—形成数据的闭环。

从企业的实践来看，一套智慧供应链平台包括采购环节、生产环节、仓储环节、销售环节、流通环节、选址环节、配送环节等，并且会搭配算法模型，包括销售预测模型、品类规划模型、动态定价模型、库存分布模型等，既要解决供应链的效率，又要降低运营成本。

（1）智慧采购：结合大数据的基础，从最前端精准把握、判断和预估消费者的需求，为消费端提供最准确、快速的原材料供应。智能制造能在精准采购的基础上，运用新技术挖掘和改进生产工艺、生产管理方法及产品品质，将需求与自身更好更快地结合。

（2）智慧生产：借助智慧供应链搭建基于 AI 算法的精益化生产模型，同时基于过往的行业数据进行趋势预测，进而展开商品企划，安排生产计划、原料计划和补货计划。

（3）智慧仓储：包括优化的库区设计、智能的仓储设备、智慧的仓储管理集成等，货物进出库的验收、存取、分拣、配货、配送、统计、结算等，全部自动化实现，并借助仓库管理系统（WMS）等，确保企业及时、准确地掌握库存的真实数据，合理保持和控制企业库存。借助技术支持，掌握库存货物所在的位置及其变化。在智慧仓储里，会配备 AGV 自动导引装置、RFID 射频识别、机器人堆码垛等。

（4）智慧销售：解决“卖什么，卖多少，怎么卖”的问题，在智慧供应链里，选品机器人可以帮助提升选品的精准性，根据市场变化动态优化品类结构，如引流的爆品、完成销售利润的毛利品等，还能预测商品生命周期，以及能经过算法计算，规划商品上市的时间点、合适的营销方式，预测商品销售爬坡速度和销量以指导备货。

（5）智慧流通：解决库存周转率和商品在架率的平衡，以及库存分布过程中产生物流的成本和消费者体验的平衡。通过拟合补货调拨的关键参数，包括安全水位、备货周期等，基于历史数据和市场供需变化情况，进行库存分布（分布到哪些仓、哪些门店），最终得出补货调拨策略，监控库存水位，并及时预警。

（6）智能选址：能对门店选址提供支持，通过追踪与分析消费者行为，优化门店的动线设计和货架排列、商品陈列，从而提升坪效和人效。

（7）智慧配送：基于定位导航和路径优化等技术，为运输环节提供高效智能的路径规划，实现更高效的车货匹配；选择最优的履行方式，平衡消费体验和物流成本。例如，是从仓库发货，还是从门店发货，以及从哪个仓库、哪个门店发货等，这里就要用到智能履约技术。

一套智慧供应链系统必然建立在数字化运营的基础上，要将企业各个要素进行数字化打通与连接，并能实现自动化运营，包括机器设备、系统或过程（生产过程、管理过程）等，在没有人或较少人的参与下，经过自动检测、信息处理、分析判断、操纵控制等，实现既定的目标。

2. 智慧供应链的变革与路径

与传统供应链相比，智慧供应链技术的渗透性更强。在智慧供应链的环境下，供应链管理和运营者会主动吸收包括物联网、互联网、人工智能等在内的现代技术，可视化、移动化特征更加明显。

智慧供应链更倾向于使用可视化的手段来表现数据，采用移动化的手段来访问数据；整合信息的能力更强，利用智慧网络整合并共享供应链的信息，以便实现更佳的协作，帮助供应链内部企业更全面地了解成员信息，掌握来自内外部的消息，应对变化做出适当调整。

要完成智慧供应链的搭建，应注意完成几项转变，并做出对应的变革。

变革一：思维要转变

智慧供应链追求上下游高度协同，这要求企业重新思考自己的核心竞争力，明确自身在产业链中的位置，把薄弱的、非核心的环节通过外包，或者与生态伙伴合作的方式解决。

完全一体化的组织形式不能让供应链效率最大化，但如果完全开放和市场化，中间也会产生沟通和对接成本。智慧供应链要求企业用数据来链接上下游的合作伙伴，形成新的商业关系。与此同时，企业也要注意防范风险，与上下游合作伙伴形成良好的利益分配格局，健全监督机制，规范产品或服务的标准。

非常重要的是，智慧供应链涉及众多技术的使用，因此企业有必要打开视野，抓住新技术的发展机会。

需求的个性化与定制化程度越来越高，未来的趋势将是每一个人、每一个家庭对同一款产品或服务的要求都不一样。这种消费升级的趋势孕育着潜在的巨大需求空间，参与推动这种消费升级恰恰是智慧供应链的价值所在。

变革二：供应链结构的网状化协同

智慧零售供应链后台从原材料供应商、品牌制造商、分销商到零售终端，是端到端的完整供应链。智慧零售不仅是终端销售场景的改变，而且是以终端销售为中心，向产业链上下游及其他利益相关行业扩张，从而形成完整有机的商业生态闭环。

在智慧零售的市场环境下，供应链管理的本质并没有改变，依然需要集成和协同链条上各个环节，如供应商、销售渠道、仓库、门店等，确保消费者购买的商品以准确的数量、更快的速度送达，一边提升服务水平，一边将成本控制到最低。

这里还有一个关键要求，即以客户的需求为出发点，并且综合平台上积累的消费大数据，看透客户需求的变化与趋势。在做到这些的基础上，我们就可以相对精准地预测订单数量的变化，进而组织产品研发、采购、生产等，向零库存进步。提前精准预测即将发生的变化，就是智慧。

智慧零售时代的供应链结构是网状的，因为网状的反应速度最快、弹性最大，每一个网络节点都可以单独或联合供给，从而确保信息的快速流通，进而带动各个节点的快速响应，这样就可以提升效率。

在网状协同方面还有一个关键点，即光靠技术不够，必须要有协同合作的意识与机制，产业链的上下游、合作伙伴之间，要以开放的心态合作，共建智慧供应链。如果大家都没有合作意识，做不到开放信任，则网状供应链很难建立与运转起来。

变革三：供应链系统的可视化

以前，我们靠目视化，利用各种形象化、图表化、直观的、色彩丰富的视觉感知信息来对现场进行管理。尤其是生产现场，通过目视化管理，对生产现场的人员、设备、物料、作业方法、生产环境等各生产要素进行持续改善，实现各生产要素之间的合理配置。还有就是目视化管理仓库可以迅速地盘点库存数量，再配合其他工具，就能够很便捷地发现过量库存或可能会出现的缺料。

可视化是依托信息系统，由各种 ERP、TMS、WMS 和物流服务商提供的 Tracking 系统组成的综合体，在供应链计划的战术层面和执行层面进行应用。供应链可视化将帮助推动所有业务职能包括销售、市场、财务、研发、采购和物流等进行有机集成和协同。

通过供应链的可视化，可以对消费者需求、门店、库存、销售趋势、物流信息、原产地信息等进行可视化展示，供应链敏捷和迅速反应将以此作为基础。

通过可视化集成平台，战略计划与业务紧密连接，需求与供应的平衡、订单履行策略的实施、库存与服务水平的调整等，都将得到更高效的执行。

可视化更加强调数据方面的可见性，在收集、整理相关数据以后，提供给管理者进行后续分析与决策。值得注意的是，必须汇集并分析正确的数据，如精准的、实时处理的库存信息，有利于管理人员提高订单的拣选效率和准确率；再如正确的消费数据，能够帮助生产端制造市场真正想要的产品。

在评估什么样的数据能够最有效地支持决策时，企业领导需要构想出一个清晰的战略：应该获取哪些数据、如何获取这些数据并充分利用。

目前，一些公司已经在全力推动供应链的可视化，如盒马鲜生，其在运营中对商品广泛使用电子标签，将线上线下数据同步，如 SKU 同步、价格同步、促销同步、库存同步，实现线上下单，线下有货，后台统一促销和定价，这一切都为供应链可视化的构建打下了基础。

变革四：供应链管理的智慧化

零售企业的运营指挥控制系统是企业的“大脑”和“中枢”，在智慧零售时代，企业应该建立起由不同业务应用模块所组成的运营指挥系统。

这些应用模块各自管理一个领域的功能，显示实时的运营动态，如售罄率、缺货率、退货率、订单满足率、库存周转率、目标完成率等，同时又相互链接和协同，根据以上信息所建立的数学模型，最终拟合形成通用运营决策建议，如智能选品、智能定价、自动预测、自动促销、自动补货和下单等。

在智慧零售时代，供应链管理的智慧化要实现一个目标，即 SKU 决策的自动化超过 90%。在此基础上，供应链管理人员需要做的只是搜集信息、判断需求、沟通客户、协调各种资源、寻找创新机会等。

变革五：供应链的数字化

随着移动互联网、智能手机、移动支付等的快速发展，零售业转型升级拥有了强而有力的基础支撑。

从以消费者体验为切入点的技术开发和应用，到业务中后台的核心流程数字化，物联网、数据分析、地图搜索、人脸识别等技术改造着供应链全流程，进而改造零售业，使零售的深度和广度得以不断拓展延伸，特别是移动支付技术的应用，让企业积累了大量用户数据，成为打造智慧零售的一项重要基础技术。

从对数据的获取、分析及对不同客户的数据整合处理，到如何使数据转化成快速有效的信息流，产品质量等基础数据的整理及统一化，这些都是链条上基础数据工作，需要有充分的准备及整合计划来实现。

在智慧零售时代，商品数字化、顾客数字化、服务数字化、营销数字化、供应链数字化、经营管理数字化全方位推动传统零售业运行效率的提升，商业模式发生深刻变革，只有将新技术与零售业深度融合，才能为零售业发展提供新动能。

8.2 零售转型的供应链优化

在互联网技术、物联网技术及电商平台的冲击下，传统零售的供应商和零售商正面临巨大的转型升级压力。传统零售向智慧零售转型势在必行，而供应链的优化将成为转型成败的关键。零售企业的供应链应该如何优化呢？

1. 加强信息平台、人工智能等技术的应用

零售企业往往是多渠道运作的，整个体系的运转比较复杂，可以搭建销售商之间的信息共享平台，通过信息共享平台及时分享渠道内部的产品运营、政策红利及消费需求等信息，促进信息的无障碍流通，并确保产品准时送达消费者手中。

零售企业应加大对信息技术平台的研发投入，并积极引入物联网、大数据、全球定位系统等现代信息技术，将这些领先技术同各个渠道商圈融合，并在这个基础上，进一步提升营销能力，吸引更多用户参与商品消费。

重视人工智能技术的应用，这是一项预测科技，用来指导人类的各项行为决策。就人工智能在智慧零售业态中供应链的应用而言，有两大类核心模型，一是预测模型，二是决策模型。

预测模型主要是通过回归、分类、时间序列等算法，在大量历史数据的基础上，建立统计模型，并对未来的销售进行预测；决策模型则通过启发算法、整数规划算法等建立运筹模型，对具体业务场景应用进行决策。

在智慧零售业态下将出现大量零售运营数据，其中包括商品、销售、订单、库存在不同应用场景中产生的海量数据，这就涉及大量供应链的数据。根据不同业务场景和业务目标，如商品品类管理、销售预测、动态定价、促销安排、自动补货、安全库存设定、仓店和店店之间的调拨、供应计划排程、物流计划制订等，再匹配上合适的算法，对这些应用场景进行数字建模，进而展开更为精准的预测与决策。简单来讲，这个逻辑就是“获取数据—分析数据—建立模型—预测未来—支持决策”。

2. 提高市场需求预测能力

在国内零售商场，日用消费品公司宝洁的供应链管理做得不错，一大原因是其对需求的精准预测能力。众所周知，不少传统零售企业，尤其是快消品企业的库存很难控制在安全线以下，导致库存积压现象比较严重，产品从工厂经过

仓储物流再送到消费者手中，如果没有强大的市场需求预测能力，产能过剩或产能不足都不利于供应链的发展。

当企业的市场需求预测达到八成以上的精准度时，运营成本将大幅度下降，并且对市场份额的提升大有帮助。以服装行业为例，如果对需求预测不准，那么为了保障最大化的销售，就可能购进大量的款式；进货后，没有办法保证全部卖出去，就会滞销，这就是代价，或者产品不好卖，预计 3 个月卖出去，结果半年才售完，还是通过亏本出货才清了库存，成本代价更大，而这正是目前传统零售供应链比较常见的情形。

以某品牌为例，品牌配备了智能供应链管理系统，具备了集成智能仓储管理和订单管理功能，以及强大的数据分析能力，能够智能预测需求，直接与供应商订货，因此，在订货的精准度上相对较高，进而帮助企业降低采购成本与库存风险，提高销售成功率。

3. 提高供应链的协同性

“供应链协同”是企业在合作共赢的前提下，通过优化资源配置来降低交易成本，从而减少库存，提升企业的响应能力，围绕提高供应链的整体竞争力而进行的彼此协调与合作。在很长一段时间里，零售企业都在努力实现上下游产业供应链的协同。

不过，在中国零售业态的发展历程中，中小企业占据了很大一部分市场份额。其中一些商家只关心他们的送货成本是不是足够低，厂家只关心原料供应商成本是不是足够低，大部分企业都是站在整个供应链环节的各个点位上去考虑自身的利益的。从长远发展来看，供应链考验的是整个链条上的协调度，无论是上游的供货商，还是下游的渠道商，如果都分散各自为商，则对供应链效率的制约作用都较大。解决这一难题依赖于供应链的协同优化。

供应链协同的基础是数据全流程的贯通，而互联网天然就是低成本的数据流动平台，有必要充分利用信息平台加强供应链管理，搭建以市场需求为导向、紧密联系上下游、实时互通的供应链协同平台。只有提高信息化水平，企业之间才可能进行有效的信息传递，实现信息共享。

多个行业正在建立强大的新基础设施来促进供应链的协同，如餐饮行业，强大的供应链基础设施保障新鲜食材输送至门店，美团、饿了么等外卖订餐平台为门店带来更多生意，信息平台的建立使得门店与总部实现互通，并高效调配食材与人员等。

在协同方面，为了让品质更好，有些公司会投入生产线，并组织专业团队对代工厂实施直接管理，全程参与生产的所有环节，采购也可能是公司自己的，并会派出驻厂和管理团队。

部分企业会自己打造物流体系，从仓储到中间的干线运输，再到打包、发货，可能自己全部搞定。如果找到比较好的品牌合作商，则会提出自己的物流发货标准，然后推动落实，以提升供应链的协同效应。

4. 以用户需求与用户体验为先

在智慧零售时代，谁能在用户需求与用户体验上做得更好，谁就更有能力在消费经济发展的浪潮中占得先机。

依托网络技术、大数据进行预测分析，可以对消费者需求与变化进行归纳，针对消费者的相应消费表现对供应链进行动态调控，实现碎片化、波动型供应链调整，不仅能够有效提升购物高峰期的供应链运营效率，同时能够为消费者带去更多的购物选择，提供更匹配需求的商品组合。

此外，商家还应加大物流的弹性仓储能力，实现针对消费者的个性化包装，有效满足消费者的多元化需求，全面提升消费者的体验，从而拉动销售增长。

5. 加强供应链各环节的监督

从现状来看，在源头、运输途中、最后一千米的交付等环节，不少企业的供应链体系缺乏动态监控，全程追溯也比较缺乏。

零售企业要实现高效运作，必须加强对供应链各个环节的监督力度，将线上与线下进行统一监督管理，打破线上线下不协调的局面。

要想增强对供应链的有效监管，有必要引进软硬件一体的解决方案，借助数字化工具完成对供应链的监测。同时，企业应制定完整的监督技术，设立相关监督机构，明确权力与义务，不仅要审核相关数据材料，还要深入企业内部实地考察，彻底消除监督盲区，做到对各环节的监督，以全方位监督手段促进供应链各环节无缝对接，这些都需要借助当前的先进技术与工具。

在整个零售业态转型升级的进程中，供应链优化起着至关重要的作用，有必要实现从内到外一系列信息化和专业化的升级。

8.3 搭载物联网技术，支持智慧消费的物流升级路径

智慧零售时代的到来，使得零售网络先被互联网改造，接着再接受物联网

的改造，除了一级又一级的分销商，还会实现点到点的信息连接。

在智慧零售时代，海量的消费者与消费订单之间通过信息技术、数字技术高效快速匹配，从而形成一个网络互联、人与人互联，以及这两个网之间的物流互联网络。智慧零售时代的最大特点就是高效、快速的物流供应链系统。

当前，围绕智慧零售业务模式，线上企业、线下传统零售企业及跨界企业都在积极构建全新的端到端物流模式，引进物联网技术，配备物联网工具，加强对物品运输的监管，搭建信息共享平台，加快用户信息共享速度，从而实现物流的智能化管理。

8.3.1　在物联网技术加持下，智慧物流成为新风口

从仓储到运输再到配送，每一个环节都在智能化，都在想办法配备物联网技术，进而催熟了智能物流的应用与发展。例如，利用无线射频技术，工作人员能够根据物品的电子标签，对货物的运输进行实时监督，并对物品信息进行整合，快速传递到信息平台中，使管理人员能够及时掌握动态信息；配备全球定位系统，对货物进行追踪；利用传感器，进行重要货品的识别。同时，嵌入车辆中的智能传感器可监控车辆运行状况并预测维护需求。嵌入货物运输中的 RFID 芯片提供完全可视性，尤其是在运输过程中也能做到可视化。敏感物品，如食品和药品，在运输过程中需要特定的温控环境，避免损坏，基于云传感器持续监控运输中的环境状况，并向管理人员发送实时数据，以便根据需要做出响应，从而降低货物受损的可能性。物联网还能借助获取的海量数据，对运输路线进行优化，减少汽车的燃料消耗，提升运输效率。

根据中国物流与采购联合会数据，当前物流企业对智慧物流的需求主要包括物流数据、物流云、物流设备三大领域，2016 年智慧物流市场规模超过 2000 亿元，预计到 2025 年，智慧物流市场规模将超过万亿。同时，智慧物流企业的融资事件在不断增长，2010—2018 年融资事件总计 403 起，按照公开的融资额计算，总额高达 711.6 亿元；按照均值计算，每起融资事件规模均以亿元为单位，达 1.7 亿元。

大型物流公司早已引进物联网技术与设备，实现智能物流。例如，顺丰利用机器学习等技术预测快件量，进行更合理、高效的资源配置。

值得注意的是，智慧物流最重要的应用是无人化，具体表现在智能仓储、终端配送等环节应用无人设备，如智能仓储环节，部署机器人处理货物的分拣、包装和存取，包含分拣机器人（AGV 分拣、机械臂分拣）、分拨机器人、六轴码

垛机器人、自动打包机、自动贴标机、自动称重机、AGV（潜伏式AGV小车、AGV叉车等）、穿梭式立库，以及微存储机器人等。在终端配送环节，部署配送无人车、无人机、智能快递柜等。

早在2017年“双十一”期间，就有不少物流公司在仓库引入机器人和物联网技术，实现智能分拣，既能提高效率，也能减少人员的投入，降低分拣员的劳动强度。在配送环节，无人机等无人配送体系也被提上日程。

到2020年，智能仓储环节的机器人应用更加成熟，在京东物流武汉亚洲一号智能园区里，数百个机器人组成智能分拣平台，单个分拣机能力达到2.4万件/小时。智能机器人的运行速度为3米/秒，可以在智能系统的调度下进行路线规划，无论多忙碌都不会撞车。在配送环节，京东在无人仓、无人机、配送机器人等常态化运营后，无人轻型货车、无人配送站点也开始运营。

阿里巴巴同样在智能物流领域发力，早在2017年9月，阿里巴巴宣布斥资53亿元增持菜鸟网络，成为后者的控股股东，收购后计划5年内投入1000亿元，推进智能仓库、智能配送、超级物流枢纽的建设。到2020年，菜鸟的智慧物流体系走向成熟，推出数智大脑系统、数智仓储运配服务、数智全案解决方案、商流联动产品等全场景的物流供应链服务产品体系，它的数智大脑包括分仓宝、预测宝、数据宝三种，可帮助商家科学分仓，让货品离买家更近；通过联合销售预测、产销计划、补货的CPFR工具等，可预计未来4～13周的SKU和分仓销量；借助可视化数据看板，驱动数据化运营，提升决策的科学水平。

苏宁早在2016年就成立了物流研究院和S实验室，主要围绕精益生产和人工智能进行研究，如仓库自动作业技术、绿色包装技术、智能拣选机器人、智能配送机器人、无人机园区智能巡检、AR/VR技术等。2018年，苏宁推出“卧龙一号”无人配送车，在南京实测成功之后在北京、南京、成都三地实现了常态化运营。2019年8月，苏宁的5G卧龙问世，常规运营速度平均为8千米/小时，最快可达15千米/小时，可检测到100米外的障碍物，并能迅速做出应对判断，还能有效识别红绿灯，与周围车辆、交通环境产生实时交互和互联，制定十字路口通行策略。除无人配送车之外，还实现了“末端配送机器人—支线无人车调拨—干线无人重卡”的三级智慧物流运输体系。

8.3.2 智慧物流面临的挑战

智慧物流意味着物流的许多环节将上演“机器换人”，预计在制造、金融、服务等行业都会上演，BBC甚至预测，2030年将有8亿人的工作被机器人取代。因此，物流行业也将面临一个问题：被换下来的人该何去何从？

从长远来看，机器干了人的事后，人就会做更有价值的事情。从现实情况看，智能物流的实现所带来的人员减少主要体现在效率提升，但不会全部无人化，机器也需要人的管理。同时，不断有新的业态出现，解决人的就业问题。在传统岗位消失的同时，新岗位不断出现。

智慧物流的第二个挑战是技术是否足够成熟？技术成熟不只是可用，还要符合经济成本、适应不同场景，以及足够安全，如机器人对环境的理解与判断。

智慧物流的第三个挑战是制度。尤其是无人驾驶这件事，针对无人车该如何制定交通规则，无人车撞到人的责任如何划分？无人车的算法是优先保护自己还是保护路人？在技术大变革面前，人类社会的制度同样要适配。

另外，零售系统还处于“人找货”的状态，例如，城市里的人买东西都是人找货，现在要实现的是货找人。货找人不仅是指在仓库里面的货找人，也包含在全球范围内的货找人。货物在门店里面，门店是仓库的一个环节，不管货物在美国、欧洲还是中国，我们要看的是消费者在哪里，如何用最短的距离把两方快速、准确地联系起来，这也是智慧物流系统面临的挑战。

当然，任何改变世界的技术变革都不是一蹴而就的，物流行业智慧化是大势所趋，上述挑战最终都会有对应的解决方案出现。

面对这些挑战，我们应该如何升级物流系统，用好物联网技术，向智慧物流靠拢呢？

首先，应以消费者为中心重构物流新格局。

在智慧物流的支持下，零售商可以通过掌握客户消费行为特征，展开定制化的物流服务，并能基于前期积累的大数据，展开科学预测，提前备货；通过智能技术、资源共享和效率提升，进一步降低物流成本，以及通过店仓一体化、智能柜、微仓、众包快递等方式，解决最后一千米难题。

前置仓模式是重构物流系统的一条路径。前置仓是指在企业内部仓储物流系统内，离门店最近、最前置的仓储物流。还有一种前置仓直接以门店为仓储配送中心，总仓只需要对门店供货，就能覆盖最后一千米。换句话说，其往往围绕社区选点，建立仓库，辐射周边几千米的社区，由总仓配送至前置仓进行小仓囤货。在消费者下单后，由配送团队将商品从前置仓配送到消费者手中。

前置仓本来是电商为了满足配送时效性需求，在靠近消费者的地方设置的小型仓库。随着到家服务的兴起，多家企业开始这方面的业务探索。例如，每日优鲜、叮咚买菜等平台，采用的就是“中央仓+前置仓”的模式。不过，二者在物流体系构建上又有差别，每日优鲜采用的是“城市分选中心+社区微仓”模式，叮咚买菜采用的是“城批采购+社区前置仓”模式。

前置仓模式使得配送更加及时，消费者下单后，从离消费者最近的仓库发货，可能是某栋办公楼、某个服务站，也可能是附带仓储功能的门店，尽可能最快送达消费者手中。由于送货距离较近，商品的损耗也比较小。

永辉、沃尔玛等传统商超，以及盒马鲜生等，也是前置仓模式的代表。与每日优鲜等主营线上的模式不同，这几类商业主体在线下门店搭载仓储功能，线上线下相互引流，以店为仓，仓店一体。由于兼顾线上线下，这类前置仓模式的管理难度也明显更大，对信息系统的要求更高，同时兼顾销售与库存管理。

经过多年的发展与经验积累，前置仓不断演化：服务时效不断提高，部分平台要求在 30 分钟内送达消费者；从覆盖范围来看，前置仓的服务半径通常在 3～5 千米，有些企业将服务半径缩到 1.5 千米以内；很多前置仓以门店为基础，面积多在 300～500 平方米。

另外，由于大部分前置仓面积不大，所陈列商品的 SKU 有限，即便是 SKU 数量巨大的线下大卖场，其在线上提供给消费者的商品并非全部，而是通过大数据分析等选择热销商品在线上展示，前置仓运营的 SKU 数量在 1000～2000 个，少数达到 3000 个。

以前也有前置仓的同类模式，但没有像现在这么“红火”，一大原因就是数据的作用。以前的数据运用并不是很强，现在无论是在选址，还是在铺货等方面，都会借助大量的数据分析做指导，并且有互联网工具提供支持，向智慧物流靠拢，其价值自然就体现出来了。

随着智慧物流的推进，前置仓可能进入无人化、自动化时代。在盒马鲜生及京东七鲜店内，均采用了悬挂链、输送线等物流设备，并大量采用手持终端等设备，提高作业效率。在配送环节，无人送货可能被逐渐应用。

其次，以数字化驱动供应链物流升级。

数字化转型是人类社会史上一次伟大的社会转型，所有行业都有可能进入数字化阶段。

物流从业者也在被这个时代裹挟向前，各种关于物流智慧化的方案、技术与装备正冲击着从业者们的眼睛，不断刷新对物流、供应链的认知。

数字化驱动、构建以数据为内核的数字化供应链网络，可以提高供应链的透明度和服务水平，最终达到更加贴近终端、直面消费者、去库存、提高物流响应速度，以及实现企业差异化竞争优势和提升企业整体价值等目的。

具体来讲，物流的数字化，包括信息化、在线化、数据化等，其需要将传统的线下业务场景迁移至线上，并实现线上线下的一体化运作，如注重数据的收集与分析，进而做好物流优化方案，降低成本、提升效率。

据江苏物润船联股份有限公司负责人介绍，“长江经济带多式联运公共信息与交易平台”可实现水路、铁路、公路、港口等运输节点的信息发布、运力在线交易、物流路线优化、多式联运解决方案等功能，近 20 万条运输船通过互联网手段实现交易线上化、运维数据化、运输场景化及监管可追溯。重庆一家钢铁公司海港入江，运送 160 万吨的煤炭矿石，通过将 6000 多条船进行合理化资源匹配，走上游一吨可节省 30 元，走下游一吨可节省 15 元；5 万吨山西大同的煤运到湖北黄石，通过优化铁运、海运及江运，可节省 15%的成本。

中储股份打造的中储智运公路电子交易平台在 2016 年上线后交易额迅速飙升，到 2017 年，累计达 5.49 亿元，开发货主客户 1500 余家，运费普降 20%左右。中储智运打造了“物流运力交易共享平台”与“网络货运平台”，通过“智能配对”算法综合分析每一位在线车主的常跑线路、常运货物种类、车型车况、实时位置及目的地等数据，匹配更合理的运输订单，使车主能够“一边跑货一边接单”，降低空驶率。

惠龙易通负责人透露，自公司的货物运输集中配送电商平台上线以来，通过和建行、人保等机构合作开发金融和保险产品，整合通信、铁路、卫星定位、燃料、重卡等运营商总部的要素资源，为司机量身打造借记、信用、公司和场外交易卡，开发运费贷、汽车贷、贸易贷和互联网贷，整合 1297 家物流公司和物流园区等单位，发展会员 120 万个，在线交易货值达 3200 亿元。

华英汽车集团有限公司负责人表示，通过数据做枢纽，可以通过打通并优化“基地选择—食品采购—食物仓储—产品配送”整个链条，利用集车、店、库三种功能于一体的冷链物流车，在小区内为市民提供 500 米的保鲜食品供应圈。

其三，智慧化仓储的实现。

仓储管理在物流管理中占据着核心地位。传统的仓储管理中存在诸多弊端，通过智慧物流，采用先进的装备技术，提升自动化水平，实现机器替代人的战略，可有效解决仓储物流管理的痛点。

无人仓是现代信息技术在物流领域的创新，实现了货物从入库到包装、分拣等流程的智能化和无人化。仓储机器人主要以承担搬运、码垛、分拣等功能的机器人为主，可分为分拣机器人、搬运机器人、配送机器人，而这些机器人不仅可以让整个物流环节更加便利，减少错误信息的发生，而且可以降低劳动力的体力负担，提高工作效率。

以京东物流为例，绝大多数仓库达到了第三代自动化物流水准，有大量的自动化设备应用在仓库中。到了第四代，真正实现了智慧物流的标准。与第三代自动化设备不同，第四代智慧物流最大的特点就是智能化，它包含算法深度学习等内容，这些使得机器人有了思考能力，并可以通过图像识别和算法等进行判断，也可以通过算法对不同商品的摆放形式进行预判和思考。

截至 2018 年 9 月 30 日，京东有大型仓库约 550 个，总面积约 1190 万平方米，其中达到智慧物流标准的大型仓库约 50 个，部分仓库单个面积超过 10 万平方米。截至 2020 年 12 月 31 日，京东物流运营超过 900 个仓库，包含京东物流管理的云仓面积在内，京东物流仓储总面积约 2100 万平方米。

“无人技术”已经在京东“亚洲一号”智能物流中心实现入库、存取、拣选、包装、出库等环节的无人化操作。

据京东物流分拣负责人介绍，对比传统的自动分拣系统，昆山无人分拣中心智能化程度很高，场内自动化设备覆盖率达到 100%，以交叉带自动分拣机为例，供包（将包裹放入自动分拣设备供包台上）环节仍然需要人工操作，但在昆山无人分拣中心，已经实现自动供包，并对包裹进行六面扫描，保证每单信息被快速识别，由分拣系统获取使用，进而实现即时有效的分拣。

昆山无人分拣中心的最大特点是从供包到装车，全流程无人操作。目前在物流行业的整个仓配流程中，某个单一环节的无人模式已经逐渐成熟并投入使用，但像昆山无人分拣中心这种整个分拣大环节的全流程无人操作还不多见。

公开信息显示，昆山无人分拣中心的主系统是由京东自主研发的定制化、智能化设备管控系统——DCS 智能管控系统，其中包含自动分拣机调控、无人 AGV 搬运调度、RFID 的信息处理等。全场所有任务指令均由 DCS 系统中枢管控。全场投入 25 台无人 AGV（搬运叉车），通过 AGV 调度系统完成搬运、车辆安全、避让、优先任务执行等工作，从而实现分拣前后端无人 AGV 自动装车、卸车作业的操作。

在江苏海澜之家的仓储基地里，高 10 多米的自动化“立体库”堆满各式服装产品，并且全部实现集成物流系统“货物发送到人”的拣货仓储模式，原来花 24 小时处理的配货量，现在只需 8 小时，存储量是原来“平层库房”的 7 倍，人力成本降低了 60%。

在太仓的耐克物流中心，通过语音识别、自动化传输及识别码扫描，实施分拣打包，仓库已基本实现半自动化。在一些存放包裹及生活资料的仓库，不少市场主体对仓库实施改造升级，提高其运作功效。

菜鸟也有一个智能机器人仓库，拥有上百台机器人，它们之间既要协同合作又要独立运行。在消费者下单之后，仓库内的机器人会接到指令，然后它们自动前往相应的货架，并将货架拉到拣货员面前，由拣货员将消费者购买的物品放置在购物箱内，随后进行打包配送。当机器人电力不足时也会自动归巢充电，机器人与拣货员搭配干活，一个拣货员一小时的拣货数量比传统拣货员多至少三倍。

一位在传统仓库内工作过的拣货员表示，行业内拣货员都是计件制，拣货越多收入越高，因而不少年轻人都会尽量多拣货，他曾经一天最多的时候要走六七万步，而现在，机器人代替了拣货员的很多工作，拣货员只需要在拣货台拣货，一天下来步数只有 2000 步左右。

8.4　最后一千米如何提升效率与改善用户体验

伴随零售业务、包裹量的爆发式增长，最后一千米面临众多痛点。不管是顺丰的自营模式，还是三通一达的加盟模式，末端网点都面临着同样的矛盾，例如，包裹量连年增长，而人力资源却比较稀缺；服务要求越来越高，而服务难度却越来越大；场地需求越来越旺，而适合的场地资源却极其有限。

8.4.1　最后一千米的痛点

具体来看，纯劳动密集型的末端配送高度依赖人力。包裹量的增长也对应着对人力资源需求的上涨，顺丰、中通、圆通等快递公司需要人，而美团、饿了么、闪送、UU 跑腿、达达这些同城平台也吸走了大量运力。

闪送拥有超过 48 万名骑手，蜂鸟配送拥有 300 万名骑手，美团 2020 年骑手累计总数为 950 万人，这么多运力平台一同争夺有限运力，自然造成了快递员稀缺的局面。快递配送强度大，各种指标考核严格，休息日也少，对很多人来讲，这份工作的考验比较大。

另外，广大消费者在“最后一千米”存在多元化、即时化的需求，如周末在家，或者网购大件商品时，希望快递将包裹送上门，而工作日时，希望包裹放在菜鸟驿站或快递柜里，方便回家进小区时自取。

同时，越来越多的互联网生活平台挖空心思给用户提供最极致的服务，也培养了消费者对消费和服务的高预期。各大快递公司为了抢夺市场，也纷纷对末端网点提出了各种各样、越来越高的 KPI 指标：时效、签收率、星级服务、上门服务等。然而，绝大部分末端加盟网点并不具备这么强的管理和服务能力，缺乏有效的激励机制、成长机制，以罚代管是普遍手段，但效果并不明显，而包裹量的增长，对应着需要更多高水平的快递员，但现实情况并不理想，快递员的服务水平提升较难，导致“最后一千米”的投诉率居高不下。国家邮政局网站的信息显示，2021 年 2 月，用户对快递服务问题申诉 18004 件，环比下降 14.5%，同比增长 47.7%，主要问题是快件丢失短少、快件延误和快件损毁。

再说场地，由于快递包裹量的持续上涨，对场地的要求也越来越高，但在各种商业业态充分发展的城市，尤其是一、二线城市，租金逐年上涨且竞争激烈，快递网点想要找到租金适合，并且适应包裹增长的场地，将会一年比一年困难。

各品牌末端网点同质化竞争，把利润挤压到临界值，不少网点甚至难以生存。同一区域各网点之间经常比拼价格，同时占据了包裹量 70%以上的电商客户对价格极为敏感，所以各网点只有把价格压下去，牺牲掉的则是利润。

快递网点“痛”，快递员也很“痛”。快递公司的各种 KPI 考核越来越严，投诉罚款居高不下，每天送的数量越来越多，收入却不见增长。配送过程中天然和用户存在时间错配，单量少的时候还可以通过快递柜、门店代收等各种途径解决，随着包裹量的增长，这些途径已经很难满足派送需求，随之而来的便是延误或投诉。在智慧物流时代，需要借助更多办法解决这些问题。

8.4.2 最后一千米的努力

在最后一千米的路上还有很多模式，例如，各大超市的到家模式，无论在哪里下单，都能送货上门；每日优鲜、叮咚买菜等企业的“前置仓+骑手”的到家模式；“提前预定、社区寄存”的到柜模式。

前置仓+即时物流、门店+即时物流、小时达等模式，正催生现代物流新物种。从目前来看，围绕最后一千米，各大企业争抢的是送货速度、方便，以及准确无误，同时还要保证品质，尽可能减少坏损。

在 2019 年“6 • 18”活动前夕，菜鸟宣布与全球数千家物流伙伴一起投入 20 多万个快递站点、20 多万辆物流车、数百万物流人员，并推出七种“新式武器”共同保障天猫“6 • 18”。商家的多渠道商品已经在菜鸟体系内打通库存，消费者下单后，这些商品可以就近发货，最快只需几小时就可完成交付。此外，圆通的 12 架飞机、申通的自动分拣设备“小黄人”，中通的 3000 多辆高运力牵引车，韵达的千条跨城当次日达线路及百世新投入的自动分拣设备，都投入到“6·18”配送中。

2020 年 10 月，菜鸟驿站在上海推出“知心选”服务，消费者可提前选择包裹配送方式，如自主选择送货上门或由菜鸟驿站免费保管。同时，全国 2.8 万个菜鸟驿站已提供过送货上门服务。

在 2020 年“双十一”前，全国共有 1 万多个菜鸟驿站完成了数字化改造，成为全自助的开放式站点。消费者进场、扫码、拿包裹、出库离场只需要手机，全程无接触。

京东在西安试点的无人智慧配送站可存储至少 28 个货箱，1 个发货箱能存放 1 辆终端无人车并为其充电。当配送站运行时，无人机将货物送到无人智慧配送站顶部，并自动卸下货物。货物将在内部实现自动中转分发，从入库、包装到分拣、装车，全程 100%由机器人操作，最后再由配送机器人完成配送。

京东无人智慧配送站适用于城乡山区等多种环境，兼备自提、退换货、收发件等服务，进而解决城市最后一千米的配送难题。

早在 2017 年，苏宁就在浙江推出无人机配送服务和无人快递车“卧龙一号”，争取在物流末端进一步降低成本。除可以降低人工成本之外，智慧运输还可以优化车辆调度和运输线路，并提高按时送货率。

另外，苏宁旗下的天天快递在 2021 年开始聚焦最后一千米，为 B 端商户提供中高品质服务，为 C 端消费者提供同城配送体验；协助天天快递合伙人从单一的快递服务转型，形成“四位一体”（仓配一体、店配一体、送装一体、共享一体）的服务能力。

苏宁旗下的家乐福超市，依托 209 家前置仓、3000 多个 SKU，在苏宁易购 App 及家乐福小程序下单后就可配送到家，“1 小时送达”服务覆盖门店周边 3 千米的生活圈。同时，苏宁小店与家乐福门店联动，完善最后一千米配送网络。

从这些变化中可以看出，随着 5G 时代的到来，围绕“最后一千米”的服务将进一步多元化，智能柜、驿站、无人机、无人车正在创造新的便捷。

在解决“最后一千米”的痛点时，部分企业正在探索更多办法。例如，快递上门时，家里没人怎么办？根据此类问题，菜鸟网络推出一种智能快件箱，消费者只需要在自家门口装一个迷你型的智能快件箱，消费者和快递员通过微信小程序即可实现对收件箱的绑定和管理。快递员通过小程序扫码放件，业主通过小程序一键开箱取件。可以设想一下，通过智能快件箱，今后快件、外卖及牛奶等生鲜产品均可直接投送至消费者家门口，家中无人收件、下楼取件远等快递

"最后一百米"的痛点有望得到解决。不过目前这种方式还在尝试中，并没有得到普遍应用。

大概从2016年开始，智能快递柜逐渐流行，被认为是解决最后一千米问题的神器，速递易、丰巢、中集e栈、云柜、格格货栈等公司陆续成立。这些快递柜安装在小区里，快递员把货送到后把东西放到快递柜里，然后系统自动发短信给客户，提示要取快递。

但是情况并不是特别理想，确实有部分企业投放了大量智能柜，但还是有一部分企业收缩战线，甚至退出市场。业主觉得收快递麻烦，运营者也觉得成本高，一台智能快递柜的运营需要支付场地租赁费、电费、日常维护费用等。主要收入来自快递员支付的租用费、收件人支付的包裹超期滞留费及部分广告收益，盈利情况并不好。

部分快递柜企业还因为收取超时费引起争议，如格格货栈和速递易，对超过24小时的快递收取每天1元的保管费。丰巢则表示，对滞留快件的非会员用户在超过12小时后收费0.5元/12小时，3元封顶，法定节假日不计费。

围绕智能快递柜的一些创新也在展开，2019年3月，菜鸟智能柜推出"自主设置功能"，只要收件人不同意存放在柜子，快递柜门就打不开。用户可以通过手机淘宝菜鸟驿站官方号或直接在柜机上自主选择柜子代收方式。关注官方公众号之后，可以在"我的-设置"里找到设置入口，其下有4个选项，除"未设置"之外，还可选"可存放""不可存放"，以及"周一到周五可存放"。丰巢小程序也上线了"用户授权"功能。

从2013年开始，菜鸟在各个小区里开的驿站的影响力比较大，日均处理的包裹数量已超过1000万个，这个网点可以自提、入柜、上门等。同时，菜鸟还有一个名为菜鸟小盒的东西，其就是放在家门口墙壁上，方便收取快递的盒子。快递员可通过人脸识别开启盒子将包裹放进其中，并且这个盒子还"能屈能伸"，在完全展开状态下相当于28寸（1寸=3.33厘米）行李箱的容量。菜鸟小盒还可以用手机控制，也能对食物进行加热，以及与邻居分享使用，可谓"黑科技"。

同类模式还有一些，如享收小盒，总是想在原有成本条件下让用户享受上门服务，让包裹与用户零距离，从而提供更好的体验。

这类模式由两部分组成，以享收小盒为例。

（1）通过共享前置仓，聚合上游快递末端各网点的包裹订单，由自营配送员集约配送，可提升单个快递员的配送密度，从而大幅度提升配送效率。

（2）为用户在家门口免费安装享收小盒，让用户无论是否在家，都可以在家门口完成收货，同时快递员也不用再提前联系客户，减少了沟通成本和二次派送。

这类模式通过末端配送结构调整，可能会解决一些问题，例如，减少人力成本、管理成本、场地成本；节省快递员的时间，以便送更多快递；通过享收小盒全部送货上门，投诉大幅度降低；对用户来说，包裹永远在家门口完成交付，零距离，且不被打扰。

但问题依然存在，快递末端区域特性各不相同，同栋共配对资源整合的能力要求非常高。此外，对小区安全要求也高，存在万一有人破坏快递盒等问题。

我们再来看一家社区智能售卖机，名字叫桃丘生鲜，其主要做生鲜业务，提供两种服务：第一种服务是桃丘生鲜智能售卖机，消费者扫码开门—自选商品—关门扣费，现买现取；第二种服务是针对低频笨重商品，如东北大米、新疆哈密瓜等，其 App“采驿”向用户提供拼团服务，由桃丘生鲜认证的供应商点对点配送。

在桃丘生鲜创始人张东坡看来，送货到家的模式把生鲜当外卖送，很便利，但人力配送成本较高；在社区寄存的模式下，用户网上下单，次日下楼到寄存柜自提，运送成本较低，但增加了等待时间，降低了客户体验。

桃丘生鲜选择从即买即取的模式切入，其核心目的是避免高物流成本，同时，通过缩短购买时间，提高用户体验，解决社区生鲜“最后一千米问题”。

针对生鲜的损耗、支付、偷菜等问题，桃丘生鲜给出了自己的解决方案：对比传统的低温冷藏版售卖机，桃丘生鲜柜采用“水分子保鲜”技术，虽然货柜成本上升，但可以令果蔬保鲜期延长到 3～10 天，减少了尾货损耗。在没有房租、仓储、人工成本的条件下，零售价格相比传统实体店便宜 30%～50%，但不同的叶子菜和水果，需要设置不同的温度，并不是随意设置低温。

在支付方面，桃丘生鲜和第三方支付机构联合研发了一套结算系统。用户在扫码开门前，需要先在 App 内购买至少 20 元的使用券，在购物后自动扣款。这种方式也提高了偷盗成本，减少菜品被偷的频次。

目前，桃丘生鲜一方面通过加盟的形式招募社区运营户，将零售环节交给运营户来做。另一方面，招募城市合伙人，负责供应链工作，并组织第三方供货商入网抢单，目标城市为一线城市、准一线城市及省会城市；目标社区为 800 户以上，并且管理严格、无小商贩进入的社区。

第9章 智慧消费的零售策略：智慧零售

几乎与智慧消费同时诞生的是智慧零售。大多数消费要经过零售渠道，我们才能买到所需要的产品，其涉及如何获取品牌与商品信息、如何购买，以及如何支付。

在智慧零售方面，各路力量进行了众多创新的探索，如无人店、C2B定制、人脸识别与移动支付等，它们既是智慧零售的表现，也是智慧消费的构成。

9.1 智慧零售概述

当前，在智慧消费经济的大环境下，智能技术正在悄然改变中国零售业的格局，智慧零售浮出水面。智慧零售跟智慧消费是相互交融的集合体，有了旺盛的消费需求，才有零售的繁荣；而零售的进步，又为消费创造了更好的条件。

在此之前，现代零售业曾经历数次变革，先是连锁经济形态的出现，其普遍引进计算机信息技术，提升运营效率，降低成本，步入零售的繁荣期。电子商务的出现，对线下零售产生了冲击，带动了线上零售的兴旺，近几年催生出线上线下融合的新零售业态。

如今，随着物联网、大数据、人工智能等技术的应用，以及线上线下消费的成熟，以“智能化和数字化”构成的智慧零售正在重塑商业。

9.1.1 什么是智慧零售

可以这么理解，智慧零售基于移动互联网、物联网、人工智能及大数据等新兴技术，构建商品、用户、支付等零售要素的数字化，采购、销售、服务等零售运营的智能化，实现商业供应、服务与顾客需求的精准匹配，并以更高的效率、更好的体验为用户提供商品和服务。

究其根本，智慧零售要借助消费者的行为数据来做文章，采用新的技术，实现传统零售业的升级换代。其充分发挥线上数据的作用，深挖消费者习惯，实现智慧备货、智慧物流、智慧决策等的顺利衔接。当然，智慧零售也要做好零售的基本功，如选址、卖品、成本控制等。

在智慧零售模式下，企业的库存商品总量与消费者每天购物商品数的比值会大幅度降低，使整个供应链效率得以提高。同时，物流技术也会进化到高度自动化的阶段，精准配送、自动驾驶、机器人上门送货等应用水平将进一步提升。

智慧零售的价值将明显体现在门店零售板块，在获得授权与允许的情况下，当顾客逛店时，人脸识别设备就会锁定这位顾客，收集他在货架前停留的时间、拿了哪些商品、放回去哪些商品等数据。当顾客通过智能手机或其他智能设备连接网络扫描商品二维码时，货架旁边的智能看板会显示这款商品的相关信息，甚至还可以播放视频，以便顾客更详细地了解商品。在购买行为结束后，智慧POS 应用会帮助顾客快速结账，并且把消费信息留存归档，当同一位顾客下一次来到这家门店时，店员会根据偏好性、忌讳等因素推荐商品。当然，这种推荐工作也可能不是店员来做的，而是手机自动推送的。

作为店长或片区经理，则可以通过智慧店长 App 等移动智能应用，监控整个门店的运营情况，而总公司通过信息系统，每天能看到全国各地每家门店的经营情况。

以上场景就是一个典型的智慧零售场景，通过视频捕获消费者行为数据，之后分析数据进而掌握消费者的购物行为和趋势。其实，智慧零售就是要通过科技手段，让零售回到为消费者服务的本质上来。

当然，这只是一种体现，智慧零售还有另一种体现，如无人零售，其促成了一种新的智慧消费。这种模式受益于智能技术的进步，不需要导购员或收银员值守，分成无人货架、无人货柜、自动贩卖机、无人便利店、无人超市等大小不同的形态，仅 2017 年全国无人零售货架累计落地 2.5 万个，无人超市累计落地 200 家，无人零售市场累计融资超 40 亿元。

不过，近两年来，无人零售有些遇冷，一些企业接连被曝出亏损、裁员等消息。在有些曾经主打无人的便利店里，用户既可以用机器自助付款，也可以让传统收银员结账。

2018 年，亚马逊的无人超市 Amazon Go 开业，凭借扫码入场、即拿即走的购物体验，很快被视作未来零售门店的模板，后来在美国开设了 10 家门店。一直受互联网电商冲击的沃尔玛，在纽约长岛开设了智慧零售实验室（Intelligent Retail Lab），简称 IRL，占地 50000 平方英尺（约合 4645 平方米），拥有超过 30000 件商品和 100 多位员工。

沃尔玛的这家店跟 Amazon Go 一样，只要进门抬头，就会看到天花板上布满摄像头和传感器，主要用来监测货架动态，帮助管理库存。这些摄像头和传感器能识别出不同商品和数量，如果即将或已经售空，内部系统就会通知店员补货，同时结合实时库存，店员也会对蔬菜瓜果等商品的进货日期和保质期一目了然。

沃尔玛还在店内各处设置了互动屏幕，供顾客了解智慧零售实验室的理念和背后运作的技术原理，但是保留了传统的收银台。

另外，沃尔玛计划在美国门店增加 1500 个地板清洁机器人、300 个库存扫描机器人、1200 个快速卸货系统和 900 个顾客取货亭，这些都是采用技术提升效率、控制成本、为顾客提供更佳购物体验的做法。

2018 年，家乐福首家智慧门店“Le Marché”在上海开业，其集成人脸支付、扫码购等技术，同时引进“拜托了冰箱”“创造 101”等内容 IP，通过便捷时尚的体验和潮流内容 IP 提高年轻人的到店量，提升销售与运营效率。同时，家乐福与腾讯加深合作，在大量门店引进新的技术手段，成果也是相当显著的，如让散发海报、柜台填表成为过去式，转而采用微信支付、品牌公众号和小程序等，一步完成用户触达和获取会员。扫码购、微信及人脸识别支付可以缩短结账流程，解决排队痛点，进而提升购物体验。

单就家乐福的小程序来看，从 2020 年 2 月 10 日上线之后的半年时间里，日访问量最高达到 30 万次，日均访问人数达 16 万人，功能也多次升级，包括上线扫码购、霸屏领券、查看电子海报、分区域领优惠券、会员权益、拼团营销等，累积带动 661 万张的发券量和 240 万张的核销量。

刚开始，家乐福“1 小时达”接入苏宁易购 App，门店 3 千米范围内的用户下单可享 1 小时极速送达。在小程序上线后，陆续增加多种功能，包括“菜篮子”频道、预售、到店频道等，并且配送范围从“3 千米 1 小时达”扩容到“5 千米 1.5 小时达”。

在一年时间里，小程序注册用户超过 2000 万人，带动到家销售同比增长 127%，在“6·18”“双十一”“年货节”等重点大促期间销量更是实现 3 倍以上增长。同时，借助智能补货系统的支持提升快拣仓的补货效能，门店的履约能力大幅度提升，20 分钟出货及时率稳定在 99%以上，整体订单的及时履约率提升到 98.5%。

9.1.2　物联网助推，智慧零售发生的新改变

2018 年以来，智慧零售逐渐成为全球趋势，以大型企业为主、众多创新公司为辅，普遍追求零售的数字化、零售场景的体验化、运营管理的智能化，并进一步探索智慧消费生态的搭建，而这背后是物联网技术、物联网终端设备的逐渐成熟。

智慧零售带来的消费升级主要体现在场景升级、服务升级和体验升级，升级的背后助力来自“智慧科技”“智慧物流”等。随着技术的迭代，以及越来越多的零售商会运用物联网、人工智能、大数据等技术，场景互联、精准个性化成为智慧零售未来发展的制胜关键。

在智慧零售的舞台上，有以下六大趋势值得注意。

1. 场景互联

随着线上线下消费渠道的打通，场景互联已经初见成效。

体验与购买的融合：“线下体验，线上购买”“线下拉新，线上复购”等模式，为零售商、品牌方注入新力量。

下单提货无缝对接：“线上下单，门店自提”“线上线下同款同价”等策略，使购物过程更加流畅。随着科技的发展与物联网技术的快速进步，线上线下进一步融合是智慧零售的必然趋势。

2. 更好地满足消费者的个性化需求

在传统工业时代，我们的产品以功能作为主要卖点；在智慧消费时代，得益于人工智能和大数据的支持，产品能够以满足消费者的个性化需求为导向进行研发生产。但现实情况并不乐观，目前仍然难以满足消费者对定制化、个性化服务的巨大需求。进一步满足消费者个性化的需求，是智慧零售制胜的重要因素。

在以消费者为主导的新市场环境下，我们要重视消费者正在发生的改变。如今，80 后与 90 后已经成为主体消费群体，他们在优越开放的环境里长大，消费观比较自由，讲究品牌与性价比，并且敢于超前消费。在消费过程中，他们个性鲜明，但缺少耐性，对品牌的忠诚度不高。同时，他们对新科技产品的接受意愿更强烈，更看重体验。

如何采用新的手段与方式，如何更精准地定位我们的客户，进而提供个性化的产品与服务，是企业面临的挑战和机遇。基于消费者的大数据和智能供应

链的成熟，可以让我们找到更多的办法，如 C2B 定制。

3. 智慧零售将从试点迈向全面普及

目前来讲，很多智慧零售工具还只是局限于试点，处于探索期，部分大中型零售商正在部署，而大多数中小商家并没有怎么用。从市场变化来看，积极的现象正在发生，越来越多的智慧零售工具在终端部署，如无人结账、3D 云设计工具等，都赢得了消费者的认可。

未来的趋势是，随着互联网、物联网技术的成熟，更多智慧零售工具会普遍落地，从进店、逛店、导购到结账，新技术渗透到每一个环节；从产品概念、设计、研发、生产到上市，消费者的意见也可能体现在每一个环节。

4. 智慧零售将补足最后一千米消费场景空缺

在物联网的支持下，智慧零售的覆盖范围将不断扩大，补足消费者更多生活场景，最后一千米的空缺将得到弥补。智慧零售时代的小店、便利店、社区店等将面临新一轮的升级。配送方式更灵活，购买渠道更多元。

在渠道方面，线上、线下两种通路，不同渠道间的下单、配送、提货将无缝对接，既可以到店购买，也可以在 App、网店上购买，由店家配送。

配送方式也是多元的，顾客可以自由选择，包括店内购买店家送、在线下单门店自提、在线下单送货上门等。

店仓一体：小店既是消费场所，也是仓储场所，在配送服务上实现更灵活的仓储调配，服务周边 3 千米以内的消费者。

全方位服务：最后一千米的门店，将不再局限于卖货，它们会给社区的消费者提供全方位服务，如收发快递、临时存放物品、举办讲座等，进而增强用户黏性。

一些知名企业正在推行这方面的智慧零售计划，如苏宁小店，2017 年只有 23 家，2018 年就开到了 3076 家，2020 年 8 月，中国连锁经营协会与毕马威发布的《2020 年中国便利店发展报告》显示，苏宁小店增加到 3440 家，排在易捷、昆仑好客、美宜佳、天福之后。

苏宁小店的战场是成千上万个社区，主打生鲜、熟食、果蔬等多种品类，扮演社区里的共享冰箱，消费者既可以在苏宁小店实体店选购，也可以在“苏宁小店”App 下单，享受送货上门或自提服务，并且承诺三千米内最快半小时配送上门。这背后由“苏宁秒达”提供支持，苏宁秒达将打造 3 个不同维度的配送团队，包括以自营为主的苏宁物流专业化配送团队、众包形式的社会化配送力量，以及以“卧龙一号”为代表的人机协同配送解决方案。

苏宁小店还推出“虚拟货架”，展示苏宁易购的线上促销活动，并设下单区，方便用户购买和提货，弥补门店面积的不足。

在服务内容上，苏宁小店的做法很多，涉及免费 Wi-Fi、打印、复印、扫描，共享充电宝、雨伞、蛋糕预定等，还依托苏宁售后保障提供电器维修、洗衣、生活缴费等智能便捷服务。

5. 带动电子商务下沉

近些年来，下沉市场不仅是新一轮消费升级的主战场，而且是电商平台角逐的舞台。供应链整合能力、合作伙伴资源、仓储物流能力等，都是影响电商下沉的重要因素。在电商下沉的过程中，智慧零售起到了关键作用。

其中一大表现是 C2M（用户直连制造）的零售模式，一端精准获取消费者的需求；另一端把需求反馈到供给方，提供适销对路的产品，去掉库存、物流、总销、分销等中间环节以降低成本，推动下沉市场的消费升级。

阿里巴巴旗下的淘宝特价版，聚焦下沉市场，打造全品类源头直供体系，截至 2021 年 4 月，吸引了 2000 个产业带上的 120 万个商家和 30 万个数字化工厂。为了拓展零售渠道，淘宝特价版与腾讯寻求合作，开通微信小程序，支持微信支付。

6. 低线城市将成智慧零售主战场之一

长期以来，三线及以下城市的消费者，曾是网络零售较少辐射到的群体，大多数的乡镇居民仍然依赖传统的“夫妻店”。

近年来，县乡镇的网民增速较快，出现网购额的增长速度超过一二线城市的情况。拼多多、苏宁拼购等社交类电商出现，进入低线城市，满足了消费者的需求，销售额持续增长。

另外，低线城市竞争的核心还是在供应链与物流上，一些长期耕耘低线城市的头部企业，抓住智慧消费的机会，充分挖掘智慧零售的价值，并部署智慧物流，解决低线城市的物流困境。典型的是苏宁零售云，与苏宁易购直营店共同构造下沉县域乡镇市场的智慧零售端口。

2017 年，零售云仅开店 39 家，到 2019 年 9 月开店数量突破 4000 家，截至 2019 年 12 月 1 日，开店数量高达 4631 家，创下月销突破 10 亿元的记录。

2020年，零售云全国累计新开8000家门店，整体增长超100%，实现了200亿元的销售规模。

这是怎么做到的呢？为门店提供品牌授权和装修、设计商品陈列等支持；共享苏宁供应链，丰富门店可经营的品类；提供从门店筹建、选品、陈列，到开业宣传、日常运营等指导；规范服务标准；帮助门店做运营分析，指导经营；协助店长采用数字化工作运营管理门店；帮助店员开单、培训、分享活动；提供贷款、保险、财富管理、支付等金融服务。

当然，要想获得苏宁的这些支持，各地县、乡、镇的门店需要自己申请加盟。

苏宁同时发力线上社群运营，搭建1万～2万个社群，覆盖全国500万人。2019年8月，苏宁易购宣布，苏宁零售云正式进入3.0时代，用数字化技术驱动线下零售产业变革，这意味着零售云将全面整合苏宁内、外部品牌，供应链，运营，技术，物流，金融，服务等全价值链资源，全面赋能县镇零售商，持续提升其经营能力。

苏宁零售云还在各个地区设置了专门的社群运营专员，同时通过线上教学和线下集中培训，以及到店带教等方式，让零售云店长、店员等都能成为县镇里的意见领袖与社群运营专家。

在智慧零售方面，苏宁还在实现用户深度触达方面做了努力。2019年"双十一"期间，探索五维一体的方式，打通门店端、App端、小程序端、自媒体端及社群端，为县镇消费者提供全场景的活动入口，实战效果明显，"双十一"双线销售整体提升323.2%，11日当天基于私域流量的销售环比提升10倍以上，非电产品销售提升928.2%。

9.2 对传统零售的颠覆与优化

当前，我们正从移动互联网时代迈向万物互联的物联网时代。在物联网逐渐渗透到生活各个领域的过程中，零售发生了众多改变，如全域营销、物联网标记编码、线上线下全渠道的数字化改造等。

以物联网标记编码为例，每件商品都可以有自己的编码，每个编码都代表一个不同的ID。目前，所有特殊的编码通常通过以下一种或几种技术印在包装上：二维码（QR-codes）、射频识别（RFID）、条形码（Barcode）、近场通信（NFC）、数字矩阵（DataMatrix）或简单的数字编码。

消费者可通过扫描每件商品唯一的编码验证产品真伪、读取商品信息，专业人员则可以根据编码制作物流清单、跟踪分销和召回进程。

这只是物联网改变零售的一种体现而已，随着物联网技术的进一步发展，人们的购物方式和消费方式将会发生更多重大的改变，为了适应全新的变化，零售行业必将迎来更多颠覆性的变革。

变革一：零售的数据化、全域化

沉淀用户数据，分析用户数据，透过数据挖掘用户未来的需求，进而指导产品的升级迭代；依据数据分析的结果，实现对用户的精准营销，这种数据化的做法，正对传统零售产生强大冲击。

案例：优衣库在对 2018 年零售市场调研时发现，消费者在门店或网店购物时表现出一些新的需求，例如，超过 50%的人在购物时会参考朋友或意见领袖的建议，社交和口碑成为重要的决策参考；希望获得同样全面的信息，92%的人喜欢去实体店感受面料与穿着效果，而超过 60%的人在购物前会在线搜索商品信息，90%的人因为产品品质好而信任并持续购买某个品牌或商品。

于是，优衣库的掌上旗舰店做了相应调整，查货功能在线下线上都能提供商品的详细信息；分享功能方便用户转发朋友圈，预购服务则让“潮人”第一时间买到设计师款；消费者可以选择不同的穿衣场景，根据季节提供穿搭推荐，还能点击预约“门店试穿”。

另一种普遍现象是，全域获客成为企业增长的新空间，也就是通过全网、全渠道、全媒体获取客户流量。

以阿里巴巴为例，企业不仅可以从淘宝、天猫获取流量，还能通过天猫超市、淘鲜达、零售通、本地生活、支付宝等渠道实现全域获客。良品铺子和阿里巴巴系统对接，与阿里巴巴的“零食品类用户会员”“其他品类会员”“娱乐营销会员”这三种类型的用户系统结合，扩大了线上可运营、可触达的基数。

国内母婴社区头部平台宝宝树，在支付宝、微信等外域生态积极布局小程序、社群等，同时基于抖音、小红书等平台创作短视频、直播等，效果非常明显。截至 2020 年 12 月 31 日，移动端主阵地宝宝树孕育 App 月度活跃用户量增至 1990 万人，同比增长 5.3%；目前宝宝树社群用户超过 45 万人。

变革二：定制、体验还能再升级

很多定制开发模式已经出现，例如，京东推出大量 C2M 反向定制产品，基于 C2M 模式开发的游戏本和家电占比高达 40%。通过 C2M 模式，京东催生了众多贴合消费者需求，甚至引领消费者需求的新品类，如游戏本、高性能轻薄本、带鱼屏等。

与传统方式相比，京东 C2M 将产品需求调研时间减少了 75%，新品上市周期缩短了 67%，并且成功概率大大提高。

结账也变得更轻松，在一些超市，消费者提着购物篮来到自助收银台，实时扫描 RFID 标签，可在几秒内算出总价，自助结账。

许多零售商通过 RFID 技术深度改善了运营模式：库存、退货、防盗、收银，正逐步实现数字化管理。

即使在帮助大量客户买到低价产品这件事情上，智慧零售也带来了新的思路。以京东为例，其本身有一套系统在监控各种商品的站内价格，对价格虚高、变价频繁等进行实时拦截。同时，以最快 30 分钟一次的频率抓取竞品实时到手价，进行比价，确保用户成交价格的竞争力。

据京东零售集团相关负责人介绍，他们抓取的是到手价，是计算了满减、优惠券等各种玩法后的实际价格，而不是简单的页面价。2019 年“双十一”期间，该系统每天全面监控所有自营商品，实时处理 1000 多万条价格数据，确保能够给到消费者最实、最稳、最具竞争力的价格。此外，京东还提供了 30 天价保服务，全方位保障消费者利益。

变革三：新一轮服务升级

消费者见惯了各种服务，并且提出了更严苛的要求，部分消费者认为，知识渊博的销售人员的服务是整体购物体验的重要构成。能不能提供更好的服务，将影响企业的竞争力。传统的服务质量，不外乎微笑服务、快速响应等，但在一些细节上还有提升空间。

智慧零售的出现，为服务升级提供了更多的服务工具，以苏宁 V 购为例，让消费者享受一对一定制服务，提升了满意度，带动了成交率。这是苏宁易购门店特有的选购服务，希望通过一对一服务，为消费者解决困惑，提供专业可信的商品选择。

在 2019 年年货节期间，苏宁门店新上线的小程序让用户轻松在线上预约 V 购，同时，也可异地预约家乡门店的 V 购，享受一站式购物、送货到家的服务。据统计，年货节期间，全国门店 V 购接待用户超 10 万人，服务满意度达到 99% 以上。

智能客服是一大明显的表现。尤其是那些大平台，由于在线客服需求量很大，往往都会安排机器人客服。如京东 2019 年“双十一”期间，超过 3416 万次服务由智能客服处理，在回复的效率方面比较好。只不过，高难度的服务还是需要人工来完成。

一些智能工具将用于提升服务质量，如华为的客户服务中心，已经实现备件配送自动化、服务工单电子化、拆装手机标准化等，并且备件价格、维修费用官网可查询，做到全程透明。其中一大亮点是，采用了智能化的备件运营新模式，专门定制的智能备件柜，以及自主完成取件、送件的智能机器人，进一步节省服务工程师来回取送备件的时间成本。智能机器人是维修工程师的小助手，过去需要人工完成的备件寻找、领取、登记、管理等烦琐工作，现在交给智能机器人助手即可。工程师只需要动动手指、发出指令，智能机器人自行前往智能备件柜，取件送至工程师坐席。智能机器人和智能备件柜可以完美协作，全程无须人工干预。

变革四：减少浪费

在零售领域，配货、经营、消费环节浪费的食物占全球食品供应链比例非常惊人。这也是标准化供应链，尤其是水果和其他鲜货上的 GS1 条码价值不可估量的一个原因。GS1 的全称是 Globe Standard 1，该系统拥有全球跨行业的产品、运输单元、资产、位置和服务的标识标准体系及信息交换标准体系，使产品在全世界都能够被扫描和识读。

除新鲜度、尺寸、品质以外，条码认证技术还可纳入更多消费者关心的问题，如农药使用情况、运输过程中的燃油消耗、自然成熟时间等。市场需要更安全的食品，可追踪技术将会加速供给模式的转变。

变革五：建立更可靠的信任感

经过一系列食品安全事件之后，消费者与商家之间的信任度已经越来越低。当消费者购买商品时，他们或多或少都会担心质量问题，害怕买到劣质货和仿冒品。这也是现在许多企业为消费者提供正品验证的原因：打开包装后会看到一个 ID、二维码或涂层下的隐藏编码，扫码之后，即可看到详细的产地信息。

大约 20 年前，中国消费者开始看到产品上标有 ID 的贴纸，可据此拨打热线电话进行查询；而山寨厂商可以用同一 ID 复制出无数假货。新的一物一码产品全周期追溯系统，通过二维码的方式，对单个产品赋予“身份证”追溯码，实现“一物一码”，对产品的生产、仓储、分销、物流运输、市场巡检、终端门店销售等环节，进行数据采集跟踪，形成产品全周期追溯管理，能够防伪、防窜货等。

变革六：“人货场”加速流动

传统零售虽然同样具有“货场人”的概念，但却无云服务的加持，并且是由货、场为主导的，比较机械。在智慧消费的市场环境下，可以利用互联网和大数据等新的技术，促进人、货、场都加速流动。

而“人货场”中的人，则以用户为中心，从用户的诉求出发洞察用户，来确定应当生产何种货物，应当在何种地方销售。货不是单纯指货物制造，还包括生产、运输、管理等环节。

再说场，空间在不断地发生变化，其形态不再唯一，卖家具的商场可以同时做餐饮，购物中心同时可以卖家具，场的变化更快、更不拘于传统。在场里，除了买卖，还涉及场景、流量、智慧导购、门店数据统计监测等一系列环节。

9.3 智慧零售的体验塑造

在智慧消费时代，体验被提上前所未有的高度，要求企业为消费者提供周到的服务和便捷舒适的购物环境，让消费者快乐消费。以人为主的服务方式与服务态度，已经到了提升的关键转折期；而借助物联网技术的支持，从服务工具层面展开的提升才刚刚开始。

9.3.1 体验式消费正在崛起

在传统零售时代，商场、超市等零售实体店的作用是把商品卖给专注于购物的消费者，消费者前往实体店的目的就是单纯购物，并在购物后迅速离开。在智能零售时代，实体店铺成为一个平台，吸引更多注重消费体验的消费者进店体验而非搜索商品，而这也就意味着体验式消费的崛起。

所谓体验式消费，其实就是一种有别于传统的，重视体验、感受的零售业态组合形式。体验式消费注重顾客参与、感受，同时重视空间和环境的愉悦体验，以及一站式的多元消费。

体验式消费具有活动性强、产品体验性高等特点，消费者在体验过程中感受产品效果，进而产生消费冲动，从而增加消费者与品牌之间的黏性，好的体验模式还能形成良好的消费者口碑，带来连锁销售，可谓一举多得。如今，以下几种体验式消费正在悄然崛起。

1. 服饰领域的体验式消费

在智慧消费经济时代，企业如何营造更佳的体验，让服装更好卖？方式也有很多，重点还是多尝试，站在消费者的角度去体验并改进。

视觉是消费者体验的基础。商店设计、装修、陈列、模特、道具、光线、POP

广告、商标及吊牌等零售终端的所有视觉要素，是一个完整且系统的视觉营销概念。这自然应该精心打造，通过零售终端氛围的烘托，让消费者去感受好的产品和服务，通过情感的刺激，影响消费者的感情和情绪，进而触动消费者内心的品牌认同和情感期待。

“服装+咖啡店”“服装+书店”“服装+甜品店”等集合店的模式，已经成为服饰消费领域的一种新潮流。目前，跨界融合的消费场景确实给消费者带来与众不同的体验式消费。

成都的一家服装店，将店面做成了女士休闲空间，入店时需脱鞋，当然店里准备了不同季节的拖鞋给顾客；店内同时接待不超过 30 人，准备了 20 多款饮品和糕点，还有精心挑选的周边美食菜单，可以在服饰间里，听音乐、聊天，顺便选衣服。店里配了讲师，提供审美、气质、穿搭课程培训，将卖衣服、休闲、讲课融为一体。

现在有些店也在尝试试衣魔镜，主要有几种做法。如一种做法是，镜子的一边有很多款式的服装，只需要手指触摸其中一款，屏幕上的自己就能穿上这件新衣，不用换衣服，直接可以看到最终的试衣效果；还有一种做法是，当顾客站在试衣镜面前的时候，它可以对顾客的身材进行扫描，然后给出多种场合的穿衣搭配建议，搭配的衣服可以在店里购买，也可以在网上商城购买。

2. 家居领域的体验式消费

无论是家具、家饰，还是瓷砖、洁具、涂料、照明等建材产品，其都有天然的环境属性、空间属性、氛围属性，而这些因素就关系到一款家居产品、一个家居门店的体验做得好不好。

目前有些家居建材企业在开大的体验店，会专门开辟一个区域，让顾客可以现场体验与使用，如卫浴门店，可以现场淋浴、冲马桶等；又如涂料店，顾客也能现场拿个刷子，当几分钟漆工，刷刷墙闻一下气味。

同时，家居体验需要诱发，刺激顾客的感官，如视觉冲击。

多业态大店是目前的一种趋势，如尚品宅配的超集店、顾家的生活店、曲美与京东联手做的曲美京东之家等，都会引进相关品类。从引进的品类来看，包括读书会、咖啡、家居用品、装饰品、绿植、亲子母婴儿童等，一是可以营造很好的氛围，二是可以吸引客流，三是可以联手做单，提升客单价。

步子迈得更大的还是家居家电卖场，场景体验的动作很多，如国美、苏宁、红星美凯龙、居然之家等，以前的家电卖场，现在做“家电+家装+家居”一站式服务，顾客可拎包入住。以前的家居卖场，现在做成广场，引进影院、室内动物院、亲子儿童业态等。

商家还可以考虑增加一些虚拟的数字体验，如配 iPad，将产品与空间数字化，让顾客能看到更多产品与样板间效果，弥补门店体验的不足。又如 3D 云设计工具、VR、大屏、机器人导购等，可以制造新鲜感，进店的人会觉得很有科技含量。

商家还可以装几个大屏，在大屏上播放产品广告、情景视频、多种风格的家居空间展示等；落地扫码购，顾客想看网上的价格，直接扫码就能查询比价，还能扫码下单，再送货上门。

还有些家居建材店，甚至装修公司，引进娃娃机，跟这类商家合作。

3. 餐饮领域的体验式消费

消费者到一家餐厅就餐时，食物的美味不再是唯一的诉求，服务、环境也是消费体验的重要组成部分，这是一种“软性产品”。

“餐饮界”的调查显示，在外出就餐时，顾客最不能接受的是“服务态度差”，这将使其满意度大打折扣。对服务和环境的优化升级成为服务类企业在激烈竞争中寻求差异化、提升附加值的重要手段。

西贝通过前厅和后厨的动线设计，提高备餐速度和服务员的响应速度，以沙漏倒计时方式承诺 25 分钟内上齐所有菜品；羊肉串餐厅为顾客提供降温喷雾、餐后提供免费雪糕；大龙燚火锅在餐厅里表演京剧变脸。

星巴克在做体验营销方面肯定是非常厉害的。在具体做法中，既有传统的常规办法，也有现代的新技术引进。

传统的做法是，提供了一个让人坐下休息、聊天、简单办公的场所，不给顾客产生心理压力。绝大多数星巴克门店有不止一个出入口，分别开在店的不同方向，不喝咖啡，行人也可以把星巴克当成普通商场的走廊从中穿过。在气氛管理、个性化的店内设计、暖色灯光、柔和音乐等方面营造的体验环境，让顾客爱上星巴克。另外还有一些新的时尚玩法，如推了很多年的限量款圣诞杯，越来越有新花样，2019 年的樱花杯及各种杯盖、杯垫、杯具组合、笔记本、卡套等，都成了抢手货。

以盒马鲜生为代表的“超市+餐饮”模式一经上市，立刻得到广大消费者的青睐与喜爱。在这种体验式购物场景中，消费者可以直接选购食材，也可以当场烹调享用，而生鲜等商品的可视化直接陈列、选取和烹调接触了消费者对于“新鲜”等痛点，增强了消费者的体验，激发了消费者的购买欲。

如今还出现了一种主题餐厅，其主要做法是营造场景式的体验，利用环境来打造沉浸式营销，如有一家连锁餐饮企业，打着“重现南宋繁华”的旗号，在南京、杭州、深圳、北京等地开了店，并且一店一主题。还有一家餐馆，门口摆满了山里的新鲜野菜、土鸡蛋，盛菜的器皿也用的是乡下的竹篾篮子和箩筐，走进店里，木桌、木椅、木制画框，还有竹筒、竹席、竹制吊灯，乡土味十足。服务员穿的都是民族服装，再看一场湖南民间的戏剧表演，整个湖南乡间的情态就营造出来了。还有一种互动式的体验餐饮，如安排“包租婆”与消费者互动。“包租婆”不定期在门店出现，只要能“抓住包租婆”与其合照，就能得到一些门店的优惠。

4. 文化娱乐领域的体验式消费

温暖的灯光、轻柔的音乐、文艺的装修……近年来，越来越多的网红书店凭借“高颜值”成为众多年轻人的“打卡圣地”，体验也越来越好。“书店＋咖啡”“书店＋文创”“书店＋餐饮”“书店＋住宿”等模式屡见不鲜，书店逐渐从单一的纸质图书购买地，变成一个集书籍、文化用品展卖、休闲茶歇、亲子互动等功能于一体的综合服务空间。

如方所，除卖书外，还做足了各种精致的运营，店内设有各种排行推荐架，分类细致明确，海量的书籍存量，以及各种进口书等，同时引进各种合作伙伴入驻，文创用品、生活小物，甚至服装电器，满足不同人的需求。

城市传媒与京东签署战略合作框架协议，京东向城市传媒旗下“BCMIX”等复合型文化空间或主题书店赋能京东之家项目，包括提供产品、大数据、推广、会员等支持；城市传媒向京东之家赋能京东之家“文化消费生活空间”运营能力，包括提供文化空间设计、文化活动、展览、图书零售规划等支持。

这种融合的“复合型文化生活空间”，将根据店铺所在地居民消费偏好及高频消费品提供产品，并围绕用户偏好设计体验式的空间环境。

北京曾开过 24 小时无人智慧书店，由北京发行集团旗下北发网打造，30 平方米左右的空间、透明的玻璃橱窗，里面是摆放着各类图书及其他商品的货架，店内没有工作人员，通过智能机器人完成选购过程。

消费者若想进入无人智慧书店，必须从指定入口先进入一个由玻璃围成的透明小隔间。在这个小隔间里，消费者面前会有一个显示屏，按照屏幕上的指示，通过扫码或扫脸进行操作，这时通向书店内部的玻璃门就会解锁开启，并且每次小隔间只能允许一人进入，在一位消费者进入书店后，下一位消费者才可进入小隔间操作。

该无人智慧书店共有约 100 种图书，每种图书大约摆放 5 本。除图书以外，店内还有文创产品及饮料、零食等快消品，每个商品下方均贴有相应的价格。店内还配置了一个拥有语音交互、自主结账等功能的智能机器人。

如果消费者习惯有导购，只要张口说出图书信息或提出想要哪一类图书，智能机器人就会自动为消费者推荐图书，引导消费者到该图书的摆放区域。当消费者选择好想要购买的商品后，只需来到智能机器人面前，点击屏幕选择结算即可。

当前，越来越多的零售商已经发现满足消费者体验式消费的重要性，并将其作为重要的经营手段。在打造体验式消费方面，需要坚持以下几点原则。

原则一：根据产品属性设计体验策略

有些商家会简单地照搬同行或竞争对手的体验设计，甚至跨行山寨体验模式，而不是根据自己的产品属性、消费者使用习惯为自己量身打造体验模式。

这种毫无诚意的体验活动根本无法达到好的体验效果。商家如果想要达到预期的体验效果，一定要根据自己产品的属性，专门设计独有的体验活动。

原则二：采用个性化策略

在体验经济盛行的市场环境下，不同消费者的需求有所不同，而不同层次的消费者需求及同一消费者不同阶段的需求同样存在差异，消费需求的多样化与差异化可以说极其明显。事实上，尽管不同消费者有不同的利益诉求，但体验式消费却有规律可循。

在开展体验模式时，商家可以充分利用这一趋势，让消费者表达个性化需求，参与产品的设计和服务过程，分享参与设计、服务的体验乐趣，享受消费产品的美好体验。

原则三：主体与个性鲜明

商家通过体验式消费捕捉消费者最关心的问题，既要考虑个体的特殊需求，进行体验场景设计，同时还要有特色。产品与服务本身是体验的重点，但如果缺乏让人难忘、个性鲜明的场景设计，最终只会让产品失色。

原则四：硬件和软性服务兼具

商家在实施体验式消费模式后，体验场景不仅要包含硬件设施，而且要包含软性体验因素，如购买流程、工作人员素质等。只有硬件与软性服务同步的体验设置，才能确保消费者在终端店面，甚至是将商品拿回家体验后，依然能享受到一样的服务。

9.3.2　被颠覆的消费体验模式

在新经济不断发展的背景下，中产阶级及 80 后、90 后逐渐成为消费主力群体，新的消费群体更加注重个性、品质、消费体验，而这不仅给传统消费模式带来极大挑战，同时也让电商模式触碰到了“天花板”。

曾经，以淘宝为代表的网购模式颠覆了人们的消费习惯和消费体验，如今，智能零售正以多元化的形式，通过物联网、大数据、人工智能等技术，再次颠覆人们的消费体验。在新一轮消费升级中，消费模式的升级将以以下几种模式呈现。

模式一：多渠道无障碍的体验

以小米之家为例，小米之家大约有 200 个 SKU，几乎覆盖了人们的生活场景，能够让消费者最大限度地体验小米产品的品质。与此同时，小米的实体产品列阵也能强化消费者心中小米的品牌形象，让更多没有参与电商活动的消费者也能建立起品牌认知。在销售产品之外，小米之家最为重要的任务就是从线下向线上引流，为用户展示丰富的小米系列产品。

通过线上渠道与线下渠道的融合，小米之家做到了便捷性和体验感的统一。第一次进入小米之家的用户就会有机会成为小米的粉丝，并产生惊人的复购率。与小米之家类似，优衣库通过打通线上线下渠道，从 2016 年“双十一”创下“秒破”纪录开始，一直保持稳定、快速的增长速度。2016 年“双十一”2 分 53 秒破亿元，2017 年“双十一”60 秒内破亿元，2018 年“双十一”35 秒破亿元。在 2018 年“双十一”期间，优衣库天猫旗舰店投放的货品迅速销售一空，消费者还可以在优衣库 400 多家门店 24 小时快速提货。

模式二：新兴仓储的便利体验

在新消费经济环境下，消费者不会为了省钱而“自寻烦恼“，他们愿意为更便捷的服务付出更多金钱。提升供应链效率，把消费场景做到消费者身边，已经成为零售的共同选择。各种场景在社区和街道、写字楼间多点开花：无人货架、无人超市、京东便利店、盒马鲜生等大小场景纷纷涌现。

一般来讲，无人货架和盒马鲜生等属于前置仓范畴，而便利店可被视为“社区仓”，其凭借自身聚客能力将覆盖半径内的订单集约到店，通过 B2B 的物流模式降低成本。在新兴仓储模式下，消费者可以在最小的机动成本下到店消费，完成订单。

模式三：多元化产品组合的场景体验

当前，无印良品线下店与咖啡厅、艺术文化、时尚美容等开始了全新的跨界融合，以此打造一种让消费者有新体验的社交场所。据悉，为了配合书店和商品陈列，上海无印良品淮海 755 旗舰店推出一系列与设计有关的活动，如设计师讲座、讨论会、读书会等，配合无印良品自身的品牌调性，更加吸引有个性表达诉求的目标消费者。

与之相似，主打潮流的 YOHO!以时尚为主题打造的“YOHO! STORE”实现了在单一空间内汇聚与其相关的所有场景和共同价值的目标。在 YOHO! STORE，很大一块面积被划出成为品牌提供服务和活动的空间。一方面，品牌会提供类似球鞋清洗、潮流课堂、理发造型等潮流服务；另一方面，也会有艺术展、品牌展和 livehouse 等不定期举办的活动。

模式四：社群电商消费体验

社群具备“自迭代”的能力，以信任螺旋的方式累积稀缺的社会资本。个体在连接中创造互动，社群中的互动增进信任，信任的增长促进交易的增长，交易反过来又是互动的一种表现形式，由此信任螺旋上升。

新零售的数据手段可以完整地记录、沉淀社群运营过程中所累积的资源，进而创造、创新出服务于社群零售的新产品、新服务。拼多多、大 V 店等社群零售平台的成长速度很快，社群数量、交易额增长、复购率等指标让电商同行感到惊讶，这是“信任螺旋”释放出的作用。

模式五：会员管理的精准推送体验

传统会员管理模式一般会记录消费金额、消费频率、姓名、手机号、消费偏好等数据，通过这些浅显的数据很难勾勒出精准的用户画像，并且其大多无法连通线上线下。全渠道的数字化会员管理可以从更多维度的数据对消费者进行刻画。消费者的线上线下记录和各种非结构化数据将其性格特点、个人喜好、价值观等全盘掌握，而这些感性维度的标签对消费者最终的购买决策有着重要影响，在此基础上进行的精准推送不仅不会让消费者厌烦，还能获得较高的转化率，在营销上带来体验的提升。

目前，无人便利店会通过记录用户的购买行为形成用户标签，以特价或赠送的方式精准推送临期商品，达成供应链流通的优化，实现了“不对供应商退货”的承诺。

9.3.3　消费体验升级遇到物联网“黑科技”

在智慧消费时代，商业趋势已经向服务体验型消费转型，消费对购物环境的实时性、场景性、智能性、灵活性、体验性等方面都有了全新的需求。

在这样的背景下，新的智能科技不仅能帮助零售商增强与消费者的互动体验，更能将体验式消费的优势逐步扩大。

可以说，在智慧零售时代能够撬起新消费模式支点的必将是更智能的“黑科技”。

1. 可以刷脸的支付

同时承载了零售变革与生物识别技术应用的刷脸支付，在经历了多年的研发与测试后，支付宝“蜻蜓”产品问世，并在 2019 年 4 月推出第二代，两天时间订单量破万个，友宝等自动售货机企业，以及以味多美为代表的线下实体门店，已经成为支付宝刷脸付的合作伙伴。

这一次支付技术的变革，正在增强消费者与商家之间的关系，用户非常方便地完成支付活动，并且商家办理会员和拉新的方式也有改变，刷脸直接关联支付宝账号，只要在用户付款完成后，自动跳出办理会员的选项，用户确认就可以办理会员，不必再像以前填写很多资料。

不仅是支付宝在做刷脸支付，京东、苏宁、苹果等公司，以及大型商业银行都在布局刷脸支付领域。

京东金融人工智能技术解决方案“京东超脑”，可实现刷脸支付，其基于深度学习平台支撑的应用算法，可以对给定的一张人物照片，结合人脸轮廓、眼、口、鼻、眉毛等关键点，提取并识别人脸特征，实现人脸检测、检索、比对、聚类、美颜等人工智能的应用。

值得一提的是，通过对多项人脸识别技术的应用，京东超脑的模型能够防止照片、仿生脸、视频等攻击行为，并对复杂背景的攻击和真人进行有效识别，准确通过率均高于行业平均水准。目前，京东超脑人脸识别技术已经应用于多个场景，如京东大厦内打卡、贩卖机购物、食堂、便利店支付等。此外，京东无人车已经使用了京东超脑的人脸识别系统，可刷脸取件。

每一次支付模式的变化，都会引起最直接的支付介质的变化，银行卡时代的 POS 机与 U 盾、二维码时代的扫码枪等，都曾经主导一个时代的支付方式。

目前，已经有很多做刷脸机具的公司，如蚂里奥推出的刷脸机具；商米科技仅 2018 年就发布了 24 款产品，其中刷脸机具占 7 款：SUNMI K1、H1、T2、

T2 LITE、S2、D2、D1s，场景则覆盖了收银交互、称重、自助取卡等服务。其功能也越来越强大，从简单的支付延展到会员识别、身份管理、会员营销服务等多个方面。

从目前的情况看，刷脸支付的普及还需要继续推进。

2. 陪你购物的智能导购

很多人经常会抱怨没有时间逛街购物，智慧机器人的出现恰好可以帮你解决这一难题。

目前，名为“旺宝”的智慧机器人已经正式登录包括苏宁无人店、常规门店、主题购物展厅等在内的苏宁线下店，与消费者见面。“旺宝”不仅能够为消费者提供品类区域或具体品牌专柜的位置导航服务，还能够为消费者介绍专业的产品知识、播放促销广告。

消费者可以在来店之前预约一个机器人远程逛店，了解商品是否有货及其他现场情况，再规划到店后的购物计划，此举可以帮消费者节约不少时间。

到店后，机器人将与导购员一起为消费者提供一站式购物专属顾问服务，针对全屋家电等复杂类购物需求定制并展示解决方案，还可以帮助消费者陪伴同行儿童，让家长购物更加省心、尽兴。

2017 年，科大讯飞董事长刘庆峰曾宣布与红星美凯龙达成战略合作，智能机器人在红星美凯龙全国门店上岗，这种智能机器人名叫“美美”，通过商场内的导航、定位、人脸识别、语音交互、触摸屏交互等方式，成为顾客的贴身导购员，帮助顾客寻找心仪的家居产品，并解答顾客的各种问题。

还有一种智能导购工具可以帮助销售人员扩大客源、提高成交率，如阿里巴巴的钉钉，与淘宝打通后，导购可以一键发送相关商品和信息给消费者，如给客户推送新品到货、新店开业、优惠券等。

特步还联手天猫展开“百万会员”“双十一导购大作战”等活动，从导购和消费者两方面给予激励，2018 年“双十一”期间，智能导购为特步门店引流近 3000 人，当天成交额达 200 多万元。一度有上万名导购使用钉钉，发放上百万张优惠券，招募 100 多万名会员。

特步会定期为导购分配会员营销任务，在规定时间内完成任务的导购即可获得绩效奖励，其中产生了一些明星导购。有的导购一个月内招募了近 700 名会员，平均每天可招募 30 多人；有的导购通过私聊发优惠券的方式，“双十一”当天为店铺成功引流并成交 20 多笔。

3. 解决假货的区块链

假冒伪劣产品一直以来都广泛存在，即使法律规定极为严格，并且有专门的政府部门监管，依然无法杜绝。产品质量问题的层出不穷，高频率、大范围的商品造假，使得人们对商品溯源的诉求非常迫切，涉及行业包括医药、食品、化妆品、服装、农产品、汽车农机配件、音像制品、软件等多个行业。

利用区块链技术，通过不可篡改的分布式账本特征，可对商品实现从源头的信息采集记录、原料来源追溯、生产过程、加工、仓储、检验批次、物流，到海关、出入境、防伪鉴证等的全程追溯。

京东搭建了一个“区块链防伪追溯平台”，通过与政府、行业协会、科研机构、制造商等主体合作，打造“京东品质溯源防伪联盟”，将全链路信息进行整合，实现跨品牌商、渠道商、零售商、消费者的全流程正品追溯，并能精细到“一物一码”或“一批一码”。

网上流传广泛的京东区块链溯源案例有：助力生鲜如科尔沁牛肉实现全流程溯源；展现海产品如海参养殖加工工艺全流程溯源；助力梦之蓝手工班高端白酒的区块链防伪溯源；尝试物资公益捐赠流程追溯等。

京东又推出一个“智臻链防伪追溯平台”，如果有企业想合作，可以在线申请加入，将企业的相关产品部署到防伪追溯主节点上。按照这种做法，当企业和商品数量积累到足够多的时候，就可以形成主链。

早在 2016 年，沃尔玛和 IBM 集团就已经开始进行区块链平台的测试运营，利用 IBM 区块链技术追踪食品从生长到上架的全过程，将每个环节进行数字化记录。沃尔玛还尝试将区块链技术运用于生鲜食品领域。通过区块链技术收集食品供应商的具体信息，包括食物原产地、生长方式，以及质量监督过程等，沃尔玛可以更快地发现食品中存在的问题、锁定受污染的食品来源，并且更快速地将其从货架上撤下，不让消费者接触到这些食物，有助于保障食品安全。

家乐福也宣布，将扩大以区块链为基础的食品追溯计划，将区块链技术用于追踪法国中部奥弗涅山脉地区鸡的生产情况，检测每只鸡从鸡苗到成鸡、从鸡场到餐桌的过程中产生的所有数据，消费者可以扫描食品包装上的二维码，以获取各阶段的信息。

按照家乐福的计划，包括鸡蛋、奶酪、西红柿、汉堡和三文鱼等食品，都将被借助区块链技术追踪，这意味着供应商提供的产品日期、产地、分销渠道等信息将被透明化，食品安全问题将得到改善。

4. 所见即所得的VR技术

VR（Virtual Reality，虚拟现实）给使用者提供关于视觉、听觉、触觉等感官的模拟，让使用者如同身临其境一般，可以及时、没有限制地观察三维空间内的事物。换句话说，利用3D技术和VR技术推出的云端沉浸式展览展示服务平台，可以把企业、家庭、园区、酒店、房子等实景进行1∶1真实再现，让用户身临其境地体验场景内的各个细节。

例如，当用户要去某个景区游玩时，不知道景区的各个景点是什么，也不清楚景区内各个景点是否具有观看的价值，如果有在线的VR全景图，那么就可以提前有一个更好的准备。

各大零售批发行业，可以将商品的720度模型上传到全景中，让消费者在观赏全景的过程中了解产品的细节，在一个更立体、更动态的虚拟现实环境中身临其境地浏览商品，并实现线上销售。

对博物馆、展会等领域，用户在游览全景的同时，还能够720度查看博物馆或展会现场的展品，更好地实现“身临其境之感”，汽车行业借助720度模型展示，可以更好地呈现产品。无论是在车展全景还是4S店全景中，嵌入720度模型，能够更加细致地展示汽车。戴上VR眼镜或头盔，还可以帮助用户营造出自己驾驶汽车的感受。

在家装行业，VR的应用预计很有价值，传统家装效果图只能通过单张平面图进行展示，展示效果有局限性，消费者不能全方位观看自己意向中的家装效果，而通过VR图，消费者就能够身临其境地观看自己家里的布局，实现硬装、软装、家具、家电的预装修体验，达到“所见即所得”的效果，还能自选不同的风格搭配，觉得自己仿佛身处已经装修好的家里，能够坐在沙发上，或者躺在床上，一切就像真的一样。

2016年，阿里巴巴宣布成立VR实验室，并启动“Buy+”计划引领未来购物体验。eBay推出虚拟现实百货商店，京东也宣布加入VR/AR的战场。

在上海国际旅游度假区的VR智能科技体验馆内，不仅有基于VR技术的游戏应用场景展现，还有“身临其境”的购物场景。在这里，只要带上VR头盔和控制手柄，一个和浦东国际机场出境免税店几乎一模一样的购物场景就会呈现在你面前，护肤品、食品、酒类等上万种商品一目了然，用左手控制走路的步伐和方向，右手则可以在几乎是1∶1复刻的专柜前直接拿取心仪的产品，放大后还能查看产品内容和介绍、品牌故事、价格、库存等信息，如果对产品满意还可以一键放入购物车。

5. 懂得“读心术”的智能货架

通过后台积累的数据分析消费者的偏好，得出结果后再推送“你想购买”“你需要了解”的商品信息，这已经成为智慧零售的探索方向。在传统消费模式下，技术无法实时记录消费者的行为，但是如果有一个会“读心术”的货架，则可以依靠经验判断和大数据分析，为消费者提供所需、所想的商品，这就是智能货架。

不同于无人售货柜、无人店等无人智能设备，消费者必须通过不断的扫码、注册、授权等繁复流程才能购物，智能货架仅需消费者拿起心仪的产品，就能体验它的功能。在这种情况下，偌大的商场不需要导购员，消费者只需从货架上拿起感兴趣的商品，就能在面前的智能显示屏上看到这款商品的详细信息、功能介绍、演示视频，同时还能看到线上消费者的使用感受，甚至可以立即领取优惠券并在结账时使用。阿里巴巴零售通发布了智能货架，链接支付数据、淘系数据、高德数据、小店云 POS 数据等，然后根据这些数据对小店及小店周边人群画像，给小店最优的组货、陈列方案。货架还链接了零售通品牌商、经销商的营销资源，小店可通过货架领取零售通及品牌商的促销任务，完成任务即可赚取赏金红包。

当整个门店货架都升级为零售通数字化货架时，零售通可以对整个小店可陈列的商品总数、商品结构进行大数据分析，对整个小店进行商品类目调整、动线布局、价格指引。还有一些数字化展示台，能通过陈列架上的摄像头、感应式货架及后台计算机，估算消费者的年龄和性别、搜集消费者在柜台或品牌前停留的时间、接触样品的种类和时长，以此分析有可能购买产品的人数，甚至通过面部识别系统，分析消费者的情绪，进而判断其是否存在继续消费的可能。

智能货架还有比较初级的版本，如有住郑州智慧家居馆，所有用户都可在店内云货架导购屏上体验虚拟样板间，自由切换各类风格搭配及选择整屋软装配饰。在有住郑州智慧家居馆中，云货架无处不在。云货架不但能为用户呈现 3D 样板间，更可以挑选主材、软装、配饰，搭配满意的风格，所有商品都能在云货架内一键购买。

9.3.4　体验为王，打造极致体验的六大步骤

我们生活在充满变化的时代，这个时代最大的特征就是不确定性，但不管如何变化，有一样东西永远不会变，那就是对顾客价值的追求。打造极致的顾客体验，能够增强顾客价值的体现，进而在竞争中领先。

我们也能看到，在“体验为王”的智慧零售时代，基于新消费理念、追求更佳体验的实体店犹如雨后春笋般出现在各大购物中心、生活社区。

用户体验最主要的指标就是用户感知度。用户感知度越好，产品体验就越好。用户感知度分成几个维度：一是视觉，即用户看见的东西，包括产品、空间等；二是触觉，即触摸产品的感觉；三是感觉，即对产品的满意程度，是一种主观印象；四是黏度，即第一次买过或用过之后，还会不会再回来继续用。

那么又该如何打造极致的消费体验呢，可以参考如下一些做法。

步骤一：环境体验

相信大家对环境体验不陌生，这并不是新鲜事物，但它的影响力很大，6S是比较流行的方法，包括以下几个方面。

（1）整理。将工作场所的所有物品分为有必要的和没有必要的，将有必要的保留。

（2）整顿。把留下来的必要物品依规定位置放置整齐，并加以标识。

（3）清扫。保持工作场所干净、明亮。

（4）清洁。制度化，经常保持环境处在美观的状态。

（5）素养。养成良好习惯。

（6）安全。重视成员安全教育。

在智慧消费时代，如果还局限于这些方法肯定不够，有必要同时引入智能化工具来增强体验。如果有条件还可以安排一定的活动空间，提供给顾客携带的小孩，供他们娱乐；在装饰上同步于当前的流行色彩与设计风格；给顾客营造一个舒适美好的门店，让人走进来，就感觉很愉快，有一种赢得尊重的感觉。

在环境营造上，有必要考虑为顾客制造新鲜感，打造一些小惊喜、小刺激，避免出现场景疲劳。

另外，可以搞一些活动来活跃气氛，也可以增设新产品改善单调，还可以适当地调整布局，增加新鲜元素，吸引更多的人气，只要有一些针对用户黏性的吸引力，就会起到不错的作用，总之就是让顾客将逛店当成一种乐趣。

步骤二：做好产品体验及陈列

一个鲜活的门店，要懂得怎么用色彩与陈列说话，让顾客喜欢上这种场景。为此，除产品之外，商家还要思考如何通过视觉、触觉等感知，向顾客表达我们的理念。

定位一定要精准，要让顾客明白这家店卖的是什么，把产品内容清晰地传达给顾客，并且要让顾客能买到想要的商品，这就要求面向目标客群的需求，商品必须尽量丰富。

对大多数中小型商家来讲，想要赢得消费者的青睐，可以在某一品类上做到极致，保证在这一品类中产品的竞争优势。给顾客一个深刻的印象：我们在某种产品上做得最好，在某个细分行业里是最强的。

值得一提的是，产品陈列的创意也是门店体验的亮点，很多有创意的陈列形式都能带来大量的报道及口碑宣传。产品体验就是为用户提供身临其境的多种体验，可以是场景的再现，可以是现场的接触使用，也可以是活动的互动，让用户切实感受产品的价值。

一些卖场或购物中心正在力图打造沉浸式购物体验场景，如红星美凯龙至尊 Mall 打造了“五感全开”的沉浸式零售体验，汇聚了休闲饮品、进口床品、进口厨具、茶艺鲜花、臻品艺术、居家装饰、自然景观等多个艺术化的生活业态。另外，红星美凯龙旗下的“未来适”新零售概念店，也在努力从产品陈列、业态组合等方面入手提升体验，联合多家国内外知名品牌，打造不同的场景专区，每个区域都是一个空间生活化场景的真实呈现，如生活馆体验店内设有阅读区、饮品区、儿童活动区、休息区，还有专为年轻人打造的单身公寓，风格时尚，符合当代年轻人的品味，品类齐全，匹配全方位生活所需。

步骤三：业态多元，场景体验

新零售实体店应该不同于传统的购物中心、百货店、超市，也可以有别于盒马鲜生、超级物种，它可以是购物中心、百货店、超市的混合体，也可以是其他某种形态，但它一定要年轻、时尚、好玩、有趣，科技感十足。

它的业态应该丰富，能体现时下的消费新潮流、新热点，能够顺应品质化、个性化的消费趋势，美食、娱乐、文创、运动、休闲、健康、美妆等都不应“缺席”。它的商品应该新颖、时尚、亲民接地气，潮牌潮品、时尚杂品、跨境商品、绿色食品等不可或缺。它的布局应当别出心裁，以主题化、景观化呈现，其陈列应当混搭且具有创意，Wi-Fi 必须高速流畅，营销线上线下一体，门店布局、主要活动、特色服务应在手机 App 中清晰呈现；门店应当开辟一些供顾客活动的场所，还有休息区域，座椅不必太多，但要有，否则何谈体验。

居然之家本来是卖家具建材的，但为了提升体验，增强留客能力，现在开始做大消费业态，如北京居然之家家居体验 MALL 已完成家具建材、原创艺术、生鲜超市、餐饮影院、儿童娱乐、数码智能、体育健身及居家养老等大消费业态的全覆盖，还开起了室内森林萌宠乐园“MINIZOO·快活岛”，该乐园分为水族观赏区、鸟语林区、啮齿动物区、两栖爬行区、萌宠动物区、亲子游乐、书吧休闲等多个体验区，搭建互动场景、自然科普、益智游乐三大核心体验，部分萌宠还可以零距离抚摸、喂食。

居然之家北五环店开了一个奥摩星球动物乐园，一共分为 8 个场馆，有大量声光电科技的应用和自然环境的植入，聚集了 30 多个种类、近 600 只动物，包括羊驼、黑尾土拨鼠、小浣熊、狐獴等。

以屈臣氏为例，当中国区第 3000 家门店诞生时，新店部署了众多场景体验元素，不仅在装潢上突破传统，以黑白色为主调，产品结构向潮流时尚化靠拢，而且引入了诸多场景体验新玩法，如皮肤测试、美妆互动区域、AR 自动试妆系统等，这类用技术与专门场所构建的体验，不仅出现在日化领域，而且在家居建材、家电、教育培训、金融等众多行业里渐成趋势，只不过体验的表现各有不同。

步骤四：差异化的服务体验

市场竞争除产品之外，更多的是服务间的竞争，当产品同质化的时候，服务能力的强弱往往也决定了门店的核心竞争力。

客户体验的高低会受到服务质量的影响，也取决于客户的预期，好的服务是超出客户期望值的服务（客户体验值 = 实际感知值 － 预期值），往往一些细节会影响客户的感受。

一些以服务取胜的企业往往比较重视细节，以海底捞为例，随着“一个人去吃饭有熊陪”的事件频繁在微博、朋友圈转发，“海底捞是不会让你一个人吃饭”的江湖传说日渐明朗。

一些银行也在探索更有趣的服务，如将银行“搬进”咖啡店，打造全新的咖啡银行模式。一改银行的传统服务环境，将咖啡厅休闲、轻松的氛围和咖啡文化带入银行网点，为客户带去不一样的感知和体验。

与用户建立交易之外更深层的情感联系，提供一些差异化的个性服务，自然会获得更多的交易机会，像普通的周边服务（可免费配送）、力所能及的日常服务（代收快递）都可以与用户建立良好的关系。

京东在与农夫山泉的合作中，将线下多种形式的农夫山泉水站都纳入京东体系，品牌直接备货至水站；消费者在前台下单时，订单会直接下发给系统计算出的附近综合因素最优的水站，可以实现最快 15 分钟送货上门的体验。

这背后是京东零售的“智能履约决策大脑”在运转。这套混合了人工智能和策略的业务型系统，能够综合客户体验和运营成本，科学地输出亿万级订单生产策略和最优履约路径。

请在服务时给客户营造仪式感。人生中最重要的时刻一般会举办仪式。同样，客户体验也需要“仪式感”，因为客户极有可能一辈子就光顾我们这里一次，所以需要让客户体验到真正具有仪式感的服务。这点和我们内部的团队管理需要仪式感是相通的。比如，给客户交付的时候，经理出面一起合影留念，赠送 VIP 客户服务卡等。

适当的免费增值服务往往也能带来很好的体验，以此增强留客能力。例如，红星美凯龙北京市营发中心启动“家居维保服务月”活动，提供免费上门检测、维护、保养等服务，同时着力打造超五星的售后家居维保团队，推出“五统一”服务，包括统一服务团队、统一服务项目、统一服务标准、统一服务流程、统一服务工具，从而全面推动家居服务质量，提升顾客的消费体验。

步骤五：掌握用户数据，不断优化体验

实体门店究竟应该围绕顾客找产品，还是围绕产品找顾客？这是基于自有产品及用户需求的一个矛盾。随着供需结构的改变，传统的以产品为主导，生产什么卖什么的方式转变为以顾客为核心，为顾客量身打造产品。顾客在零售交易中的地位越来越高。

每家实体店铺的消费群体需求，往往决定着其运营的走向，为此，实体门店应该有一套自己的用户数据系统，不断支撑门店业务及产品的发展方向，同时以其他相关的服务数据作为辅助，如搜百度指数、行业数据报告等，找到自己的核心用户群，满足他们的需求，增强他们的参与感，激发他们的荣誉感。

实体零售最大的“吃亏处”在于缺乏数据，不能准确地知道自己的顾客是谁、来自哪里、消费了什么、喜欢什么，很多时候只能凭经验、直觉办事。

建议实体店从一开始就要整体规划、顶层设计，布局好数据采集、分析、提炼，建设自己的数据平台。打通线上线下，与供应链、ERP、CRM、App、微信等融会贯通，既可以采集消费数据，又可以获取顾客行为数据，还应对接包括支付宝、百度、微信、美团等平台开放的第三方数据。

步骤六：体验需要传播

体验好，但不传播肯定也不行，因为知道的人太少了，好体验的价值也难以得到最大化地发挥，变现力度不够。光靠老客户的传播会非常慢。

要想让体验被分享出去，有必要采用一些办法。

（1）让客户形成一种依赖公司的心理习惯：认真对待客户提出的任何特殊要求或隐性需求。合理需求都应全部满足，全过程无微不至，用细节感动客户。

（2）培育信任感：一个信守原则、履行承诺的销售，自然容易得到客户的信任。不轻易承诺，但只要说了，就要保持高度责任感予以履行。

（3）互惠互利：要让老客户看到推荐行为能带来的好处。要有老带新、推荐、晒单等方面的回报，并在后期服务中告知客户，这样也能让客户去分享。

（4）专业度让人信服：在讲解产品，解决选材、搭配或使用等问题时，表现出非常专业的水平，客户会信服你，加之利益刺激，客户推荐的动力更足。

（5）善始善终：将成交当成销售与服务的开始，从销售一直跟进货品的送装、房间清理等环节。

（6）在经营的各个环节上，寻找最能打动客户的亮点，总有一两个点能激发客户的分享兴趣，如网红拍照打卡点、某种制造惊喜的服务等。

互联网时代每个人都是自媒体人，让核心用户群参与门店运营产品的体验中来，他们也就成为产品的推销员与宣传媒介，通过使用心得、建议、分享等方式帮助传播。

9.4 智慧零售开花结果：大数据应用、新流量获取

在智慧零售这盘棋上，借助大数据及新的技术、新的渠道获取客流量，拓宽客户源头，提升精准营销的效果，进而推动企业发展，才能让智慧零售开花结果。

在智慧零售的流量获取方向上，直播、短视频、KOL（意见领袖）、精准广告推送、信息流广告等新的营销模式层出不穷，使得企业能通过新的方式触达目标消费群体。

大数据、人工智能等技术的进步，正在提升精准营销的质量，驱动数字营销效果不断提升，营销与技术的结合变得前所未有的紧密，分析、大数据与物联网就成了营销界最热门的话题。据中金公司研究部 2019 年 10 月的分析，欧莱雅大量运用代言人、社交媒体、KOL 带货等模式，助力流量转化，媒体投放中的 43%用于数字化渠道，其中 3/4 为精准营销，数字化建设使得集团广告点击率高于市场平均值的 50%～100%。

在新流量获取方面，美妆个护、食品饮料等品类是短视频平台投放的主要行业。直播也成为带货的主流渠道。据淘宝直播 2020 年 5 月的数据，从 2020 年 2 月开始，超过 1200 个品牌启动门店直播，累计直播场次达 45 万场，相当于每天都有 4000 个门店在全国各地做淘宝直播，无数“柜哥”“柜姐”转型直播带货达人，带动业绩线上线下双增长。2019 年“双十一”全天，淘宝直播带动成交近 200 亿元，其中，亿元直播间超过 10 个，千万元直播间超过 100 个。

9.4.1　大数据的应用

应用一：大数据助力用户画像

以前很多时候寻找消费者的痛点靠样本调研、走访，再加上主观判断，而在智慧营销的视野里，要依靠大数据分析去发现用户痛点，所凭借的样本是极其庞大的，而且依靠分析工具得出的结论，要比以往的决策方式更准确。

借助大数据分析，不仅可以发现用户痛点，还能找到用户感兴趣的点、喜欢看什么信息、在哪些平台上看等关键信息，进而实现更精准的用户画像。

应用二：助力智慧商场、门店运营，提升用户转化率

线下商场客流的运营与维护，是提升用户转化率的关键。大数据技术可以帮助我们收集用户的相关信息，建立用户个人档案，进而实现个性化分析和精准推送。在获客成本持续提升，线下客流被分化的背景下，能够最大限度地挖掘每个用户的价值，提升流量转化效率。

应用三：大数据助力选品及研发，更好地满足消费需求

大数据技术的运用，不但能够实现客户端的精准营销，还能够将用户端的需求向设计研发端反馈，推动设计流程的优化。

如一些咖啡品牌，借助大量消费数据的积累与分析，了解用户的偏好，能够以更精确的精度向他们推荐产品，并提供个性化的菜单以方便购买。

此外，随着收集到更多的用户行为数据，可以通过提供定制折扣来实施动态定价，更能留住用户并增加回购。

还有一些平台，通过大数据的运用，整合供给侧资源和需求侧的需求进行更加精准的设计开发，包括以下几种方式。

（1）众创式开发：大数据全面运用于商品开发过程，结合设计师数据、工厂调整建议、消费者测评结果，进行精准研发。

（2）平台式管理：将业务流程划分为若干个管理节点，实现下单、领料、品控、验货、物流、交付等环节的可视化管理。

（3）数字化营销：运用大数据，策划全渠道营销活动等。

（4）大数据技术的运用：在更好地满足用户需求的同时提高了 ODM 工厂的运作效率。

应用四：提升配送服务的效率与准确度

以某品牌为例，后端系统和供应商的系统连接并打通，可以根据商店位置、客户定位和骑手的实时位置来优化订单与骑手的匹配，并监控和跟踪送货过程，进而提升送货的效率与准确度。京东物流与李宁公司展开合作，京东凭借购物

用户的大数据分析，帮助李宁公司将产地仓、销地仓、B2B、B2C 等多个仓库整合，统一调拨、补货、运输、配送等，减少了冗余的库存和仓间调拨的次数，合作后，李宁公司的仓库存储效率明显提升。

应用五：精准营销

几乎与互联网营销同步，精准营销也被提上日程。为了找回约翰·沃纳梅克所说的被浪费的那一半广告费，策划、公关、互联网技术与广告公司提出了众多精准营销解决方案，运用这些解决方案的企业也不在少数。从现实来看，大家都在接近“精准”这个目标。

智慧零售的一个关键就是精准营销，借助数据与观察，了解人和人的习惯与消费行为，输出精彩内容，有价值、有感染力、有动销力，送达定向人群。同时，企业努力打造自己的 IP，无论是一款产品、企业自媒体，还是企业里的一个人物、卡通形象等，和用户不仅建立买卖关系，同时增加情感认同，让连接多元化，让用户向粉丝转化。

一些相对精准的营销工具将被越来越多的企业使用，如腾讯的广告系统、微博与今日头条等提供的信息流广告，百度等搜索引擎的关键词营销等，都带有一定的精准价值。支付宝推出的“会员通”，正在为有针对性的精准营销提供支撑，如商家发现消费者的关联需求，然后借助联合营销的方式，实现关联产品的销售。

在智慧零售的布局里，营销渠道的辐射一定要破除线上线下界限，展开全域营销，即消费者在哪里，我们的营销触角就要延伸到哪里，这种延伸的广度与深度由企业自身的资源能力决定。

当然，所有的关键词都离不开一个出发点，那就是满足消费者需求的变化、升级与分化，即更好的购物体验，更方便的购物触达，更周到、体贴的个性化服务，更值得信赖的品牌口碑等，因此要想打赢智慧零售，是否能让消费者满意、感动与分享，始终是胜负的关键。

9.4.2 智慧消费时代的新流量

1. 想办法引爆流量：公关型流量、头部流量

公关型流量，即合理制造事件，但不能违反相关法律法规与公序良俗，例如，某些品牌发起梯队明星轰炸战术，在几个月时间里集中投放，造出了不错的声势，花的钱并不多，效果挺好，产品销量快速增长。

如果在某个时间段内，同时有很多明星在推荐一款产品，大家会认为这个

品牌还挺有实力的，也能支撑价格。虽然这属于传统零售时代的办法，但现在依然在用。

挖掘头部流量也很重要，如粉丝量比较大的短视频大号、微信大号，在某些领域里名气比较大的意见领袖、正能量的走红明星，以及那些在国外很火，但国内还没有太大名气的 IP 等。

2. 私域流量

私域流量这个话题很火，谁都想拥有自己的私域流量。一旦建立起自己的流量渠道，就有机会带来更多的成交。

现在很多卖家都在搭建与运营自己的私域流量池，这其中不乏众多知名品牌。对于小规模的创业公司来说，流量也是要优先解决的问题。

那么，什么是私域流量？一种定义是，私域流量就是自己可以掌握的流量，自己掌握的用户可以反复利用，无数次免费触达。具体表现为微信群、公众号、官方网站、抖音号、今日头条号、快手号、App、会员体系等。

相对应的是公域流量，如百度、淘宝、天猫、京东等，这些平台都有庞大的流量，提供多种广告资源，但需要去购买，每次投放都需要支付费用。流量的大小取决于平台的分发，控制权在平台手中。

大多数私域流量都需要到公域流量池中引流，都来自公域流量。例如，在淘宝上买东西，会收到印有二维码的小卡片，确认收货后店家会留言给用户，加微信或写好评可以返还一定数额的红包。最后把客户引流到自己的社群里，或成为自己的会员。但最开始，这个流量还是从淘宝来的，只不过商家采用新的手段，把客户转化到自家的流量池了。

该如何创建私域流量？大概有 4 个关键步骤。这里提供如下建议。

（1）规划用什么工具沉淀私域流量，如个人微信号、微信群、公众号、小红书、头条号等。

（2）制订增长目标，如粉丝量、微信好友、群成员等，注意把握流量的精准价值。

（3）设计每个渠道的流量沉淀与转化机制，包括拉新、留存、转化、复购、口碑推荐等机制。

（4）激活流量池里的每名用户，分类运营。

下面介绍私域流量的获取方式，即私域流量池的深挖、扩大与运营。

（1）老客户流量激活：将满意度较高的老客户放到一个群里，设置激励机制，如果老客户邀请新客户，可以给礼品或返点。

（2）经营门店自媒体：如果有内容输出能力，建议经营公众号、小红书与抖音号等，分享装修、选材、家居搭配等内容，吸引粉丝与转发，从中转化客户。

（3）拼团：让参团用户主动拉新，在拼团中还能抽奖，将新来的用户沉淀到微信群和公众号。

（4）分销有礼：用户只需要把商品链接推广出去，有成交后能自动获得提成，将活跃的分销用户发展成长期的兼职销售，并拉到一个群里专门维护。

（5）社群流量：门店自建交房小区社群，吸引业主加入，逐渐转化；通过免费服务、免费资源、优惠额度等方式，激发群成员邀请新客进群，进而实现裂变。

（6）个人 IP：每个导购将个人微信号打造成品牌，持续扩大好友数量，并根据自己的特长设定角色，如可依赖的店长、专业的装修达人、产品专家、搭配师等，打造有情感的微信号，让微信好友相信你，增强黏性。

（7）线下赋能线上流量：线下实体店有得天独厚获取自然流量的优势，如餐厅、旅游线下门店、超市/便利店等。

之前全家便利店的会员报手机号就可以积分，经过会员升级之后，会员需要下载 App 扫码才能积分。在过渡期间，手机号和 App 都可以使用，最终实现只能通过 App 积分。全家便利店成功将线下的自然流量用户转移到线上，将流量线上化、私域化。这样做的好处是明显的，除用户数据更加完善、能主动触达用户之外，全家便利店除经营线下门店外，又增加了一条线上流量变现之路。很多时候，企业及运营人员把流量盯在了线上，而忘记了线下还有很多门店的自然流量可以利用。如果没有 App，则可以用个人微信号、企业公众号、微信群等方式，打通线下与线上流量通道，整合私域流量。

（8）私域流量联盟化：私域流量的拥有者们应该以更开放的视角、格局看问题，一方面运营自己的流量池，另一方面与其他私域流量拥有者做流量整合，共享流量资源，让流量基数变大，增加流量变现途径。

现在有些企业已经在做这样的事了，例如，发起异业联盟的时候会共享社群资源，达到流量共用的目的；还有就是专门的第三方机构，其整合了大量网红资源，每个网红达人都自带私域流量，根据广告主需求进行任务分发，让网红达人们的私域流量变现。

私域流量与粉丝密切相关，很多时候私域流量要靠粉丝来支撑。只要用户关注了你的微博号、公众号、视频号等，都可以称为你的粉丝。

在智慧消费时代，众多消费平台的数据显示，粉丝人群的平均购买力比非粉丝人群高 30%，而在品牌线上营销活动的转化率方面，粉丝人群是非粉丝人群的 5 倍，足以看出粉丝力量的强大。

3. 渠道创新，跟节奏抓新媒体、电商红利

在渠道上要创新，要有新渠道、新玩法，用好各种新媒体，抓住各种新渠道的红利，如前几年，有些品牌是从公众号开始做起来的，增长速度非常快。近几年，抖音成了非常核心的流量平台，小红书也是核心的口碑平台。

顺应电商平台的趋势和玩法，如天猫、京东等平台的数据都很有用，对品类卖点、趋势的把握很到位。最好是结合这些主流电商平台一起做活动、推产品，按照他们的营销节点策划产品和营销活动。如果企业能够找准核心平台喜欢的切入点，并且获得推荐，这个产品就成功了一大半。

以前的做法是，一套创意用在各个渠道上，或者主要走经销商渠道，而现在可以只抓一个最核心的线上渠道，如天猫、京东、拼多多等，就有潜力成为一匹黑马，推动业绩增长。

小红书也孵化出了一些比较有影响力的品牌。有一家饮品公司，希望让小红书的每一个工作人员都试吃到自己的产品，于是他们提供了大量的赠品，小红书的工作人员开早会，拿进来的茶歇都是该品牌的产品。整个团队跟小红书不同层面的人、不同部门的人深度沟通，争取小红书更多的支持和资源。结果就是，很多资源不是拿钱换的，而是小红书方面愿意来扶持和培养的。于是，花了几个月时间，该品牌做到小红书笔记数第一、话题数第一、互动第一、销售量第一。

传统门店的运营包括营销、获客、会员管理、空间体验、结算收银、仓储、交付等职能，而一些企业通过 App 把线下门店的营销、获客、会员管理、收银结算等功能线上化，去掉了空间体验和仓储职能，只保留生产和交付职能。这种做法一方面降低了对线下大型门店的依赖，从而降低了门店成本，另一方面，借助 App、公众号等线上平台，可以沉淀会员，建立起自己的私域流量池，后续在推广新品与进行新的营销活动时，可以直接用上。

4. 裂变式营销

裂变是“流量池思维”的核心。裂变形式包括拉新奖励、IP 裂变、储值裂变、个体福利裂变、团购裂变等，刺激用户的活跃度，提高黏性，从而带来更高的复购率、转化率和留存率。

这种策略要求以数据驱动营销决策，精细化运营，配合精准的裂变渠道，在维持企业原有用户使用习惯、活跃度的同时，通过技术手段反复测试以提高

分享率，并不断对新用户产生刺激，贯彻增长目标。大概做法如下。

（1）拼团。可参考拼多多的做法，用户可以自己发起拼团，满足数量后价格下降到一定程度。

（2）分销赚钱。鼓励老客户、注册会员等，分享指定的产品或活动链接，只要有人通过分享出去的链接下单，就会给分享者一定的提成。

（3）砍价。鼓励买家邀请其他人来砍价，可以把价格砍到一定程度。

（4）打卡签到。签到可以获得积分，积分用来换取奖励。

（5）福利任务。可以免费领课程、奖品等，但需要先完成任务，如关注转发，之后才能领取。

（6）投票拉票。这个可以有很多种形式，如举行评选，激发参赛者去转发拉票。

9.5 智慧零售的发展趋势

智慧零售的内涵是以用户为中心，通过技术驱动，建立在可塑化、智能化和协同化的基础设施上，依托智慧供应链，线上线下深度融合，重构人、货、场，满足用户需求，提升行业效率，从而实现“全场景、全渠道、全体验、全时段、全品类、全链路”的零售模式。

目前，各种公司都在加紧探索智慧零售的布局，产生了很多成果，未来的趋势又将如何？接下来进行分析。

9.5.1 趋势一：前沿技术、新工具的普及应用

科技对于传统行业的赋能是无法估量的，所有智慧零售商都将跟进物联网、人工智能、虚拟现实、图像识别及机器人等前沿技术的发展，而这些技术将成为零售商进一步提升业务竞争优势、增强客户信任的重要工具。

毫无疑问，上述内容中提到的众多黑科技，将应用到实体店与网上商城，从而进一步改善购物体验，既让消费者觉得新鲜，又能促进转化。

目前，像智能货架、机器人等技术或工具还处于小范围试点阶段，预计数年后在稍具规模的门店都可能出现。

智慧零售线上与线下有机融合的方式会引发“三多”现象，即数据来源多、数据格式多、数据容量多，尤其是各种场景的应用，声音、图片、视频等非结构化数据会大幅度增加数据容量。在这种情况下，人工智能技术处理大数据的能力就可以更好地利用数据价值赋能智慧零售。

目前，新型大卖场与商超的配送标准是 30 分钟至 60 分钟送货上门，即时消费领域的标准是 30 分钟。在智慧零售时代，快递业将发生巨大改变，短距离配送、更短时间的配送将成为新的趋势。

短距离配送，以传统方式来看，其配送成本往往超过商家承受范围。正是由于这种配送标准的高要求，所以才必须通过算法与人工智能技术进行优化，从而提高配送效率。

在智慧零售时代，将会有各种新事物不断涌现，例如，拍照即可实现商品搜索和购物的应用，营造沉浸式购物体验的 AR/VR 技术，支持自动结账、刷脸付款的无人超市，以及能够自动下单订购生鲜食品的智能冰箱等。

毫无疑问，在追求成本、效率和体验的智慧零售时代，技术将成为重要的推动力，而能将虚拟数字物体和现实世界融合的 AR/VR 技术无疑是这场革命的关键。这方面的内容已经讲过，下面再提一些做法。

沃尔玛采用 AR 试衣镜，通过 3D 扫描的方式，建立消费者的身体轮廓模型图，允许消费者虚拟性地选择、试穿衣服。更神奇的是，这款 AR 试衣镜还可以让消费者看到自己背部的样子。对消费者和零售商而言，成了一个超级方便的工具。

在零售业态的变革中，科技、数据和分析能力已经成为至关重要的驱动力。在以消费者为中心的生态系统中，科技进步让零售商、品牌商能够借助更多元、高效的方式触达、洞察并对话消费者。同时，新技术的应用也使得企业能更加有效地优化运营和管理，以消费者为中心进行资源的有效配置和运用。由此可见，科技必将成为未来零售持续创新与转型的基础，企业应该以开放的心态去面对技术革新，借助科技的力量让零售业态向着更智能、更智慧、更无边界的方向前行。

9.5.2　趋势二：RFID 等物联网技术助推智慧零售

物联网是智慧零售产业闭环的关键点。物联网作为一种感知层的物理实现，其能够以极低的成本将商品信息数据化，将整个线下零售的一切商业行为都搬到线上，再通过大数据和人工智能进行分析，从而形成一个线上线下商业行为的全图场景。

正是由于物联网技术的发展，零售商可实时追踪数据，对产品脱销、滞销、不合格等情况做出快速响应，同时可采集消费者行为数据，通过对全流程的监控来最大化利润空间；对于消费者而言，通过物联网技术，可以自助验证产品真伪、快速成为会员获取积分、获取更多产品推广信息等，更加高效便捷地获得服务。

超高频 RFID 解决方案在零售领域的应用效果被市场反复验证过，以服饰行业为例，库存和供应链问题是痛点，同时 ZARA、H&M 等快消品牌的兴起，对库存、供应链管理提出了更高的要求。超高频 RFID 技术的应用可解决鞋服零售行业库存高、补货不及时、数据不精准、物流效率低、盘点耗时长等核心痛点。

值得一提的是，线下的智慧门店兴起，迪卡侬、Prada 等品牌商开始使用超高频 RFID 技术在实体门店提供智能导购、智能试衣、批量收银等服务，为消费者提供极致体验。

在 Prada 试衣间的智能屏幕前，每件衣服上的 RFID 芯片会被自动识别，屏幕上会自动播放模特穿着这件衣服走 T 台的视频，从而与消费者产生互动。同时衣服被拿的次数、停留的时间、是否被购买等信息，都会通过 RFID 进行收集并传回 Prada 总部加以分析和利用。

9.5.3 趋势三：大数据释放威力

大数据可以说是智慧零售的核心，是整个新零售生态的中枢大脑，是服务决策的关键因素。在智慧零售领域，大数据应用涵盖销售分析、库存分析、精准营销、消费者行为分析等内容。大数据可以有效提高零售商的运营效率，如利用点击量、客流量，研究消费习惯，实现精准营销等。

菜鸟网络通过对大数据的应用成功加快了物流配送速度。通过分析海量历史数据，菜鸟网络选取销量较大的商品，对其在不同城市的销量做出预测，差异化地建立前置仓，提前将商品布局在离消费者最近的仓库，即使在订单高峰期间，货物也能快速送达消费者手中。

通过线上线下的数据打通，商家能够实时进行两端的库存动态管理，线上订单也能自动流转至最近的线下门店，由即时物流上门取货配送。

9.5.4 趋势四：场景化依然是主题

智慧零售要求企业根据场景来设计功能，强化消费者的体验感受。

当你想要坚持健身，但又经常因为各种原因半途而废时，你是不是希望有一款工具可以监督你坚持下去呢？这时微信推出了运动功能，通过记录步数、和好友比赛等模式展开运动激励。一个单纯的健身运动变成了一个包含诸多场景的运动体验。

当产品体验不足时，商家会建立适当的服务场景来打动消费者。例如，当你想买房时，看到漂亮的样板房后会产生“家”的感觉，从而刺激购买欲望。正在探索的智慧场景将比现在更智能，里面会有语音操控、机器人服务等。

9.5.5　趋势五：全渠道经营

传统零售行业以消费者的单渠道购物为主，在互联网出现之后，多渠道购物开始盛行；随着社会化媒体的出现，跨渠道购物的尝试开始盛行；移动社会化媒体普及后，全渠道购物阶段到来。

未来，消费者不用打开 App 或登录某个网站，可以在冰箱、洗衣机等物体上直接购物。不用手操作，只需语音操控，就能获得适合的购物推荐，随时随地都能下单。

在全渠道条件下，消费者可以借助各类社交媒体对零售商终端进行选择，还能获得智能分析与适合的推荐。

从零售商的角度来看，全渠道就是在多渠道的基础上对各个渠道进行整合，让各前台、后台的系统实现一体化，为消费者提供一种无缝化体验。

无论是门店、O2O，还是全渠道，最终目的都是要让品牌无缝触达消费者，消费者在哪里，品牌就在哪里出现。离消费者越近，就越有发言权，品牌才越有价值。

在餐饮行业，当新定义一个餐饮品牌时，已经不能单纯地局限于是线下门店还是线上外卖，“堂食+外带+外卖+电商+零售+快闪”的全渠道将成为标配。消费者的消费场景正在发生变化，有的品牌通过外卖触达不同于堂食的场景，还有的品牌直接把店开到不同场景中去，如星巴克往社区里开店。

实现全渠道数据打通已经不是什么难事，而是普遍存在的现象，实体门店、电商（自建官方商城或入驻平台）、社交自媒体内容平台、CRM 会员系统打通，通过融合线上线下，实现商品、会员、交易、营销等数据的共融互通，向消费者提供跨渠道、无缝化体验。

9.5.6　趋势六：全域营销

全域营销是在新零售体系下以消费者运营为核心，以数据为能源，实现全链路、全媒体、全数据、全渠道的一种智能营销方式。人是营销的起点，运营的是品牌和消费者的关系。

援引阿里巴巴数据营销策略中心相关负责人的见解，通过全域运营，第一，可以打通各账号间的关系，以统一的 Uni ID 为消费者做立体、权威的画像；第二，通过品牌私有数据银行，对品牌诸多分散的、独立的数据库进行融合分析；第三，就相对割裂的消费者链路进行可视化、可优化的运营。

全域营销的核心有两点，一是数据，通过数据整合与分析，理解消费需求、识别消费者，匹配精准的营销渠道，影响目标消费者；二是工具，根据营销需求与目标群体的特征，采用合适的营销工具实现精准营销。全媒体和全渠道都是消费者的触点，也就是消费者跟品牌、产品接触的点。全链路既是消费者跟品牌关系的全链路，也是品牌在营销上所做的决策和行动的全链路。

就拿天猫来讲，其就有运营关系的做法，旗舰店想办法运营购买和复购的关系，吸引网友关注成为粉丝，再通过直播留人，其实这都是在运营关系。

盒马也动用了大量数据，以前店家不敢进货卖澳洲龙虾、波士顿龙虾，怕这么昂贵的东西卖不出去，但现在数据会告诉大家答案，应该进多少只龙虾、多少只帝王蟹，并且越来越精准，实时反馈修正。

要想拥抱智慧零售，实现全域营销，有一个非常重要的工作需要做，即要把线下的访问客流数字化，从而了解你的客户群体。

9.5.7 趋势七：无人零售继续试水

进店扫码获得电子入场码，选好货物后自动结算，然后就可以潇洒离开便利店。无须排队结账，全程无人收银，目前这种无人零售模式在部分商场成功应用。从目前的应用情况看，这种技术的前景相当广阔，至少会成为智慧零售的重要组成部分。

随着技术的发展、人工和租金的大幅度上涨、基础设施的进一步完善，以及移动支付的普及，尤其是人工智能和物联网技术的飞速发展，无人零售有可能加速发展。

各种新型的自动售货机，包括占领办公室的自动咖啡机、自动售卖冰柜等，以后会搭载更多智能技术，变得更聪明、方便。

9.5.8 趋势八：5G 技术的带动力

5G 技术可能给智慧消费、智慧零售带来很大的促进作用。5G 网络的低时延、大带宽、广连接为消费场景创新提供了无限可能。

在 5G 网络的支持下，用户的访问速度将显著改善，通过 VR 和 AR 应用可以塑造“身临其境”的感知体验，商家将商品图片、视频通过网络进行展示，消费者足不出户可以实景体验，从而创造出新的消费体验。

店家可以通过计算机视觉、传感器融合、深度学习等技术，分析消费者的购物行为，例如，消费者拿起或放下了哪些商品，最后又买了哪些商品。配合 5G 下的高清视频，在识别消费者行为时会更加精准。

在 5G 环境下，消费者拨出 5G 高清视频通话，或者在线看视频、直播，全程顺畅不卡顿，体验感会更好，这也意味着视频购物可能会更加流行。

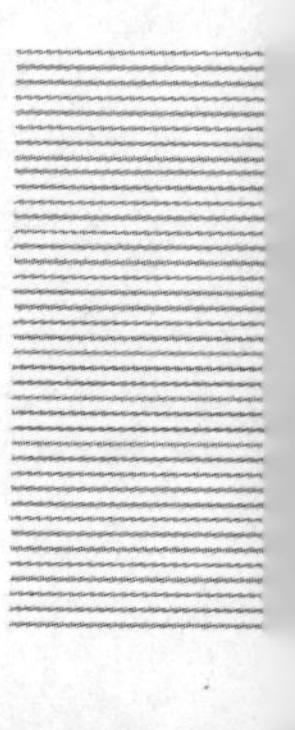

第10章

抓住新风口，掘金智慧消费

在目前的经济形势下，新消费行业的价值爆发式增长，众多创业者投身其中，一大批新消费品牌浮出水面，在这一股浪潮中，智慧消费又扮演了关键力量，不少消费模式与公司都应用了智能技术。

10.1 智慧消费带来的新机会

中国的新一代消费势力正在崛起，既有30岁以下的年轻人，也有40岁左右的富裕中等收入家庭。与此同时，在这些追求品质生活群体的推动下，智慧消费登上舞台，带来众多新机会。

10.1.1 中国处于怎样的新消费时代

商务部发布的《2019年主要消费品供需状况统计调查分析报告》和天猫国际联合CBNData发布的《2018年跨境消费新常态年轻人群洞察报告》显示，消费品需求及增长最旺盛的有美容护肤、健康零食、潮牌服饰、智能电器四类。

从各方行业报告及消费环境可以清楚地发现，在这几类消费品市场上有两股消费主力军正汹涌而来。一股是90后年轻消费力量的全面崛起，另一股是下沉市场的广大消费者。

1. 90后、Z世代的全面崛起

消费者结构趋向年轻化，作为当下消费的主力军，年轻人比中老年人在手机上花的时间要多得多，消费的场景也更多元化。

中国过去 40 多年改革开放的成功，90 后的父辈们经过多年打拼为他们提供了更多的可支配财富。他们出生于安定繁荣的经济时代，拥有开阔的视野和强烈的消费意识，当然，购买力也非常强劲。

另外，95 后一代正在崛起，也就是 Z 世代，指 1995—2012 年出生的一代人。这代人数量庞大，超过了 X 一代（1950—1969）和 Y 一代（1970—1995，千禧一代）。在美国，Z 世代已经成为人数最多的一个年龄阶层，占总人口的 25.9%。

在中国，Z 世代约为 2.6 亿人，约占中国总人口的 27%，其中，95 后约为 9945 万人，00 后约为 8312 万人，05 后约为 7995 万人。

《2019 Z 世代新消费行业报告》显示，Z 世代的年轻人有主见，追求个性化与绿色健康，对品质有要求，注重互动和体验，喜欢便捷的生活方式。“孤独经济”“懒人经济”“颜值经济”“二次元”“电竞”“国风国潮”等是这代年轻人的主要消费关键词。

城市画报和腾讯 QQ 联合推出《95 后兴趣报告》，其中提到，85%的 95 后都为兴趣花过钱，花钱最多的地方是游戏，其次是音乐、阅读、运动、动漫、影视。

群邑&新生代的《新世代人群洞察报告》显示，在工作日，六成左右的年轻人每天用于休闲娱乐的时长在 2 小时以上，周末则在 5 小时以上，并且兴趣更加广泛，获取信息主要依靠社交圈和公众号，爱电影、爱综艺，也爱二次元，与前辈相比，95 后更热爱游戏、电竞，以及动画、动漫。

95 后比千禧一代更追求便利、快捷的生活，从而衍生出买、住、吃等“多元懒系生态”。他们更习惯网购生活品，超过六成的 95 后每天都会使用电商平台。如果零售商能提供“预约配送时间”这一服务，95 后会更乐于选择该商家。

在如此庞大的年轻消费群体崛起后，一些有意思的消费经济出现了，如宠物经济、“宅”经济、二次元、外卖、“国潮”等。

中国养宠人群每年以约 10%的增长率增加，从沿海地区开始向内陆地区渗透；85 后、90 后和 95 后的消费者已经占据了“半壁江山”。

阿里巴巴的数据显示，除了猫、狗之外，95 后对宠物的喜好千奇百怪，既有较为常见的鼠类和兔子，也有蜘蛛、蝎子、蚂蚁等不常见的品类。

在年轻人身上，还有一个消费热词是“懒人经济”，这不是贬义词，而是代表年轻人的一种更快捷、轻松的生活方式。淘宝发布的《懒人消费数据》显示，2018 年，人们在偷懒方面花了 160 亿元。其中，95 后“最懒”。“懒人居家用品”

“懒人炒菜机”“画眉神器”“懒人卷发棒”等成为备受年轻人关注的产品。

懒人居家用品增长快速，如懒人沙发、懒人支架、懒人嗑瓜子神器、懒人眼镜等。据 QuesMobile Growth 分析，24 岁以下的用户“最懒”，占整个“懒人队伍”中的 56.6%，其次是 25 岁至 35 岁之间的人群。

外卖的火爆也能体现“懒人经济”的热闹，艾媒咨询发布的数据显示，24 岁及以下人群是外卖订单的主要人群，其中，24 岁及以下用户在饿了么平台占比为 65.27%，在美团外卖占比为 52.59%。95 后、00 后是撑起外卖平台的主力人群。

京东 2018 年、2019 年的“双十一”数据显示，85 后关注母婴产品，95 后关心自己的颜值，在美妆护肤产品中订单占比接近 7%，侧重养颜。2018 年，95 后美妆消费增长 347%，并连续 3 年保持 3 位数增长。

2018 年，天猫平台上的美妆消费者已突破 3 亿人，其中，超过 5000 万的消费者是 95 后。他们更相信眼球经济，对直播、网红和线上营销的依赖性更明显，平均每个人会关注 10 个以上的时尚/美妆博主。

在电竞领域，超六成的电竞爱好者是 Z 世代，女性玩家崛起，在 2019 年女性玩家的消费增速是男性用户的 2 倍。线上娱乐所消耗的时间也远超线下娱乐，有 71.7%的玩家玩手机时间达 3.54 小时。

在二次元 Cosplay 品类消费中，Z 世代贡献了近四成的销售额。同时，奥特曼、钢铁侠、海贼王、火影忍者、魔道祖师等是 2019 年第二季度天猫“二次元 IP”中最具带货实力的前 5 位。

二次元人群主要集中的 B 站，在 2018 年 3 月成功上市，日均活跃用户已超过 1 亿人。B 站的用户中，九成的国风爱好者是 Z 世代，他们不仅喜欢传统服装服饰、古典妆容、古典乐器、古典舞蹈，而且喜欢中国风诗词句。

天猫的数据显示，2019 年 1 月至 7 月，以“国潮”为关键词的搜索量较去年同比增长了近 400%，在这些搜索用户中，约半数是 90 后、00 后消费者。

2. 下沉市场

下沉市场的消费群体正在崛起，285 个地级市、2856 个县城、41658 个乡镇带来了无限的商业想像力。2019 年 5 月，Questmobile 发布的相关数据显示，下沉市场用户规模超过 6 亿人，Mob 研究院认为，下沉市场用户规模达到 6.7 亿人，日均使用网络时长 5 小时。

世界互联网大会发布的《中国互联网发展报告 2019》显示，截至 2019 年 6

月，中国农村网民规模达 2.25 亿人，占网民总数的 26.3%。全国移动购物用户增加 1.35 亿人，其中三线及以下城市增加 7228 万人，一、二线城市增加 6245 万人，对比下来，三线以下中小城市的用户规模增长要高于一、二线城市。

农村网民的增长一直在持续，中国互联网络信息中心第 47 次调查报告显示，截至 2020 年 12 月，我国农村网民规模为 3.09 亿人，占网民整体的 31.3%，较 2020 年 3 月增长 5471 万人。

从范围上来讲，下沉市场指的是三线及以下城市（非一线、新一线、二线城市），包含三线、四线、五线城市及广大乡镇农村地区。

相关统计数据显示，近几年来，农村居民人均可支配收入实际同比增速一直显著高于城镇居民。相应地，农村居民人均消费支出实际同比增速也高于城镇居民。由于房贷、房租、车贷压力较小，三线城市与农村居民的消费信心更加强烈。

苏宁金融研究院消费金融研究中心推出的《中国居民消费升级报告（2019）》显示，下沉市场的消费升级体现在三个方面：一是"海淘"盛行；二是 OPPO 和 vivo 手机的现象级崛起，根据市场分析机构 Canalys 公布的数据，OPPO 手机的平均售价为 270 美元，其以下沉人群为主要目标受众，而 vivo 手机几乎占领了全国所有的三四线城市；其三，泛娱乐消费显著提升，光大证券的研究报告显示，小镇青年在泛娱乐领域的消费显著提升，其中游戏、直播、短视频、网络动漫、网络阅读、网络音乐等板块较为突出。

一些典型的新势力在下沉市场崛起，如拼多多。近年来，拼多多在京东与天猫扮演主角的电商舞台上，以从农村到城市的方式在商业上取得了成功。

京东财报显示，截至 2020 年 12 月 31 日，京东在过去 12 个月的活跃购买用户数达到 4.719 亿人，全年净增近 1.1 亿名活跃用户，其中，超过 80%的新增活跃用户来自下沉市场。

两年拓展出 50 万个京东电商社群，京东为自己定了个小目标。目前，官方宣布已经建成 9 万个微信社群。Tech 星球接触到的京东优惠购社群编号显示，目前已经排到 21 万多个社群。

58 同城在 2017 年推出 58 同镇项目，将信息服务下沉至县城乡镇及广大农村，目标是 2020 年覆盖所有乡镇，帮助 5 亿～6 亿农村人口更好地利用手机等智能终端实现发展。据新浪科技的报道，截至 2018 年 7 月，58 同镇已在全国开设 1 万多个乡镇信息站点，日均发布信息近 21 万余条，影响超过 2400 万人次，其中，在 832 个贫困县开设站点超过 2800 个。

聚划算是阿里巴巴发展下沉市场的主力军之一。2019 年 3 月，聚划算合并了淘抢购和天天特卖宣布重启，然后进行了一系列针对下沉市场的发展策略，如推广“99 划算节”，两天成交额高达 585 亿元。

第三方机构 QuestMobile 的研究报告显示，下沉用户的特征有明显变化：愿意花时间获取现金奖励，线上价格比线下价格足够低才会购买，对价格和收益敏感；对线下、实体店信任高，需要见证实物；愿意相信熟人推荐。

上述特点使得社交、娱乐、资讯等应用赢得了下沉用户的频繁使用，与之对应的是，低价和社交裂变成为获取下沉市场消费者非常有效的手段，拼多多等社交电商借此实现高速增长，而传统平台，如手机淘宝推动下沉战略落地后，也带来了新的用户增量。

在 2019 年 9 月召开的 2019 阿里巴巴全球投资者大会上，淘宝高管表示，目前淘宝在下沉市场的渗透率已经达到 40%，在最近两年淘宝新增用户中，有超过 70%的用户来自下沉市场，而月度活跃用户增长了 2.26 亿人，年度活跃消费者增长了 2.08 亿人。

在下沉市场的消费特征方面，还有以下调研结果值得参考。

（1）58 同镇发布的《下沉市场汽车消费趋势报告》显示，接受调研的消费者年龄主要集中在 21～50 岁。受访者中，58.23%的用户家庭已经拥有汽车，车辆价位普遍在 10 万元以下，SUV 车型占比达 48.98%。

在未来 1 年时间内，46.83%的受访者表示有购车打算，合资车是下沉市场用户购车的首选类型。换购和增购已成为下沉市场居民主要的购车需求，两者占比之和达 70%，现有车主的置换车辆价格区间从 5 万～10 万元向 10 万～15 万元集中。

已购车用户的车辆使用时间平均为 4 年以下，预计换车周期集中在 6 年以上，预计 2 年内，下沉市场的汽车置换需求将集中爆发，购车时关注车辆性能、车辆油耗、车辆空间及舒适度。48.98%的下沉市场用户更偏爱 SUV，MPV 车型的受欢迎程度也显著高于市场平均水平。

下沉市场消费者最喜爱的车身颜色是白色，占比达 41.74%。其次是黑色和银色，占比分别为 28.83%和 10.23%。货比三家是其普遍做法，58.09%的消费者选择了全款支付，大众、丰田、奥迪、本田等品牌比较受欢迎。

（2）下沉市场用户的租房比例很低，更多人拥有自己的房子，或者住在父母的房子里。下沉市场房价比一、二线城市低，因此这些用户的住房成本很低，拥有更大比例的可支配消费金额和闲暇时间，所以他们在消费、文娱等方面拥有比一、二线城市更强的意愿和能力。据纪源资本的分析，三四线城市的自有住房占 57%，五线及以下城市的自有住房占 58%。

（3）在收入的分配上，相比一二线城市用户，下沉市场用户把钱更多地分配到消费和储蓄上，分配在投资和还贷上的很少。在文化娱乐活动上，下沉市场用户也极具特点，在线上文娱付费比例和付费占收入的比例上，五线及以下城市的用户都占据首位。

纪源资本的数据显示，在人均线上文娱花费占税后收入的比例上，五线及以上城市的用户占 1.8%，三四线占 1.4%。大部分下沉市场用户每天花 1～4 个小时在线上文娱平台。时间主要花在短视频、长视频、直播、音频、音乐、新闻等文娱产品上。下沉市场用户不仅爱看也很爱发布内容。34%的五线及以下城市用户在各大文娱平台上发表过内容，这一数据在所有不同城市用户中位居第一。下沉市场用户比一线市场用户更爱发短视频和照片，用户正在高频地用短视频和照片记录和分享生活。

（4）据纪源资本调研，2018 年，网购支出有增加的用户比例占 67%。对于线下有实体店的购物平台会更信任，到 MUJI、名创优品、淘宝心选、京东京造等门店/平台上消费过的用户，占整体用户的 40%。

10.1.2　新变化、新机会、新势力

消费永远是为消费者服务的，消费者产生了某种需求，或者想要某种生活方式，才会有对应的产品和服务产生。智慧消费无论如何先进，无论引进了多少先进的技术工具，都是为消费者服务的。

例如，买菜这种消费行为存在千百年了。未来城市生活更繁忙、交通更拥挤，大家的时间会更有限，平时出门买菜，对部分人来讲是一种麻烦。有些智慧消费服务商，如盒马鲜生、叮咚买菜等，采用互联网技术，用户在线下单后，直接由配送员送菜上门，降低消耗在买菜路上的时间和成本。

新消费正出现三大变化。

（1）从“物理高价”到“心理溢价”

在用户心智中，高价格等于高价值的时代已经过去，价值的判定标准已有转变。由于多个圈层的消费群体出现，所以对产品价值的判定标准也各有不同，但相同点也有，即品牌只有在消费者心目中的溢价高，才能获得更多青睐。

就目前的消费偏好来看，“注重颜值”是一个比较明显的消费特征，注重格调和创意，并且产品最好要有文化基因和文化特色。

过去很多消费者偏向“显著性”消费，也就是说重视品牌的符号感，希望借助一款包、一辆车、一种化妆品等，获得社会和他人认同。新消费时代的消费者则越来越关注一些“非显著性”的消费，也就是藏在产品背后的文化、精神、时尚元素等，并愿意为这样的产品与品牌买单。近年来，国潮崛起，就是比较典型的消费现象。

（2）从“功能满足”到“精神满足”

一个新消费品牌的问世、一种新消费主张的流行，甚至某种色彩的流行，往往能激发某些消费群体的兴奋。这背后是年轻人对精神满足的追逐。

现在的年轻人，既关注生活品质，也注重产品的实用性，同时他们需要在感知、消费产品的过程中找到自我价值的归属感，寻求与产品的共鸣。

现在的宠物经济、潮玩等都带有精神消费的元素。这种精神消费呈现出多元化、不同层次的消费模式。

（3）从“拥有更多”到“拥有更好”

以前消费者有一种消费偏好是，喜欢多，越多越好，如装修时，家里会买很多东西，装修得很奢华。现在的趋势有所变化，更多已经不能满足需求，消费者要的是更好。

一方面，人们在服务消费上的支出不断增加，包括教育、医疗健康、文化娱乐等，另一方面，生活用品本身仍然在升级，无论是外观设计，还是功能完善等方面，都在持续改进。

在智慧消费的浪潮中产生了不少新生势力，而这些力量的背后代表着汹涌的机会。

案例 1：小红书。用户可以通过图文、短视频等形式记录生活点滴，分享生活方式，晒出自己对某些产品的使用体验与看法，并基于兴趣形成互动。用户规模超 3 亿人，70%以上为 90 后年轻人。社区内每天笔记总曝光量超过 30 亿次，其中，70%的曝光来自普通用户生产的内容。海量真实的分享笔记也给了平台一个洞察年轻人生活方式和消费趋势的窗口，其中体现出几个关键信息：注重幸福感、具有极强的文化自信，以及愿意为“好设计”和“高品质”买单。

案例 2：斑马会员。广告语是斑马在手，省遍全球，是面向中国中等收入家庭推出的互联网超级权益会籍服务，包括机票、酒店、旅游等各种产品的打折等，还有加油卡 98 折、奢侈品租包千元卡、健身卡等。上游商家跟斑马会员合作，给斑马一定的合作权益，然后斑马将这些提供给消费者，借此吸引会员加入。同时，斑马会员在发展服务商，同时也是会员，包括全职妈妈、下岗职员、社会赋闲人员等，他们销售会员权益卡，实现分成，也可以通过卖货分成。基于熟人关系，一个服务商会持续服务多个熟人会员，服务商的收入会随着客户的消费持续增加。

10.2　如何挖掘智慧消费的红利

在抓住智慧消费机会这件事情上，要分成几大块市场来看。一是下沉市场的红利怎么挖掘；二是新消费群体带来的机会；三是各种新的智能工具怎么用，怎么提升智慧终端的竞争力，以抢夺智慧消费的机会。

10.2.1　下沉市场的智慧消费机会

下沉市场充满机会，需要一个更高效率的方式去开发它，提供更适合的产品与服务，这个市场的消费能力就爆发出来了。下沉市场的机会非常大，关键看怎么挖掘。

具体来讲，在零售板块，可以考虑精品水果店、大牌服装尾货折扣店、低价的仓储式卖场。在餐饮板块，休闲餐饮还有机会，作为闲逛时的“伴侣”，方便携带，快速加工，价格不贵，非常合适下沉市场的用户，毕竟他们不缺时间。美容行业也还有机会。文化娱乐很受欢迎，下沉市场有更多的线上文娱重度用户，付费率和付费占收入比更高。短视频在所有文娱品类中一马当先，用户爱看也爱拍。在母婴产品购买上，下沉用户还是更依赖线下母婴店。

要想在下沉市场开发商机、打开局面，还需要注意以下几点。

（1）注意选择用户基数比较大的产品，用户必须要有强烈的体验意愿。可以从一、二线城市引进“网红产品”或高品质服务，满足消费升级的期望。

（2）注意价格优势，对于水果生鲜、零食饮料、粮油食品、母婴用品，普遍关注“商品品质”；对化妆品、家电、手机数码，主要看知名度；对家居用品、家具家装、交通工具，看重“服务体验”；对服装很关注耐用度。

（3）下沉用户中新增的网购用户超过了一、二线城市网购用户，主要集中在淘宝、京东、拼多多、天猫和唯品会等平台，其中，拼多多的用户规模增长很快，值得重点挖掘。

（4）必须重视口碑，下沉用户最关注的是用户评价和售后服务，借助口口相传，往往能吸引很大一部分用户。社群电商、社区拼团比较火。

（5）做好打持久战的准备，下沉市场高度分散，想要迅速攻城略地，难度很大。即使是地推，效率也低于一、二线城市，加上人口密度较低，商品和服务的履约方式也有所不同，要根据不同地区的情况探索对应的经营办法。

10.2.2 如何抓住新消费群体

近年来，备受关注的新消费群体重点有两个：一个是“银发族”，如 60 岁以上的老人；另一个是年轻群体，如 90 后、95 后等。

先说如何影响年轻人，也就是 90 后、95 后，可以从三个方面入手。

（1）兴趣+社交：社交网络对于年轻消费者来讲已经成了刚性需求。作为“虚拟世界的原住民”，年轻人会主动在社交网络上发布状态、表达观点，并晒出日常生活中的点滴。因此，要想影响他们，就必须占领社交媒体，尤其是一些新兴的平台。

（2）游戏：这是年轻群体的重点娱乐消费，可以考虑在游戏中植入产品，或者将产品游戏化设计，调动年轻人的参与乐趣。

（3）孤独：被需要和安全感是当下年轻人的主要情感困惑，这就引出了情感消费。他们购买商品不仅看质量及价钱，还注重心理上的认同。建议在产品上、营销活动中，想办法植入情感因素，激发消费者的共鸣。年轻人还会到互联网上找各种各样的工具，或者通过消费去减轻孤独感，获得安全感。

再看银发族的消费市场，这也是近年来引起重视的新消费群体。2018 年，阿里巴巴发布了一份《银发族消费升级数据》，研究了淘宝天猫、支付宝、阿里健康、口碑、飞猪、优酷上 50 岁以上中老年人的消费行为，勾勒出银发族的画像：他们一年在数码产品上花费千元，购置 4 次运动装备，平均两个月买一次化妆品，爱广场舞也爱高尔夫，他们越来越注重精神层面的需求，消费升级趋势明显。

《银发族消费升级数据》中提到，淘宝天猫上 6 成的女性银发族有化妆的习惯，且银发族年均购买化妆品 6 次。另外，银发族过去一年平均花了 1500 元在购置新衣上。新潮的款式和品牌都被他们囊括其中。他们也喜欢年轻人青睐的品牌，如阿迪达斯和 AJ 等。

在年龄方面，“50 岁+”银发族的消费占比最高，占 7 成，是消费主力。“60 岁+”群体也不甘示弱，他们在“双十一”购买热情最高，购物频次三年内翻了一番。“70 岁+”群体的化妆品、运动装备购买量增速最快。

再看旅游消费情况，飞猪发布的数据显示，银发族最钟情的境外旅游目的地是泰国、日本、马来西亚，而猎奇的南极游也迎来了年龄最大的游客——一位 83 岁的女性。境外流量、旅游用车、签证是银发族购买最多的旅游相关单品。

丝巾配墨镜成了不少人拍照留念的标配。北京、重庆、成都、上海、深圳、南京的老年人出游自拍的热情最高。银发族 2018 年在相机上人均消费 4300 元，较 2017 年增长 42%。游泳、舞蹈、羽毛球等依然是银发族们的热爱，高尔夫球和健身也成为他们的“新欢”。

健康消费也是银发族的重点，阿里健康发布的数据显示，2018 年银发族在种植牙、牙冠等口腔产品方面的支出是 2017 年的 2.8 倍。除牙齿方面的支出外，医疗器械、体检支出也较 2017 年增长一倍以上。

在智能消费上，银发族正在成为主力。苏宁易购的数据显示，2018 年以来，功能单一的老人机销量下降了 31%，老年人购买的智能手机数量同比增长 12.5%，最受欢迎的品牌是苹果。在其他电子产品上，老年人对蓝牙耳机、单反相机、智能电视的购买量分别同比增长 103.5%、68.8%和 6.3%，老年人的生活越来越科技化、时尚化。

这是一个非常庞大的消费群体，其需求正在被释放。尤其是财富积累较丰富、购买力较强的银发族群体继续扩大，更会带来特定消费市场的增长。把银发族当成一个重点群体加以研究，匹配对应的产品与服务，将是智慧消费里的重要构成。

10.2.3　在消费者主权时代，必须真正做到投其所好

在 2019 科特勒未来营销峰会上，某企业家在一个演讲中强调必须以消费者为中心，利用大数据对消费者进行精准定位，把握消费趋势及市场潜在需求，真正做到“投其所好”。

随着互联网、移动互联网的普及，以及物联网的逐步应用，精准把握消费者的需求并影响消费者的购买决策，对企业来说是新的挑战。

一是互联网降低了信息获取的门槛，消费者可以方便、快捷地查询到更多企业和产品的信息，消费者已经成为见多识广的准专业人士。

二是品牌与产品海量增加，消费者面临的选择越来越多，同质化的产品无法满足消费者的需求，要想脱颖而出，必须要有自己的出色点，并且能够通过精准的渠道触达消费者。

三是以前可以通过市场调研了解消费需求变化，以及了解目标客群的情况，但现在这样就很难做了，需要借助大数据等技术手段才能进行更精准的定位。

四是各种新媒体层出不穷，消费者的注意力被各方争夺，成了稀缺资源。过去靠强有力的广告就能动销，吸引消费者购买产品。现在各种新媒体出现，短

视频、自媒体等大量信息充斥，广告的形式也不断创新。

五是消费者要求所见即所得的体验，看到产品后，就能看到效果。消费者还要求更好的服务，只微笑服务已经远远不够。

在这些新的形势下，消费者掌握了很大的主动权，企业如果想成功，就必须想办法真正投其所好。

其一，必须要以消费者为中心，利用大数据对消费者进行精准定位，把握消费趋势及市场潜在需求，确定好所研发、生产与销售的产品要卖给谁，谁会买，满足他们什么需要，然后根据这个群体的喜好设计包装、概念及搭配功能等，让目标客群喜爱。

其二，线上线下都必须抓起来，不能单条腿走路，更不能割裂线上线下，怎么做有效就怎么做。在有些行业，消费者仍然注重实体店的体验，这就要以线下为主，同时发力线上。在另外一些行业，消费者已经越来越喜欢到线上购物，这时企业就必须转变，想办法打开线上局面。

其三，必须运用好口碑，智慧消费环境下的一个特点是口碑作用空前增强。让消费者体验一下产品，争取让他们感觉很好；确保老客户的好评，争取让他们能够分享。目前社交媒体非常发达，如果有几千个客户说好，何愁业务做不起来。

其四，整合社交、视频、资讯等多种媒体资源，与消费者产生链接。首先是要策划好，现在的年轻人创造了很多网络语言，有很多新想法、玩法与吃法，他们的消费动机与渠道多来自社交网络；其次是要精细化投放，包括时段、媒体搭配等，在海量的信息中精准地抓住消费者的注意力，吸引消费者并引起其购买欲。

其五，要特别重视智能技术赋能营销，以及智能技术在实体领域的深入应用。首先要积累大量市场与消费数据，把这些信息转化成有用的市场洞察，利用人工智能开发数据的潜力，让数据分析更快、更精准，效率更高，赋能产品推广和市场营销。其次是营销手段智能化，例如，采用能够跟踪消费者购买行为的工具，或能够与消费者互动的人工智能产品，当消费者购物时，能够根据健康数据、消费偏好与预算等指标，提供专业建议等。

当今世界，与消费有关的技术发展日新月异，创新和变革大潮汹涌，要想在智慧消费的大潮里脱颖而出，就必须怀着开放积极的心态，主动拥抱新变化，使用新工具，利用新技术为经营赋能。

10.2.4　充分利用物联网技术、智慧工具，抓住智慧消费机会

用好各种成熟的物联网技术、数字工具、智慧工具等，是抓住智慧消费机会的一大抓手。再高明的模式与战略，最后还是需要可靠的工具、具体的策略去实现。

有哪些具体的工具呢？不同行业的工具可能不一样，这里大概列举一些，如小程序、公众号、抖音号、人脸识别、试妆魔镜、智能货架、传感器等。下面通过两个案例来说明如何充分利用智慧工具，抢抓智慧消费机会。

百果园从线下实体门店到发力线上，搭建百果园 App、小程序、第三方外卖平台等生态，实现线上线下一体化零售。微信小程序矩阵经过 18 个月的正式运营，用户数量突破 2400 万人，月活用户达 350 万人。其具体做法是：顾客加入百果园的社群，用小程序在社群内进行拼团，快速裂变，获取高性价比的商品。下单后，可到店自提。

按计划，百果园在社交方向将要进一步升级，一是升级门店，更好地实现在线化、数字化；完善升级会员码识别、扫码购、扫码溯源等工具。二是在会员营销服务方面加大投入，如社群营销、商品智能推荐等，提升用户体验。

优衣库推出了自己的小程序“掌上旗舰店”，实现“全渠道库存打通”，无论是线下门店还是线上网店，其商品库存都能在小程序中进行连通。门店顾客使用“扫码购”，可以一键搜索网店库存，还能了解到商品吊牌上没有的信息，如同类推荐、相关搭配等。

春节期间，优衣库推出了“随心送”功能，消费者可以在小程序内为亲友定制祝福卡片、选购赠送礼品。虽然赠送者在线上下单，但受赠者可以去门店提货。在优衣库的小程序运营中，门店的存在感依然很强。

上述这些做法都是利用新工具、新场景、新体验去抓住智慧消费机会的做法。新消费需求涌动，新消费力量纵横，一拨又一拨的智慧工具扮演了关键角色。对于渴望获取中国消费升级红利、志在赢得中国消费市场的企业来说，这个新战场令人着迷，但是也要注意用好智慧工具。

第 11 章

智慧消费的发展趋势及我们可以做的事情

消费和移动互联网的结合已经重塑各个行业，改变传统的消费模式；而消费与物联网的结合，正在发起新一轮的变局，创造新的智慧消费趋势。

从总体趋势看，智慧消费的进化路径是效率的提升和体验的升级，围绕效率与体验，采用各种新的方法与工具，改进流程与具体运营模式。在需求端，它体现为品质化、品牌化与个性化，更加注重参与感、认同感等心理层面的需求满足。在供给端，它体现为自动化、智能化、一体化的产业升级趋势。

中国消费市场经历了数十年的积累与发展，一直处于不断变革中。经营思路的打开、服务意识的觉醒，以及技术的精进，正推动智慧消费进入新的阶段。

11.1 消费持续爆发，消费型社会正在到来

2018 年，中国的人均 GDP 为 9509 美元；2019 年，人均 GDP 突破 1 万美元；2020 年，人均 GDP 达 72447 元，并连续两年超过 1 万美元。从主要发达国家的经验来看，在人均 GDP 突破 3000 美元后，以汽车、旅游、教育、医疗保健等为代表的消费产业将会进入爆发式增长阶段，消费型社会的大门徐徐开启。

在过去的几年里，中国在非耐用品方面的消费升级路径，与美国 1964 年后消费升级的历程比较相似。在这段时间，美国一些消费品龙头企业产生，如宝洁、旁氏、吉列、可口可乐、百事可乐、麦当劳、肯德基等。

中国既是消费品最大的生产国，也是最大的消费国，潜力比美国还要大，完全有实力产生一些“航母级”的消费品公司。这些公司的出现，以及众多创新型企业的发展，将促进消费型社会的成熟。

尼尔森的调研显示，中国消费趋势指数呈现整体上升的态势。2016 年，中国消费趋势指数大概在 106 点左右，到了 2019 年第三季度，中国消费趋势指数为 114 点，并继续保持高位运行。

2019 年第三季度，各级别城市消费趋势指数均呈现增长态势。其中，一、二线城市消费趋势指数分别为 114 点和 119 点，较 2018 年同期分别增长 7 个点和 8 个点。三线城市消费趋势指数增长最为显著，为 121 点，较 2018 年第三季度增长 10 个点。

随着城市化进程的加快，三、四线城市的增长潜力逐步释放。尼尔森 2019 年第三季度中国消费趋势指数报告显示，目前下线城市拥有 1.2 亿潜力人群，他们对未来一年的购买力持乐观态度。其中，有 56%的人每月可支配收入超过 3000 元，26%的人具备本科及以上学历。下线城市潜力人群愿意尝试新品和愿意升级的占比分别为 31%和 55%，高于上线城市消费者的 24%和 53%。

2019 年，中国的快消品整体市场规模超过 9000 亿元，较 2015 年约增加 1900 亿元，其中 59%的增长额由下线城市贡献。

三线城市的消费者家庭支出逐年上升，尼尔森的数据显示，2019 年第三季度 58%的消费者表示其家庭支出呈现增长。相较于一、二线城市，三线城市的消费者愿意把更多的钱花在改善基础条件上，如 15%的消费者在住房改善方面增加支出（一二线城市为 5%）；14%的消费者将更多的钱花在保健产品及服务上（一二线城市为 8%）。

日本作家三浦展专门写了一本名为《第四消费时代》的书，从消费文化的角度，判断一个人属于哪一类社会阶层，其中将日本分成四个消费时代。

第一消费时代主要是指第二次世界大战以前，这是面向精英阶层的消费时代。

第二消费时代是第二次世界大战后到 20 世纪 70 年代石油危机前，随着标准化生产水平的提升，以及生产工具的改进，带来产能爆发，消费从精英走向大众，围绕家庭而展开的消费崛起，更追求“高性价比”。

第三消费时代距离我们很近，这是通过消费来彰显自己个性的时代，人们追求品牌化、差异化、多元化的消费，这个时代的人们更追求“身份和归属”。

第四消费时代是“回归自然、重视共享的消费时代”，人们更注重简约和环保，重视消费过后的结果。

根据《中国统计年鉴》中的划分方式和统计数据，占全国人口 20%的中高收入人群的消费能力逼近发达国家，由于中国人口基数巨大，因此这 20%的中高收入人群接近美国人口总量。他们是购物消费额领先全球的主力，是“第三、第四消费时代”的主要引擎。而占全国人口 80%的中低收入者，收入增长缓慢，他们仍将长期追求高性价比，也就是处于第二消费时代。

身处第三消费时代，在消费者的观念里，物品不是越贵越好，也不是高性价比就好，他们更在意购买决策背后的用户标签。他们买东西其实是为了给自己打标签，想成为什么样的人，就会做一个相应的消费决策，如懂生活、很潮、很酷、有科技感等。

在进入第四消费时代后，商家与消费者会有一种“价值观融合”的趋势，即在价值认知、生活方式上不断寻求共识，如小米的跑分文化，利用专门的 App 去测试手机各个部分的性能，然后给出一个分数。让消费者习惯通过第三方数据去评价手机的优劣，而不再像以前那样单纯只看是不是大品牌。

11.2 物联网提速，消费基础设施更加完善

智慧消费市场的繁荣，离不开新一代基础设施的日臻完善，尤其离不开互联网、物联网等信息技术的加持。

移动互联网的普及、5G 的部署与应用、大型智慧物流公司的兴起、移动支付的普及、大数据在消费领域的应用、AI 和云计算技术的落地，都提升了生产、零售等环节的效率。上述基础设施的建设和完善，都为新产品、新服务提供了做大做强的契机，也为智慧消费的繁荣提供了平台。

在消费基础设施建设上，从国家层面也有大量政策支持，据新华网报道，2020 年 5 月，国家发改委副主任宁吉喆在国新办新闻发布会上表示，将加强消费基础设施和服务体系网络布局建设，加快布局支持新型消费的 5G 网络、数据中心、工业互联网、物联网等新型基础设施；完善城乡物流配送体系，推进智能快递柜等设施建设和资源共享；优化消费网络重要节点布局，培育若干国际消费中心城市，建设一批辐射带动能力强、资源整合有优势的区域消费中心；推动城乡商业网点建设，优化商业零售业企业规划布局，包括发展小店经济、夜经济。

这里面提到的消费基础设施至少包括 8 项，即 5G 网络、数据中心、工业互联网、物联网、城乡物流配送体系、智能快递柜、国家消费中心城市、城乡商业网点等。

2020 年 4 月，发改委明确新基建范围，包括 3 方面内容：一是信息基础设

施，主要是指基于新一代信息技术演化而成的基础设施，如以 5G、物联网、工业互联网、卫星互联网为代表的通信网络基础设施，以人工智能、云计算、区块链等为代表的新技术基础设施，以数据中心、智能计算中心为代表的算力基础设施等。二是融合基础设施，主要是指深度应用互联网、大数据、人工智能等技术，支撑传统基础设施转型升级，进而形成的融合基础设施，如智能交通基础设施、智慧能源基础设施等。三是创新基础设施，主要是指支撑科学研究、技术开发、产品研制的具有公益属性的基础设施，如重大科技基础设施、科教基础设施、产业技术创新基础设施等。

其中与智慧消费有关的基础设施同样不少，包括 5G、物联网、工业互联网、人工智能、云计算、区块链、算力基础设施等。

据赛迪智库的梳理，新基建各领域的未来投资增长将非常迅猛，如 5G，预计到 2025 年，中国 5G 基建数量约 500 万座，这将带动多类型终端及人工智能、虚拟现实、高清视频等的应用。5G 还有助于繁荣互联网经济、人工智能等新产业，带动十几万亿元产值的新经济不仅对智能消费起到促进作用，而且为中国抢占新一代信息技术制高点奠定基础。

如大数据中心建设，根据《全国数据中心应用发展指引》，截至 2017 年年末，中国数据中心机架规模为 166 万台，增速达 33.4%，按增速不变计算，到 2022 年将新增 220 万机架，并将带动云计算、物联网产业的快速发展。在人工智能方面，根据 IDC 的数据，2019 年中国 AI 芯片市场规模为 122 亿元，以 45% 的平均增速计算，预计 2025 年，AI 芯片新增投资为 1000 亿元左右，机器视觉等传感器的投资都将快速增长，这将促进智慧医疗、智慧交通、智慧金融等产业快速发展。

另外，阿里巴巴、腾讯、华为、百度、今日头条、京东、美团点评等大型科技公司所搭建的新基础设施，对推动中国的消费变革功不可没。阿里巴巴发布商业操作系统，旨在帮助企业完成品牌、商品、销售、营销、渠道、制造、服务、金融、物流供应链、组织、信息技术的在线化和数字化，整合了淘宝、天猫、蚂蚁金服、菜鸟、高德等基础设施。阿里云在 2020 年 4 月宣布，未来 3 年再投入 2000 亿元，用于云操作系统、服务器、芯片、网络等重大核心技术的研发攻坚和面向未来的数据中心建设。目前，阿里云飞天操作系统管理的服务器规模在百万台，未来阿里云的数据中心和服务器规模将翻 3 倍。

腾讯也在 5G、大数据、工业互联网、人工智能等领域布局，2020 年年初宣布 5 年用 5000 亿元搞新基建，平均每年 1000 亿元。重点投入云计算、人工智能、区块链、服务器、大型数据中心、超算中心、物联网操作系统、5G 网络、音/视频通信、网络安全、量子计算等方面的技术研究中。腾讯在物联网领域也推出了实时终端操作系统和一站式物联网开发平台，为用户提供覆盖零售、制造、物流、文旅、智慧出行、智慧城市等多场景的物联网应用开发能力。在人工智能领域，腾讯组建了优图实验室、AILab、微信人工智能实验室等，截至 2020 年 3 月，在全球拥有超过 6500 项 AI 专利，有超过 800 篇论文被国际 AI 会议收录，目前在教育、医疗等领域已有应用，如运用图像识别、深度学习等 AI 技术，能够辅助医生进行疾病筛查和诊断。在教育方面，通过腾讯智慧校园、腾讯课堂等，提供在线教学服务，服务学生人数超过 1 亿。从落地应用来讲，腾讯主要是提供工具套餐，向零售企业赋能，如微信公众平台、微信支付、小程序、腾讯广告营销服务等，帮助企业提升精准营销能力，同时让消费者快速且方便地获得对应的服务，并且与众多零售商建立连接。

在消费基础设施建设上，华为公司也有大手笔的举措，如深耕算力领域，2019 年 9 月，基于“鲲鹏+昇腾”双引擎全面启动计算战略，致力于提供世界级的算力。华为与产业伙伴联合成立了 15 个鲲鹏生态创新中心，与 600 多家 ISV 伙伴推出超过 1500 个通过鲲鹏技术认证的产品和解决方案，广泛应用于金融、政府与公共事业、运营商、能源等行业。在 5G 方面，华为已经比较领先，发布基于“平台+智能”的 5G 全栈服务与软件解决方案。

这背后反映的智能消费趋势是，借助大数据与超级算力，将更深入、准确、快速地预判消费趋势，再结合实际生活场景，向企业提供有效建议。线上线下边界进一步模糊，线下将部署各种传感器与智能大屏幕，使得线下全面数字化、可视化，所有数据都可做统计，与线上完全打通，实现协同。

这些年，中国消费经济的快速发展，尤其是智慧消费的快速发展，在很大程度上得益于消费互联网、共享经济等基础设施与新模式。物联网正促成新一轮智慧消费的繁荣期。区块链的出现，有可能扮演新的主力基础设施。

区块链具有的点对点交易、网络协同合作、智能合约、共享账本和数字资产等特性，可以更好地促进消费经济的规范化、多元化、社交化、定制化和智能化升级。其中，分布式网络将帮助打破头部企业的垄断，进一步激发社会的活力，让消费者以参与者、投资者、价值创造者、权益所有者的角色出现。

区块链将进一步促进智慧消费，并催生新的智慧消费模式，如基于区块链不可篡改和可追溯的特征，通过数字身份准确记录货品的物流信息，达到防伪溯源的目的。从原材料—生产—运输—通关—报检—收货全链条追溯，整个流程清晰，并且可追踪、可监控。

在版权领域，可以搭建集作品、流通、消费、分账等于一体的平台，明确作品的所有权信息，并借助智能合约，保证创作者获得相应的收入，同时平台获得分账。

在旅游行业，所有游客对景区、酒店、餐饮、服务的评价信息是全部公开的，虚假宣传和货不对板将无处遁形。去中心化的网络使得商家和用户之间实行点对点交易，能够进一步激活旅游市场。如乐鸥文旅平台，通过区块链技术为买家和卖家建立一个去中心化的信任平台，所有交易都可以以点对点的方式完成，平台上所有参与者的身份信息、交易行为、发布的服务信息全部按照时间顺序被储存在各区块中，从源头保证所有信息可追溯。

11.3　消费群体进一步分化，形成多个圈层

消费群体将在目前的消费群体细分基础上还会进一步分化，形成多个圈层。以细分人群为中心开展产品研发与营销，将成为智慧消费时代品牌商家的关注重点。

部分时候，我们习惯于将消费群体按年龄划分，如 60 后、70 后、80 后、90 后、95 后等，比较模糊，很多企业已经不按这种方式细分客群了。

从前些年的情况看，消费群体的分化从没有停止过步伐，如“新中产”的出现、中高收入白领的崛起、“宝妈”一族的壮大、乡镇青年受到重视、高净值人群被单独划分出来重点对待。

这种圈层细分还将继续。例如，追寻国潮消费的群体喜欢中国传统文化衍生的产品，力捧口碑比较好的国产品牌；追求品质的精致妈妈往往是母婴社群的重度用户，线上消费占比较大，注重产品的健康与安全；都市里的蓝领一族可支配收入不高，追求性价比，喜欢用手机娱乐消磨时间，表现为跟随型消费；Z 世代属于互联网原住民，其在线上消费越来越多，比较宅，喜欢游戏、短视频、二次元等；乡镇青年消费增速明显，属于新的增长点，他们关注意见领袖、善用优惠券、时间更充裕，往往对网购平台的优惠规则研究到位、如数家珍。

各类消费群体并不会一成不变，以前我们往往靠调研、走访等方式，去判断消费群体的变化，而在智慧消费时代，我们要借助智能工具掌握更多的数据，精细掌握各个细分群体所发生的变化，进而制定有针对性的精细化运营策略。

11.4 消费方式的变化

互联网的迅猛发展，以及消费主权意识的觉醒，让今天的消费者不仅拥有强大的社会化传播能力，参与塑造一个又一个网红产品，而且不再因场而聚、集中消费，而是选择更便捷、更适合自己的方式满足自己的碎片化需求，可能在看直播的过程中购买，也可能在阅读某篇文章时看到合适的产品就入手。

在购买渠道上，电商平台扮演越来越重要的角色。中国互联网络信息中心（CNNIC）发布的《中国互联网络发展状况统计报告》显示，截至2020年3月，我国网购用户规模达7.1亿人，占网民整体的78.6%；电商直播用户规模达2.65亿人，占网购用户的37.2%。在2011年，网购用户才1.94亿人。

在购买方面，理性消费为主，更多人会只买合适的不买贵的。尼尔森发布的《中国消费市场十大趋势》显示，48%的消费者重视性价比，40%的消费者重视简约化，43%的消费者巧用促销，在促销时买自己喜欢的产品和品牌，而在2015年只有35%的消费者会这样做。

从产品选择角度，39%的消费者表示愿意购买品质更好、价格相对较贵的产品，仅有9%的消费者表示愿意为体现身份和地位的东西多花钱，同时有15%的消费者表示愿意购买满足基础功效、价格相对便宜的产品，而仅有1%的消费者愿意牺牲品质而购买低价产品。

由于更多的理性消费者出现，促动更多有品质保证、高性价比的产品种类不断涌现，小品牌的份额也从2017年的26.6%上升到2018年的27.1%，体现了消费者越来越不愿意为品牌支付溢价，

在智慧零售时代，价格更加透明，比价更加便捷，大量消费者会通过多个渠道比较价格，进而找到便宜的渠道购买自己想要的商品；部分消费者为享受更便宜的价格，会购买会员资格；越来越多的消费者因为价格便宜而拼团购买产品，拼购用户数增长率非常明显。

正是借助方便的互联网平台，以及信息化工具，才使上述消费得以实现，这也是智慧消费的迷人之处。

还有一个重要的消费方式变化是，兴趣与熟人重构社交关系。特别是年轻消费者，倾向于通过共同的兴趣和话题来组建自己的社交圈，并信任兴趣圈的评价和推荐。

三四线城市消费者仍然看重有温度的熟人网络，并通过熟人拼团的方式购物，早在2018年，就有六成消费者购买了亲朋好友或同事推荐的商品。

这些模式推动了社交电商的爆发性增长，根据尼尔森发布的相关数据，社

交电商月活用户在 2018 年增长了 439.2%，远高于二手电商（46.4%）、跨境电商（38.5%）和综合电商（21.9%）。另据中国经济信息社与京东大数据研究院联合发布的《2019 社交电商发展趋势报告》，从 2017 年到 2019 年，微信购物端下单用户数实现持续增长，其中，2018 年同比增幅达 42%，给京东带来了巨大的流量。

另外，智慧消费不能仅是智慧技术的应用，它离不开产品的温度与创意，离不开颜值的刺激。中规中矩的产品往往很难满足消费者个性化的需求，更不是智慧消费的初衷。企业要能够贴近生活，开发有创意的新品，进而赢得市场的青睐；同时积累品牌资产，并形成独特的品牌符号，更能刺激购买需求。

商品颜值已经明显影响消费者的购物决策。尼尔森发布的相关数据显示，64%的消费者会基于包装的新鲜感，尝试新品；新包装刺激的消费产生的投资回报率是广告投入的 50 倍。

11.5 未来的消费品公司

智慧消费发展其中的一股推动力来自消费品公司，它们研发与推广新的产品，以满足消费升级的需求；采用物联网等智能技术，提升营销效果，改进顾客体验。

未来的消费品公司，一定要离用户更近，不单是渠道方面的“近”，能够多渠道触达用户，还要实现心理上的“近”，品牌有亲和力，营销有黏性。

有些发展比较好的消费品牌已经放弃了海量广告投放、明星代言、综艺植入和冠名等经营方式，而是在确保产品质量的基础上，借助社交媒体持续输出有价值的内容，再配上有温度的服务，增强消费者对品牌的认同感。有些企业通过大量短视频、精美的图文内容等，快速带动线上销量；有些彩妆品牌，与巴黎时装周、中国国家地理、大英博物馆、大都会博物馆等知名 IP 联名，传递品牌美感，以打造艺术品的方式呈现品牌对美的理解。既能提升品牌的档次感，还能吸引对上述 IP 感兴趣的用户。

未来，新的技术对智慧消费的促进会更加明显。在中国的一二线城市，盒马、超级物种等企业通过大数据、AI 等技术对前端用户画像，同时提升运营效率，更多企业将支持消费者通过 App 等网上平台购买，然后送货到家。

在天猫、京东、拼多多等平台出现之前，中国四五线城市的消费需求长期由层层下沉的代理商体系来满足。2019 年“6·18”期间，京东、天猫和拼多多的用户中，三线及以下城市的占比分别为 48.4%、52.4%和 58.9%。到 2020 年末，京东年度活跃用户由 2019 年的 3.62 亿人，增长到 2020 年的 4.72 亿人，新增年度活跃用户超过 1.1 亿人。其中，新增年度活跃用户中，超八成来自三线至六线城市、乡镇市场，电商已经在冲击传统的代理商模式。

不过，消费品公司同时面临更严峻的挑战，产品创新的频次更高，竞争的激烈程度继续上升。每年数以万计的新品上市推广，但是能够成功的新品并不多，有些新品的生命周期不足 18 个月。

以快消品公司为例，面临的四大创新挑战分别是快速变化的消费者需求、很难创造具有足够市场潜力的战略产品、成本高但投资回报率较低，以及更快的产品上市速度。

通路渠道升级变化剧烈，店铺更迭速度加快；实体店小型化升级加剧，小型渠道贡献近六成销售占比；店铺的增长主要来源于小型业态，消费品企业需要重视小业态的价值。

如对夫妻店这种渠道的价值挖掘，这些店很多分布在社区，与消费者的距离很近，是消费品企业必须抓住的触点。尼尔森发布的相关调研结果显示，230 多万家传统通路小店里，22%的店主会选择 eB2B 平台进货。8%的被访小店店主尝试与在线销售、外卖配送及社交平台合作，并与周边固定群体的消费者增强绑定关系，这些小店通过网络平台销售的金额约占日均营业额的 13%。

再比如苏宁小店，这是苏宁迎战智慧消费的一个重要布局，在传统便利店基础上，以日常生活为主，提供快递、彩票、房产、金融等到店增值服务，并且上线“当天定，隔天取，保证产品新鲜”的苏宁菜场，新增就餐区、中央厨房和轻餐水吧等。这种小店以线上 App+小程序与线下门店协同发展模式，突破了传统货架，实现 3 千米范围内最快 30 分钟配送上门，打破传统社区零售经营理念，实现社区生活一站式服务，在目前的渠道体系里扮演重要角色，成为消费品企业走进社区的一种抓手。

消费品企业需要注意融合业态的布局，实现线上和线下的客流量再分配，一方面通过电商平台将线上的流量转化成订单；另一方面，针对线上无法转化的流量，要想办法引导至实体门店。再者，同一个店里销售的品类可能大量增加，可体验的场景变得更加丰富，在这种情况下，如何选择不同的业态、构建最佳的商品组合与空间布局，成为智慧零售运营的关键。

还有一点就是要重视数据，这已经成为人货场重构与连接的核心，要求重视消费数据的积累，实现精准研发与制造；丰富人群标签，打通实时地理追踪数据，实现精准人群的定位；探索新场景、新内容、新产品、新渠道、新媒体与新模式。

价格差距也将缩小，甚至抹平，这是消费品企业要注意的变化。

中金公司发布的《聚焦新消费》研究报告指出，长期以来中国存在三个价格差，分别是线上和线下的价格差、国内和国外的价格差，以及层层分销与直接销售所产生的价格差。

如今，线上线下价格差正在逐渐被拉平，国外品牌开始在中国降价，也拉平了海内外价格差。按照 5000 亿元的中国人海外消费奢侈品规模计算，仅 10% 的消费回流就能给国内的奢侈品市场创造 500 亿元的增量。

随着互联网和大型零售商的出现，使得品牌和消费者的直接接触变得容易和有效。层层分销加价的渠道模式很可能被大品牌对接大零售商、大品牌对接直营化分销商、大品牌自营等更加扁平化的销售模式所替代。

11.6　社区商业将带动智慧消费

随着居民购买力的提升，以及对方便购物的需求增强，智慧消费出现了一个值得注意的变化，那就是传统底商已不能满足当前需求，综合型的社区商业浮出水面，成为新的消费业态。

社区商业作为一种属地型商业，其以周边居民为主，以生活服务和周末家庭休闲消费为核心功能定位。

有专家把构建社区商业网络形象地称为“51015”，即居民出门步行 5 分钟即可到达便利店，10 分钟就可以到达超市或餐饮店，骑车 15 分钟就可以到达购物中心。

从目前的发展来看，大多数社区商业的规划方向是综合型业态与体验式场所，形成了邻里中心、邻里型商业、社区型商业、区域型商业等形态，还会根据不同地区的风土人情，打造不同主题特色的社区商业。

从国内目前的一些案例中可看出社区商业对消费的影响。

2015 年，保利在广州开出若比邻社区商业项目，从“以点带面”的战略入手，“点”主要就是社区 MALL、社区商业中心，“面”就是生鲜超市、鲜食便利店、无人便利店等。

这种项目采用“1+X”的模式，以自营的若比邻生鲜超市作为主力店，再根据社区需求，搭配洗衣店、美容美发、面包咖啡等生活配套。

万科的社区商业也是依靠自己的楼盘起家，并探索出“邻里家”五菜一汤的标准套餐模式，这里面的“汤”指的是社区菜市场，“五菜”指的是社区食堂——第五食堂、社区超市——华润万家、洗衣店、药店和银行。其中，在“五菜一汤”体系中，“第五食堂”是万科自创的社区餐饮连锁品牌。

所有社区商业由万科统一招商和运营，以保证社区形象、管理品质和业主对生活配套的要求。在运营模式上，万科曾推出333模式，项目总体量的1/3由万科招商主力品牌联营，1/3由万科业主经营，剩余的1/3出售。

经过一段时间的探索，万科的社区商业形成了万科2049、万科里、万科红、万科生活广场四条产品线，其中，万科2049定位商业街区，主要为高端社区及周边业主提供商业服务，重点在上海布局。万科红定位社区商业，以生活配套和餐饮为主，旗下包括万科红生活中心、社区底商及街铺“万科红新街坊”。万科里属于邻里型社区商业，重点布局广州。万科广场则定位于城市级中高端购物中心，以家庭消费为主、流行时尚为特色、餐饮休闲娱乐为亮点。

位于广州海珠区江燕路的万科里是万科邻里型社区商业的代表作，2018年实现营业收入5120万元，位列集团出租项目前五，坪效高达1925元/平方米。

综合赢商大数据等分析，江燕路万科里的典型特征表现在以下几个方面：

（1）辐射范围较高，住宅密集：该项目周边1千米范围内有55个住宅小区，居住人口约18万，1.5千米范围内有25万人，中高档社区占比超80%。这个项目采用公寓+商业的融合，商业占5万平方米，经营面积约2.6万平方米，公寓约2.7万平方米。功能定位是以万科教育为特色，满足1.5千米范围内年轻家庭购物、餐饮、休闲社交、配套服务等需求的社区商业空间。

（2）动线清晰，“下沉+内街式设计”打造多首层：项目多层分布，每个单层以小面积规划，所有商铺都围绕主通道两侧分布，减少视觉盲区，最大化商铺可达性、可见性。下沉式广场+内街式设计形成了项目多首层效果，餐饮店铺均提供外摆区；同时将各品牌广告牌设置在项目外立面，展示效果比较好；负二层与地铁出口接驳，前置引流。

（3）主打家庭消费业态，万科选择客单价较低、消费频次高的品牌做主力零售店，如优衣库、Hotwind、无印良品，并规划于每层的“端头”，以引导客流向上下、内外发散，延长客流通过路线，拉动次主力店消费。休闲娱乐、零售、餐饮构成主力业态，占比分别为30%、27%、22%，配以儿童亲子、超市、生活服务，打造家庭式消费氛围。

龙湖旗下的社区商业是“星悦荟”，已布局上海、北京、重庆、西安、宁波、无锡等城市，同样是以家庭为导向，匹配家庭生活和消费，体量多为 5 万～8 万平方米。

在社区商业的运营上，龙湖并没有制定社区商业的统一标准，所以各个地方的项目在面积、业态等操作上有较大弹性，各项目大多根据周边社区的消费基础单独设计。

北京星悦荟以“餐饮、娱乐、文化消费”为核心，餐饮占比约 70%，如龙湖北京西苑星悦荟，项目周边有很多重点学府，客流量非常大，这个项目的餐饮占比非常大，同时兼顾休闲、超市、电玩城等。重庆星悦荟集餐饮、娱乐、休闲健康三大主题，餐饮比重占 50%。

在社区商业这块舞台上，智慧消费同样拥有广阔的用武之地，因为社区商业项目是深入社区的，面对的是周边数十个甚至上百个小区，在运营客户的时候要进一步精细化，更精准地把握客户需求，一些智能分析与智慧营销工具将派上用场。

近年来，各地在发展“夜经济”，除了大型商圈助推“夜经济”，更重要的还是社区商业，因为社区商业更适合居民晚上逛街消费。此外，随着中国老龄化进程的加快，社区医疗、社区养老保健等需求将为社区商业创造新的玩法。据民政部公布的数据，“十四五”期间，全国老年人口将突破 3 亿人，将由轻度老龄化迈入中度老龄化。庞大的消费群体将为社区商业发展提供强大的推动力。

参考文献

［1］杨家诚. 消费 4.0：消费升级驱动下的零售创新与变革［M］. 北京：人民邮电出版社，2019.

［2］陈国嘉. 智能家居：商业模式+案例分析+应用实战［M］. 北京：人民邮电出版社，2016.

［3］王超，刘立丰. 智能零售：全新的技术、场景、消费与商业模式［M］. 杭州：浙江大学出版社，2019.

［4］刘洋. 消费金融论［M］. 北京：北京大学出版社，2018.

［5］毛中根等. 中国文化消费提升研究［M］. 北京：科学出版社，2018.

［6］戴维 L.马瑟斯博. 消费者行为学［M］. 陈荣，许销冰译. 北京：机械工业出版社，2018.

［7］从美国消费史看中国消费市场的三大变迁[EB/OL].https://www.vzkoo.com/doc/5402.html，2019.

［8］统计局：中国已迈入中等收入国家上方人均 9732 美元[EB/OL].http://finance.sina.com.cn/china/ 2019-07-02/doc-ihytcerm0794827.shtml，2019.

［9］新华社. 我国公民出境旅游目的地国家和地区已达到 132 个[EB/OL].http://www.gov.cn/ jrzg/2007-01/18/content_500436.htm，2017.

［10］国家绿色数据中心名单公示[EB/OL].[2020-12-03].https://www.miit.gov.cn/jgsj/jns/ gzdt/art/2020/art_6552c55bb9f84555b7139b42331f67ba.html

［11］汪伟. 加快新时代中国消费结构升级[EB/OL].http://ex.cssn.cn/zx/bwyc/201806/t20180613_4363729.shtml?collcc=1915547321，2018.

[12] 人民日报海外版. 恩格尔系数再创新低对中国意味着什么[EB/OL].http://paper.people.com.cn/rmrbhwb/html/2019-02/20/content_1909589.htm，2019.

[13] 经济日报. 服务消费扩容升级离不开政策支持[EB/OL].http://paper.ce.cn/jjrb/html/ 2019-05/07/content_390501.htm，2019.

[14] 秦华江. 智慧物流从仓储平台向供应链延伸[EB/OL].http://www.jjckb.cn/2017-01/24/c_136007959.htm，2017.

[15] 胡润研究院. 2019 胡润财富报告［R］. 胡润研究院，2019.

[16] 中国互联网络信息中心. 第 47 次中国互联网络发展状况统计报告［R］. 中国互联网络信息中心，2021.

[17] 阿里研究院. 2021 中国消费品牌发展报告［R］. 阿里研究院，2021.

[18] 麦肯锡中国. 2019 年中国奢侈品消费报告［R］. 麦肯锡中国，2019.

[19] 贾康. 供给侧改革：理论、实践与思考［M］. 北京：商务印书馆，2016.

[20] 马化腾等. 分享经济：供给侧改革的新经济方案［M］. 北京：中信出版社，2016.

[21] 王志成，孙健，刘玉明. 物联网商业——星辰大海的新商战［M］. 北京：清华大学出版社，2020.

[22] 林左鸣. 新消费升级［M］. 北京：中信出版社，2016.

[23] 高田. 拓宽消费领域和优化消费结构研究［J］. 经济与社会发展研究，2020，(03).

[24] 汪志坚，周峰莎. 消费者行为研究的发展与回顾［J］. 行销评论，2017.

[25] 张颖熙，夏杰长. 以服务消费引领消费结构升级：国际经验与中国选择［J］. 北京工商大学学报（社会科学版），2017.

[26] 胡霞. 收入结构对中国城镇居民服务消费的影响分析——基于不同收入阶层视角［J］. 岭南学刊 ，2017.

[27] 韩凝春，王春娟. 新生态体系下的新消费,新业态,新模式［J］. 中国流通经济 ，2021.

[28] 王微. 新消费为构建新发展格局注入强大动能［J］. 新经济导刊，2020.

[29] 邓超明. 新零售实战［M］. 北京：电子工业出版社，2018.

[30] IDC 白皮书预测：未来消费物联网市场六大关键趋势［J］. 机电信息，2019.

[31] 郭国庆，王玉玺. 新零售研究综述——消费体验升级［J］. 未来与发展，2019.

[32] [英]约翰·梅纳德·凯恩斯. 凯恩斯经济学论文与信件：学术[M]. 楚立峰译. 商务印书馆，2017.

[33] [美]雷切尔博茨曼，路罗杰斯. 共享经济时代[M]. 唐朝文译. 上海：上海交通大学出版社，2015.

[34] 庞博夫. 消费商[M]. 北京：北京大学出版社，2018.

[35] 刘茂才，庞博夫. 创富新思维——消费商时代[M]. 北京：中国经济出版社，2012.

[36] 伊志宏. 消费经济学（第3版）[M]. 北京：中国人民大学出版社，2018.

[37] 何开秀. 互生经济学[M]. 北京：中国商业出版社，2016.

[38] 翁怡诺. 新零售的未来[M]. 北京：北京联合出版有限公司，2018.